浙江省"十四五"普通高等教育本科规划教材

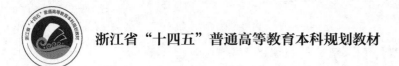

高等学校自动化类

专业系列教材

运动控制系统

（第2版·新形态版）

王斌锐　李璟　周坤　许宏　秦菲菲◎编著

清华大学出版社

北京

内 容 简 介

本书共 8 章,系统介绍了运动起源——驱动器,实现基础——机构,分析基础——运动学和动力学建模,控制系统的组成——运动感知、控制算法、控制器硬件和软件等方面的知识,主要内容有典型的仿生运动机构,坐标系变换、运动学、动力学建模,常用运动测量传感器及定位、避障,常规和智能驱动器,电动机电磁原理、伺服电动机模型及控制策略,运动控制系统建模,常用运动控制算法,运动控制器硬件和软件及操作系统、现场总线技术。

本书可作为自动化、电气工程及其自动化、电子信息工程、测控技术和机械设计制造及其自动化等工科专业的本科生及研究生教材,也适合作为从事运动控制相关工作的工程技术人员的参考读物。

图书在版编目(CIP)数据

运动控制系统:新形态版 / 王斌锐等编著. -- 2 版. -- 北京:清华大学出版社,2025.3. --(高等学校自动化类专业系列教材). -- ISBN 978-7-302-68496-1

Ⅰ. TP273

中国国家版本馆 CIP 数据核字第 2025VB9931 号

责任编辑:刘　星
封面设计:李召霞
责任校对:郝美丽
责任印制:刘　菲

出版发行:清华大学出版社
　　　　　网　　　址:https://www.tup.com.cn, https://www.wqxuetang.com
　　　　　地　　　址:北京清华大学学研大厦 A 座　　　　　邮　　编:100084
　　　　　社 总 机:010-83470000　　　　　邮　　购:010-62786544
　　　　　投稿与读者服务:010-62776969,c-service@tup.tsinghua.edu.cn
　　　　　质量反馈:010-62772015,zhiliang@tup.tsinghua.edu.cn
　　　　　课件下载:https://www.tup.com.cn,010-83470236
印 装 者:三河市铭诚印务有限公司
经　　销:全国新华书店
开　　本:185mm×260mm　　印　张:16.75　　　　字　　数:408 千字
版　　次:2020 年 6 月第 1 版　2025 年 3 月第 2 版　　印　　次:2025 年 3 月第 1 次印刷
印　　数:7401~8900
定　　价:59.00 元

产品编号:109668-01

前 言
PREFACE

随着科技的发展,人类已将太空探测器送上了火星和月球,数控加工中心、自动导引小车和工业机器人组成了智能制造工厂,无人驾驶汽车在高速公路上可自主超车,微纳米机器人可执行转基因操作和辅助外科手术等,所有这一切都需要精确的运动控制,且运动智能也是人工智能的重要组成部分。运动控制是控制学科与工程学科的重点发展方向,对于国民经济、社会进步和国家安全有着重要的意义。过程控制(process control)和运动控制(motion control)是自动控制领域的两大分支。过程控制重点针对离散的过程量。运动控制主要针对位移、速度、加速度及姿态等,动态性和实时性强。已有的与运动控制相关的著作偏重于电动机原理和交流伺服电动机的控制,不能涵盖完整的运动控制系统知识点。对运动进行建模和控制系统分析设计,可加深对控制理论的理解,更好地指导工程实践。本书秉承启发式、探究式、研讨式的理念编著,力求引发读者的独立思考。

一、本书内容

本书对运动的起源——驱动器,实现的基础——机构,分析的数学基础——运动学和动力学建模,控制系统的组成——运动感知、控制算法、控制器硬件和软件等方面进行了系统的论述。本书包括理论分析和实践案例,力求使读者能够系统地了解和掌握运动的基础知识和机构,熟悉快速连续变化运动的建模和控制方法,理解伺服电动机的工作原理和控制策略,掌握运动控制系统的数学分析和设计方法,巩固和加强控制理论专业课程和应用技术知识,培养理论联系实际的工程实践能力。

本书共分为8章。

第1章讲解了完整的广义运动概念,运动基础包含的内容以及完整的运动控制系统的组成,使读者对运动有完整的初步认识。

第2章给出了运动机构的类型、组成、典型机构、仿生机构等,为运动建模提供基础。

第3章阐述了运动体坐标系统,运动学建模,动力学建模,模型的正、逆问题求解等,为运动的数学分析提供方法。

第4章分析了常用的位移、角度、速度、角速度、位置及高精密测量传感器,为闭环反馈控制中传感器的选择提供基础。

第5章讲解了致动方式、常用的驱动器及智能材料驱动器等,便于开阔读者的运动控制系统设计视野。

第6章建立了伺服电动机模型,分析了电动机的特性,并结合电磁场理论,阐述了电动机运动控制策略,为运动控制算法设计提出了思路。

第7章详细给出了运动控制对象的建模方法,讲解了常用的运动控制算法,并给出了设计案例和虚拟样机仿真技术,为控制算法设计和有效性验证提供了方法。

第 8 章阐明了实际工程中运动控制器开发所涉及的通用和专用硬件、软件及操作系统，广域控制系统中的现场总线技术等，为工程应用提供参考。

二、本书特色

（1）关注前沿技术，融入思政元素。

紧跟运动控制相关领域科技前沿知识，书中引入了国内运动控制近期研究成果，在介绍技术的同时，启发学生进行正面思考，帮助学生树立"四个自信"意识，培养家国情怀、民族自豪感、使命担当意识。

（2）逻辑关系清晰，知识体系完整。

按照完整的运动控制系统设计的思路展开，知识内容涵盖运动机构、驱动器、感知和控制器等运动体必需部分，注重多种专业知识的交叉融合。

（3）针对工程专业教育教学，理论与实际案例相结合。

注重学生所学知识的融会贯通，以机器人、数控机床和交流伺服为典型运动控制对象进行案例分析。本书可用于本科生教学，部分深入研究内容也可用于研究生教学。书中还给出了专业术语英文描述、物理量单位和综合性习题，便于读者学习。

（4）配套资源丰富，便于教学和自学。

配套资源

- 教学课件、教学大纲、习题答案、教学日历等资源：到清华大学出版社官方网站本书页面下载，或者扫描封底的"书圈"二维码在公众号下载。
- 微课视频（240分钟，20集）：扫描书中相应章节的二维码在线学习。

注：请先扫描封底刮刮卡中的文泉云盘防盗码进行绑定后再获取配套资源。

本书第 2 章由王斌锐、秦菲菲编写，第 4 章由许宏、金英连编写，第 6 章由王斌锐、李璟、周坤编写，其他各章由王斌锐编写。感谢东北大学的徐心和教授引领我进入了机器人及其运动控制研究领域，本书部分内容来源于徐教授所授课程。感谢孙冠群老师以及严冬明、方水光、程苗、鲍春雷、冯伟博、陈杭升、任杰、干苏、高国庆、翟振等研究生对本书编写工作所提供的帮助。本书得到了国家级"具有计量、质量、标准化特色的机电类专业复合型创新人才培养实验区""自动化国家特色专业建设""自动化卓越工程师教育培养计划"项目的支持。

由于运动控制系统发展迅速，相关的理论和方法不断更新，因此本书很难全面、翔实地讲解运动控制系统的知识。限于编者的学识水平，书中难免存在不妥当之处，恳请广大读者及同行专家不吝赐教，以使本书不断发展和完善。

王斌锐

2024 年 12 月于中国计量大学

目录
CONTENTS

第1章 绪　论

CHAPTER 1

素质目标

(1) 培养学生对控制科学与工程学科中前沿技术发展的前瞻性思维。

(2) 培养学生的科技创新精神。

(3) 培养学生具有运动控制系统等领域的科学素养。

(4) 强调运动控制系统的设计和开发需要团队通力合作,培养学生的沟通协作能力。

1.1　运动的基本概念与分类

视频讲解

科学技术的发展就是人类认识自然和改造自然的过程。自然界的一切物体都处于运动状态,静止只是相对的状态。对自然界物体的运动进行有效的控制,也就成了科学技术研究的重要内容。

广义的运动可分为机械运动、物理运动、化学运动、生物运动和社会运动等,其中机械运动是最基础的运动模式,社会运动是最复杂的、综合的运动模式。本书所述的运动特指机械运动。所谓机械运动,即物体的空间维坐标随时间维坐标的变化。运动控制系统利用自动控制技术对物体的运动进行调节,从而使运动轨迹符合人类需要的理想要求。

多数运动系统本体上有基点与固定的大地坐标(相对)连接,运动系统作业环境相对稳定,作业空间相对有限,避碰问题容易处理。由于固定在特定位置,所以运动系统机动性差,通常用于工厂中,如焊接机器人、喷漆机器人、码垛机器人等工业机器人。无固定基座的运动系统可以在大范围内运动,机动性好,能够适应复杂的任务。但面临的难点是环境相对变化大,避碰问题难以处理,运动需要对环境建模,且需要复杂的运动轨迹规划。例如自主机器人(autonomous robot)、自动导引车(autonomous guided vehicle,AGV)、火星车、足球机器人等。随着通信和网络技术的发展,无固定基座的运动成为发展趋势。在已知环境中的运动相对比较简单,在未知环境中的运动,由于存在过多的不确定因素,控制更加困难,例如无人驾驶车辆的自动控制和导航研究。

单独个体的运动由独立的运动机构系统完成。随着作业任务的复杂化,独立个体往往不能满足任务需要。此时,出现了多个运动体协作完成复杂任务的情况,即多智能体(agent)协调运动控制系统,例如队列、阵型、对接作业、机器人化工程机械等。

从运动空间距离上,运动可分为局部运动、全局运动和空间运动。前两者的运动范围基本在人眼可视范围内。空间运动特指外太空的运动,例如空间站、火星探测机器人、月球探测机器人等。

从控制方式上运动控制可分为程序控制、遥控运动模式、半自主控制和全自主控制等。程序控制指运动个体的运动是由预先编制好的程序控制,例如数控加工中心的运动;遥控运动模式指运动完全由人为遥控操作;半自主控制指运动个体的运动部分由人控制,部分由自主控制;全自主控制是指运动个体的运动完全由自主确定,例如火星车。

从运动参量变化的剧烈程度上,可将运动分为普通的运动控制系统和伺服运动控制系统。所谓伺服运动即运动的位置、速度和加速度变换范围广、变化剧烈、响应要求快、精度要求高的运动控制。目前伺服运动控制是本领域的研究方向和热点。

按照运动所遵循的力学原理,运动可分为经典力学运动和量子力学运动。通常,机械运动都符合牛顿定律的经典力学运动,尤其是宏观运动、人眼可以看到的运动。对于微观的运动,如分子、原子及亚原子颗粒等细小物体的运行,需要用量子力学来描述。

从科学的角度研究运动,就要用科学的语言和方法,尤其是数学,来对运动进行定义和量化分析。为明确运动的各个主动驱动部分与末端执行器之间的运动关系,需研究运动学模型。为明确各个驱动器如何驱动运动,需研究建立动力学模型,为运动控制系统理论分析和参数合理计算提供基础。

视频讲解

1.2 运动控制系统的组成和分类

随着运动的复杂性增加和控制难度增大,分层递阶运动控制系统应运而生。完整的运动控制系统框图如图 1.1 所示。

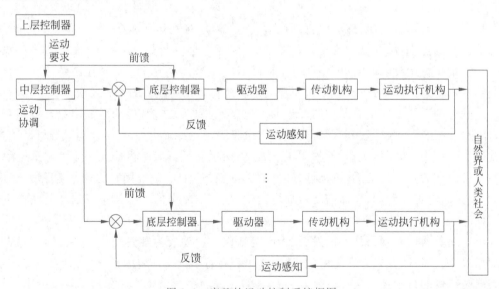

图 1.1 完整的运动控制系统框图

分层递阶运动控制器包含上层控制器、中层控制器和底层控制器。上层控制器需要计算能力强、智能程度高、知识粒度粗,但往往响应速度慢。底层控制器需要响应速度快,但往往智能程度低,知识粒度细。中层控制器主要完成运动的协调,计算能力和响应速度介于上层和底层之间。

运动的驱动方式多种多样。不同的驱动器性能不同,控制方式不同,适用的场合也不同。传动方式用于将驱动运动转变成人们所需要的各种作业场合下的运动形式。不同的传动方式效率不同,精度也不同。对于高精密运动控制系统,应力求减少传动环节,提高传动精度。传动系统的加入会降低整体运动控制系统的刚度。感知方式是为控制系统提供及时、准确的运动量反馈信息,主要由传感器、变送器和必要的算法组成,可安装在反馈回路的多个环节。控制方式包含控制算法以及实现控制算法的控制器硬件。随着计算机技术、自动控制技术、检测技术、机械技术等的发展,运动控制系统的各个组成模块都有了大的进展。

按照控制是否有反馈,可分为开环控制和闭环控制。典型的电动机转速开环运动控制系统如图 1.2 所示。

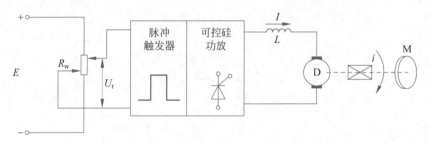

图 1.2 典型的电动机转速开环运动控制系统

图 1.2 中,E 表示能源供给,即可施加在电动机上的最大电压信号;R_w 表示可调电阻的阻值,用于调节实际施加在电动机上的电压;U_r 表示调节后的电压控制信号;脉冲触发器和可控硅功放用于实现将电压控制信号放大到可驱动电动机转动的驱动电压;L 表示电动机的等效电感;D 表示驱动电动机;i 表示传动系统的传动比;M 表示被驱动的负载;I表示电动机的电流。

上述开环运动控制系统框图如图 1.3 所示。

图 1.3 开环运动控制系统框图

开环运动控制系统的特点如下。

(1) 对干扰给系统造成的误差,不具有自行修正的能力。

(2) 控制精度完全由所采用的高精度元件和有效的抗干扰措施来解决。

(3) 系统建造容易,且不必对被控制量进行测量和反馈,结构简单。

(4) 当被控制量难以直接测量时可以考虑开环。

(5) 稳定性问题容易解决。

现实环境中,各种干扰和不确定性导致开环系统的精度较低,且不稳定。典型的电动机闭环运动控制系统框图如图 1.4 所示。

图 1.4 典型的电动机闭环运动控制系统框图

闭环控制系统的特点如下。

(1) 由于采用负反馈,被控制量对于外部和内部的干扰都不甚敏感,不必采用高精度元件。

(2) 系统复杂,建造困难。

(3) 只有当系统的扰动量无法事先预计时,闭环具有明显优势。

(4) 有稳定性问题。

若反馈系统的控制量取常值或缓慢变化,在一段时间内维持一个稳定值,从而要求其被控制量也保持在相应的常值上,则称此类系统为调节系统,如图 1.5 所示。图中①、②分别代表不同控制算法下的调节系统响应曲线。

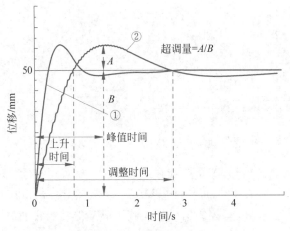

图 1.5　调节系统响应

若控制系统要跟踪的控制信号 $r(t)$ 为任意时间函数,其变化规律很难预测,则称这类反馈控制系统为随动系统,或伺服系统,如图 1.6 所示。显然随动系统的控制比调节系统复杂。

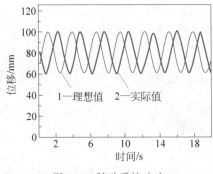

图 1.6　随动系统响应

1.3　运动控制系统的特点

运动控制系统与过程控制系统相比,相同点和不同点如下。

相同点：控制对象复杂，多为非线性系统、多输入多输出控制系统(multiple input multiple output，MIMO)。

不同点：过程控制系统的被控量多数变化缓慢，精度要求没有运动量高，对象较为分布，常使用离散控制系统理论；运动控制系统的被控量变化剧烈，精度要求较高，多个控制量之间的耦合性强，常使用连续控制系统理论。

运动控制系统的基本要求如下。

(1) 稳定性好。

(2) 精度高，目前高级运动控制系统精度可达 0.01~0.001mm。

(3) 响应快，过渡调节时间小于 200ms。

运动控制系统在工业生产领域的应用有数控加工、冶金自动化、平板业、汽车制造等。运动控制系统在农业生产领域的应用有农业机器人、自动灌溉、喷淋等。运动控制系统在社会服务领域的应用有服务机器人、智能跟踪、监控、无人驾驶等。运动控制系统在公共安全领域的应用有防暴机器人、遥控操作机器人等。运动控制系统在科学研究领域的应用有微纳米操作机器人、卫星和飞船的控制等。

1.4 小结

运动控制系统广泛应用于国民经济和社会发展的各个领域，是对所学物理学、力学、传感器技术、检测技术、计算机编程技术、自动控制原理、现代控制理论以及电动机拖动等知识的综合应用。本章描述了运动的基本概念，以典型的电动机控制为例进行了剖析，重点是认识运动控制系统的组成。

习题

1.1 简述闭环运动控制系统的基本组成及各部分的作用。

1.2 画出一个日常生活中常见的运动控制系统基本工作原理框图。

1.3 运动控制系统的基本要求是什么？

1.4 运动的基本物理量有哪些？如何计量？

1.5 位移对时间的三阶及以上的导数会有什么物理含义？是否可用于运动控制系统？

1.6 列表对比分析过程控制系统与运动控制系统的区别与联系。

1.7 查阅资料，分析人体运动的计量和控制涉及哪些技术(如智能手表 SmartWatch)。

第 2 章

CHAPTER 2

运动机构分析

素质目标

(1) 培养学生问题分解和分析的能力。

(2) 培养学生具有系统思维和整体观的能力。

(3) 培养学生的实践动手能力以及团队合作意识和交流沟通能力。

自然界的生物经过不断进化,运动形式多种多样,有爬行、蠕动、多足、飞行、游动等多种形式。根据仿生学的原理,各种运动形式都有各自的优缺点。不同的运动形式又对应不同类型的运动机构。机构的发明和发展同人类的生产、生活密切相关。机构学(theory of mechanism)是研究机械中机构的结构和运动等问题的学科,主要任务就是通过对机构分析和综合方法的研究,最终实现新机构的设计。机构设计本身则是一个不断进行综合、分析和决策的过程。

运动的形式和机构直接决定了运动所能适应的环境、路况以及越障能力。运动的控制必须结合机构的特点进行。所以,了解和掌握运动形式和机构是对运动进行有效控制的基础。

按照运动轨迹进行分类,运动可分为平动、转动及混合运动。按照轨迹随时间的变化关系进行分类,运动可分为时变运动和定常运动。按照轨迹的空间变化维数,运动可分为平面运动和空间运动等。

按照运动所处的环境形式,运动可分为地面运动、水里运动、空中运动等。按照运动的尺度,运动可分为微观运动和空间运动。按照动力来源,运动可分为主动运动、被动运动和随动运动。

从运动机构本身的物理特性,可将运动分为刚体的运动、柔性体的运动以及刚柔混合系统的运动。

不同的运动形式需要不同的运动机构。通常机械运动系统的机构可建模为多连杆系统,可用拓扑结构图对结构特性进行描述。

2.1 运动副

视频讲解

运动副(joint)是指机构中两构件互做一定相对运动的活动连接。按照运动副所连接动的灵活度,可分为低副和高副。

低副是指两杆件之间相对运动时是面接触,在操作机中常见,例如轴和轴承组成的转动副,螺杆和螺母组成的螺旋副等。低副具有压强小、磨损轻、易于加工和几何形状能保证本身封闭等优点,故平面连杆机构广泛用于各种机械和仪器中。高副是指两杆件之间相对运动时是点或线接触的,例如齿轮副和凸轮副。

运动副的自由度(degree of freedom,DOF)是指运动副所连接的运动机构所具有的独立运动的个数。自由度与约束之间满足对偶原理,即加在一个系统上的非冗余约束数与其自由度数之和为6。

运动机构中常见的运动副及其符号标识如表2.1所示。

表 2.1 常见的运动副及其符号标识

符 号 标 识	名 称	描 述
R	转动副	自由度:1
P	移动副	自由度:1
C	圆柱副	自由度:2
S	球面副	自由度:3
H	螺旋副	自由度:1

常见的运动副图示如图2.1所示。

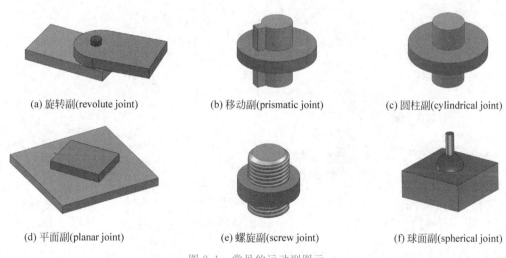

(a) 旋转副(revolute joint) (b) 移动副(prismatic joint) (c) 圆柱副(cylindrical joint)

(d) 平面副(planar joint) (e) 螺旋副(screw joint) (f) 球面副(spherical joint)

图 2.1 常见的运动副图示

为便于图形化标识,在运动系统的机构简图中,常用规定的符号来表示特定的运动副。常见的运动副图形化标识如图2.2和图2.3所示。

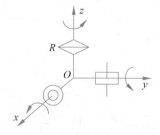

图 2.2 转动副的图形化标识

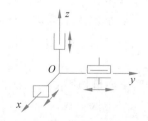

图 2.3 移动副的图形化标识

采用标准的运动副图形化标识可以方便地简化图示复杂的运动机构。典型的数控机床、操作机和工业机器人的机构简图如图 2.4 所示。

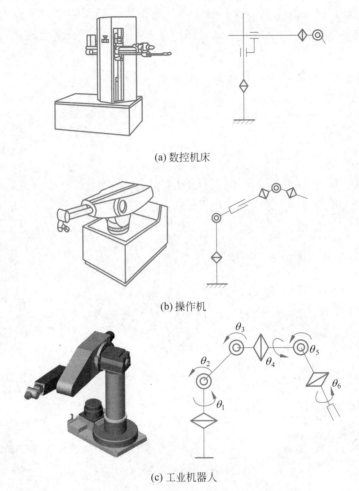

(a) 数控机床

(b) 操作机

(c) 工业机器人

图 2.4　典型的数控机床、操作机和工业机器人的机构简图

运动副是实现运动的关键,驱动器和运动测量器通常安装在运动副处。一个复杂的运动系统通常包含多个运动副,运动副之间用连杆连接。运动副的不同连接形式,决定了运动系统整体的运动模式。

机构自由度是分析运动机构的基础,是指使机构具有确定运动时所必须给出的独立运动的数目,或操作机独立驱动的关节数。分析确定机构的自由度是建立运动控制系统的基础,机构的自由度个数往往决定了运动控制系统的被控量个数。

平面机构自由度数的计算公式为

$$F = 3n - 2P_1 - P_h$$

式中,n 为一个平面机构中活动构件数(机架作为参考坐标系不计算在内,每个活动构件有 3 个自由度);P_1 为低副数,每个低副引进 2 个约束,即限制 2 个自由度;P_h 为高副数,每个高副只引进 1 个约束,即限制 1 个自由度。

特殊情况下,平面运动机构的运动副(关节)增加了,但自由度并未增加,称为冗余自由度。

例 2.1 计算图 2.5 所示的 4 连杆铰链机构和 5 连杆铰链机构的自由度个数。

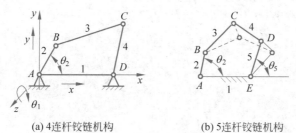

(a) 4 连杆铰链机构   (b) 5 连杆铰链机构

图 2.5 例 2.1 示意图

4 连杆铰链机构活动的构件数为 3，含有 4 个低副，自由度计算如下：

$$F = 3 \times 3 - 4 \times 2 = 1$$

5 连杆铰链机构活动的构件数为 4，含有 5 个低副，自由度计算如下：

$$F = 4 \times 3 - 5 \times 2 = 2$$

2.2 基座固定的运动

常见的工业机器人的运动是典型的基座固定运动。典型的基座固定的运动如图 2.6～图 2.9 所示。

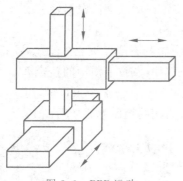

图 2.6 PPP 运动

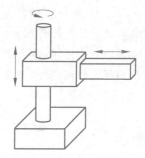

图 2.7 RPP 运动

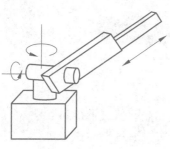

图 2.8 RRP 运动

图 2.9 RRR 运动

以防爆机械手(用于遥控操作危险品)为例,机械手为转动关节型,安装在机器人本体上,有(3+1)个自由度,3 个转动关节,1 个手夹完成取物动作。图 2.10 为机械手结构示意图。

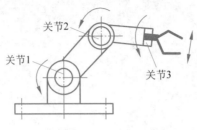

图 2.10　机械手结构示意图

视频讲解

2.3　无基座的运动

根据地面的路况可分为平面运动和曲面运动,以及复杂路况下的运动,例如上下楼梯、冰面滑动、山区草地运动等。非平整路况下的运动,需要运动机构具有一定的越障能力。根据运动机构的特征,地面内的移动又可分为轮式移动、履带式移动、混合越障式移动、腿式移动以及特种移动(如地面爬行、爬壁)等。

2.3.1　轮式移动机构

轮式移动机构采用圆形轮子的滚动来实现平面内的运动。根据轮子的个数以及功能有所不同。为保持稳定,轮式移动机构至少包含 3 个轮子。

轮子个数最少的是独轮移动机构。由于一个轮子不能保证自然平稳,所以独轮移动机构需要时刻施加动力和控制,原理等同于直线倒立摆(杂技表演中的独轮车)。

由于独轮和双轮机构(见图 2.11)与地面之间只有 1 或 2 个点接触,而 3 点才能确定一个平面,所以是自然不稳定系统,控制比较复杂,常用的控制方式如图 2.12 所示。

(a) 独轮移动机构　　　　　　　　　　　　　　(b) 双轮移动机构

图 2.11　自然不稳定轮式移动机构示例

图 2.12 中,θ_1、θ_2 表示车体的倾斜角度,通常用陀螺仪测量得到。

由于自然不稳定,需要实时测量倾斜角度,并实时通过电动机来进行姿态调节,所以通常需采用伺服电动机。

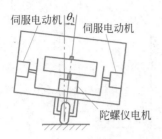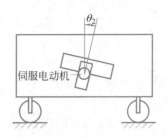

图 2.12　自然不稳定系统典型的控制方式

3 个轮子的车体为自然稳定系统,且由于轮子个数不多,自由度和灵活性好。根据 3 个轮子不同的功能布置,可分为多种类型,如图 2.13 所示。

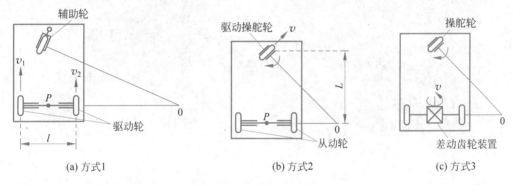

(a) 方式1　　　　　　　　　(b) 方式2　　　　　　　　　(c) 方式3

图 2.13　三轮移动车类型

图 2.13 中,l 表示同轴的左右两轮之间的轮距;P 表示左右两轮的中心点;v_1、v_2 分别表示左右两轮的轮速;L 表示前轮到后轮之间的距离;v 表示车体的运动速度。

方式 1(见图 2.13(a)):后轮的左右轮为驱动轮(主动轮),前轮为辅助轮(从动轮、随动轮,起支撑平衡作用)。主动轮分别由独立的电动机驱动,通过左右轮之间的转速差实现车体的平动和转动。例如足球机器人小车。

方式 2(见图 2.13(b)):后轮的左右轮为从动轮,前轮为主动轮,且被两个电动机驱动,一个驱动前轮转动,一个驱动前轮转向,因此称为驱动操舵轮。

方式 3(见图 2.13(c)):前后轮都为主动轮。前轮由一个电动机驱动转向,后轮的左右轮由一个电动机驱动,中间通过差动齿轮装置传动。当前轮转向时,差动齿轮将后轮电动机的转动以不同的传动比传递给左右轮,从而实现车体的任意平面内运动。例如电动三轮车、人力三轮车等。

当负载较重、路面不平时,三轮车的稳定性较差。典型的 4 轮移动车机构如图 2.14 所示。

当地面路况复杂时,可采用更多轮的移动机构,如图 2.15 所示的火星车。

外太空环境探测机器人多采用 6 轮机构,且轮子并不是固定转轴的。轮子的转轴采用悬架机构,可适应不同的路况。火星车轮的传动机构不同于传统的电动机、齿轮、联轴器、车轮加轴承机构,而是采用了将电动机内置到空心的轮子中央,使得传动变得简洁,且刚度大,

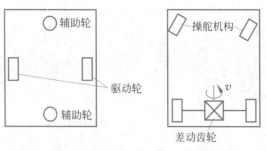

图 2.14　典型的 4 轮移动车机构

图 2.15　火星车

节省空间,提高了传动效率。悬架之间采用弹性机构,具有一定的不平整复杂曲面自适应能力,可保持至少 3 个轮子接触路面。

我国自主研发的月球探测车如图 2.16 所示。

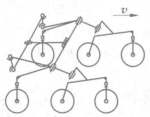

图 2.16　月球探测车

可运用拓扑学理论建立月球探测车多轮式悬架构型综合体系。差动均化机构是月球探测车移动系统的核心机构,可实现两侧悬架与车体的连接,保持车体的平稳性以及各轮能够同时着地。

2.3.2　履带式移动机构

当地面比较软时,由于轮式移动机构的轮子与地面的接触是点接触,对地面的压力大,容易陷入较软的路面中。此时,需要采用履带式移动机构,将移动机构与路面的接触变换成面接触。目前可变形履带式移动机构是研究热点,如图 2.17 所示。传动机构是实现可变形履带式机构的关键,如图 2.18 所示。

ЉЉ

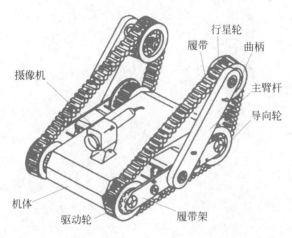

图 2.17 可变形履带式移动机构

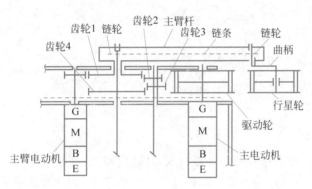

图 2.18 传动机构

　　履带的构形可以根据地形条件和运动要求进行适当的变化。两条形状可变的履带分别由两个主电动机驱动。当两个主电动机速度相同时,可实现前进或后退移动;当两个主电动机速度不同时,实现转向运动。当主臂杆绕履带架上的轴旋转时,带动行星轮转动,从而实现履带不同构形。主电动机带动驱动轮运动使履带转动。主臂电动机通过与电动机同轴的小齿轮与齿轮 1 啮合,一方面带动主臂杆转动;另一方面通过齿轮 2、齿轮 3 和齿轮 4 的啮合,带动链轮旋转;链轮通过链条(履带)进一步使安装行星轮的曲柄回转;齿轮 1 和齿轮 4、齿轮 2 和齿轮 3 的齿数相同,因此齿轮 1 和齿轮 4 的转速相同,而方向相反;由于链条(履带)两端的链轮齿数相同,使得主臂杆电动机工作时,主臂杆转过的角度与曲柄的绝对转动角度大小相同、方向相反。

　　机构越障和上楼梯过程中的构形变化如图 2.19 所示。

　　图 2.20 中,R 为主臂杆的长度;r 为行星轮半径;α 为行星轮转动角度;P 为行星轮中心点。根据几何关系可知,行星轮中心点的运动轨迹为椭圆,满足

$$\frac{x^2}{(R+r)^2}+\frac{y^2}{(R-r)^2}=1 \tag{2.1}$$

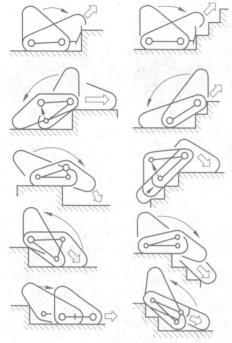

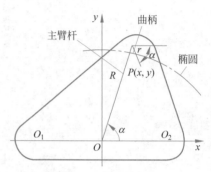

图 2.19　机构越障和上楼梯过程中的构形变化　　　　图 2.20　行星轮轨迹

2.3.3　混合越障式移动机构

目前世界上较典型的搜寻和救助机器人、越障机器人、月球车、火星车,为减少轮子与地面的单点接触摩擦,多选择关节履带式移动方式。图 2.21 为防爆机器人实物图,将履带与肢体运动融合起来的机构如图 2.22 所示。此机构具有 4 个腿式的履带机构,通过不同的组合运动,即可实现履带式移动,也可实现部分肢体移动的功能。

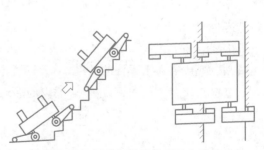

图 2.21　防爆机器人实物图　　　　　　图 2.22　履带与肢体运动融合机构

2.3.4 腿式移动机构

腿式移动机构是自然界中多数生物采用的运动方式,其越障和复杂路面适应能力最强,且移动速度很快。根据腿的个数可分为双腿式、4条腿式、6条腿式和8条腿式及更多腿式,如图2.23所示。双腿式属于自然不稳定系统,控制复杂,但灵活性和适应路况能力强。

图 2.23 腿式移动机构示例

4腿式及以上属于自然稳定系统,且有部分肢体为冗余。8腿式适用于复杂的、松软的路况。目前电动机驱动的腿式移动机构,由于电动机本身的刚度较大,而腿式移动机构的足部和地面之间存在不连续的、间断的冲击,所以实现电动机驱动的腿式移动机构的稳定是比较困难的。腿式移动机构的灵活性和稳定性与驱动器有密切关系。图2.24是由液压驱动的机器狗,运动仿生性好。

图 2.24 山地移动机构示例——液压驱动机器狗

2.3.5 地面爬行机构

爬行也是一种非常重要的移动方式。爬行动作在动物世界里占据重要位置。根据不同的爬行规律,爬行动作可分为蠕动、S形爬行等,如图2.25所示。爬行机构适用于地震等灾害现场,可进入狭窄空间,且运动能耗少,效率高,功率重量比大。

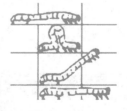

图 2.25 爬行机构示例

2.3.6 爬壁机构

吸附方法主要有负压吸附、磁吸附、真空吸附、螺旋桨推压、胶吸附、仿蜗牛的湿吸附、类攀岩抓持、仿壁虎足的干吸附、柔性电子附着技术、类蜘蛛的绒毛吸附(利用碳纳米管材料制作的阵列膜)等。典型的爬壁机构如图 2.26 所示。

图 2.26 典型的爬壁机构——爬壁机器人

视频讲解

2.4 水下运动

水下机器人和潜水器是典型的水下运动机构。水下运动可通过推进器、叶片旋转推力、身体的摆动等来移动。典型的自主式水下机器人(autonomous underwater vehicle,AUV)如图 2.27 所示。

图 2.27 典型的 AUV 示例

深海探测机器人可下潜到水下 8000m(此深度可覆盖全球 70% 以上海洋)以下,可开展海底照相、摄像、海底地形地貌测量、海洋环境参数测量、海底定点取样等作业试验与应用。

2.5 空中运动

空中运动指利用空气动力学进行的运动,可分为固定翼、旋翼和摆翼 3 种模式。
目前空中运动的研究重点是无人操控的飞机(drone),如图 2.28～图 2.31 所示。

图 2.28 固定翼飞行器示例   图 2.29 旋翼飞行器示例

图 2.30 多旋翼飞行器示例　　　　　　　图 2.31 摆翼飞行器示例

2.6 随动运动机构

上述运动类型基本都是主动运动方式,运动机构的运动由独立的驱动器和动力来源驱动和产生。现实中,还有大量的运动并不具有完全独立的运动驱动来源。

典型的随动运动是外骨骼机器人(robotic exoskeleton)。外骨骼的本来含义是指动物的外部骨骼,用于支撑或保护内骨骼。外骨骼机器人是典型的随动运动机构,也可称为半机器人。科学家已研制出很多性能卓越的外骨骼机构。外骨骼机器人装有主动控制系统,肌肉通过运动神经元获取来自大脑的神经信号,进而移动肌肉与骨骼系统。外骨骼机器人控制系统可以探测到皮肤表面非常微弱的信号。动力装置根据接收的信号控制肌肉运动;可以帮助佩戴者完成站立、步行、攀爬、抓握、举重物等动作,也可用于帮助士兵、营救人员、消防员等负重。充气式外骨骼在设计上帮助瘫痪患者,肘部和腕部装有传感器。典型的外骨骼机器人如图 2.32~图 2.34 所示。

图 2.32 外骨骼机器人示例

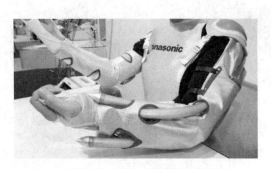

图 2.33　充气式外骨骼示例

图 2.34　外骨骼下肢机器人示例

2.7　传动机构

2.7.1　减速方式

1. 行星齿轮减速

　　由太阳轮和行星轮组成的减速器,太阳轮在中间,行星轮围绕太阳轮转动,行星轮的外圈拟合大齿圈输出转动,如图 2.35 所示。

　　行星齿轮的减速运动有多种形式,行星齿轮通过组合能实现多种不同的速比,如图 2.36 所示。

　　仅靠一组紧凑的行星齿轮就能实现三组以上不同的速比,换向也很容易。通过制动带实施制动,由离合器传递动力。当齿圈锁住,动力由太阳轮输入,由行星架输出,这时是减速传动。当太阳轮锁住,动力由行星架输入,由齿圈输出,这时是增速传动。当三者锁成一个整体,变速器的速比为1,这时的传动效率最高。当行星架锁住,动力由太阳轮输入,由齿圈输出时,不仅实现了减速传动,而且实现了换向,相当于挂上了倒挡。

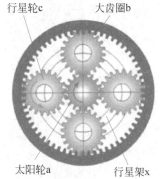

行星轮c　　　大齿圈b

太阳轮a　　　行星架x

图 2.35　行星齿轮减速的组成

(a) 锁定齿圈时的动力传递

(b) 锁定太阳轮时的动力传递

(c) 锁定行星齿轮架时的动力传递

图 2.36　行星齿轮的减速模式

2. 谐波减速

谐波减速是利用行星齿轮传动原理发展起来的一种新型减速器。谐波齿轮传动(简称谐波传动)是依靠柔性零件产生弹性机械波来传递动力和运动的一种行星齿轮传动,结构如图 2.37 所示。

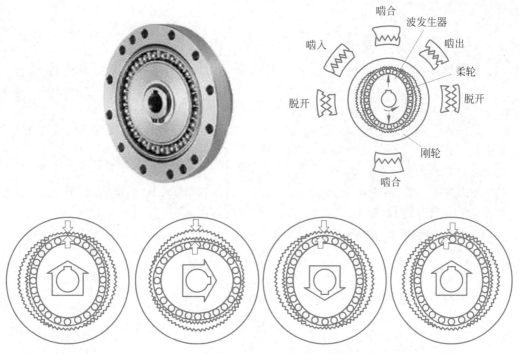

图 2.37　谐波减速器及谐波齿轮传动结构

谐波传动系统主要由以下三个基本构件组成。

(1) 带有内齿圈的刚性齿轮(刚轮),相当于行星系中的中心轮。

(2) 带有外齿圈的柔性齿轮(柔轮),相当于行星齿轮。

(3) 波发生器,相当于行星架。

作为减速器使用,通常采用波发生器主动、刚轮固定、柔轮输出形式。

沿柔轮和刚轮周长的不同区段内处于逐渐进入啮合的半啮合状态,称为啮入;处于逐渐退出啮合的半啮合状态,称为啮出。当刚轮固定,波发生器转动时,柔轮的外齿将依次啮入和啮出刚轮的内齿,柔轮齿圈上任一点的径向位移将呈近似于余弦波形的变化,所以这种传动称作谐波传动。

波发生器是一个杆状部件,其两端装有滚动轴承构成滚轮,与柔轮的内壁相互压紧。柔轮为可产生较大弹性变形的薄壁齿轮,其内孔直径略小于波发生器的总长。波发生器是使柔轮产生可控弹性变形的构件。当波发生器装入柔轮后,迫使柔轮的剖面由原先的圆形变成椭圆形,其长轴两端附近的齿与刚轮的齿完全啮合,而短轴两端附近的齿则刚轮完全脱开。周长上其他区段的齿处于啮合和脱离的过渡状态。当波发生器沿图示方向连续转动时,柔轮的变形不断改变,使柔轮与刚轮的啮合状态也不断改变,由啮入、啮合、啮出、脱开、再啮入,周而复始地进行,从而实现柔轮相对刚轮沿波发生器相反方向的缓慢旋转。

　　工作时,固定刚轮,由电动机带动波发生器转动,柔轮作为从动轮输出转动,带动负载运动。在传动过程中,波发生器转一周,柔轮上某点变形的循环次数称为波数,以 n 表示。常用的是双波和三波两种。双波传动的柔轮应力较小,结构比较简单,易于获得较大的传动比。

　　谐波齿轮传动的柔轮和刚轮的周节相同,但齿数不等,通常刚轮与柔轮齿数差等于波数,即

$$z_2 - z_1 = n \tag{2.2}$$

式中, z_1 、 z_2 分别为刚轮与柔轮的齿数。

　　当刚轮固定、波发生器主动、柔轮从动时,谐波齿轮传动的传动比为

$$i = \frac{-z_1}{z_2 - z_1} \tag{2.3}$$

　　双波传动中, $z_2 - z_1 = 2$,柔轮齿数较多。式(2.3)中负号表示柔轮的转向与波发生器的转向相反。由此可看出,谐波减速器可获得很大的传动比。

　　谐波减速器的主要特点如下。

　　(1) 承载能力高,谐波传动中,齿与齿的啮合是面接触,加上同时啮合齿数(重叠系数)比较多,因而单位面积载荷小,承载能力较其他传动形式高。

　　(2) 传动比大,单级谐波齿轮传动的传动比为 $70 \sim 500$ 。

　　(3) 体积小、重量轻。

　　(4) 传动效率高、寿命长。

　　(5) 传动平稳,无冲击,无噪声,运动精度高。

　　(6) 由于柔轮承受较大的交变载荷,因而对柔轮材料的抗疲劳强度,加工和热处理要求较高,工艺复杂。

　　谐波减速器广泛应用于电子、航空航天、机器人和化工等行业。

3. 摆线针轮减速

　　以摆线针轮减速机为主体的传动装置,具有传动效率高,工作平稳噪声低、结构紧凑、使用可靠、寿命长等优点,是目前比较理想的减速装置,结构如图 2.38 所示,这是由外齿轮齿廓为摆线、内齿轮轮齿为圆销的一对内啮合齿轮和输出机构所组成的行星齿轮传动。

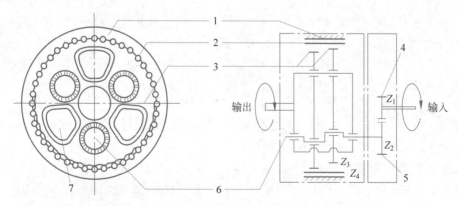

1—壳体;2—圆柱箱;3—RV齿轮;4—太阳轮;5—行星轮;6—偏心轮;7—非圆柱销。

图 2.38　摆线针轮减速

4. 无级变速

无级变速适合连续工作,可以正反转,能在负载起动及负载中按需要调节速度,适应工艺参数连续变化的要求,实现小体积、高效率的低高速无级变速,因而具有良好适应性。可以通过行星摩擦式机械无级变速,或者通过液压离合器来实现,通常用于汽车,如图 2.39 所示。

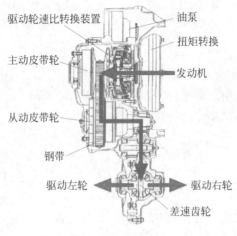

图 2.39 无级变速

2.7.2 滚珠丝杠

交流伺服运动控制系统通常采用滚珠丝杠驱动机械本体,如图 2.40 所示。

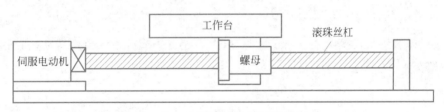

图 2.40 滚珠丝杠驱动的运动平台

1. 滚珠丝杠副的工作原理

滚珠丝杠副的剖面图如图 2.41 所示。其特点为摩擦阻力小,传动效率高,运动灵敏,无爬行现象,可进行预紧,实现无间隙运动,传动刚度大,反向时无空程死区等。

2. 滚珠丝杠副的间隙消除

机床上实际都采用双螺母结构,丝杆螺母调整间隙如图 2.42 所示。

齿数分别为 z_1、z_2,且两者的差值 $\Delta z = z_1 - z_2 = 1$,则调整精度——间隙调整量为 $\dfrac{L}{z_1 z_2}$,其中,L 为丝杠导程。

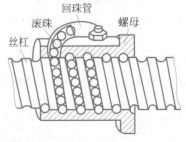

图 2.41 滚珠丝杠副的剖面图

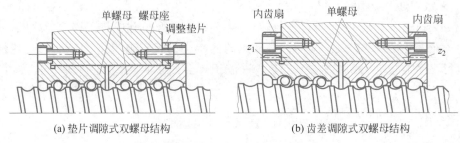

(a) 垫片调隙式双螺母结构   (b) 齿差调隙式双螺母结构

图 2.42   丝杆螺母调整间隙

3. 滚珠丝杠预加载荷

为避免负载载荷变化引起的结构变形对运动精度的影响,通常需要给滚珠丝杠预加载荷,如图 2.43 所示。预加载荷 F_0 与负载载荷 F 之间的关系通常为

$$F_0 \approx \frac{F}{3}$$

4. 滚珠丝杠的预拉伸

滚珠丝杠在工作时难免要发热,其温度将高于床身。丝杠的热膨胀将使导程加大,影响定位精度。为了补偿热膨胀,可将丝杠预拉伸。预拉伸量应略大于热膨胀量。通常设置

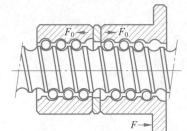

图 2.43   滚珠丝杠预加载荷

目标行程＝公称行程－预拉伸量

2.7.3　链条或皮带传动

利用链条或皮带连接两个不同直径的转轮,通过链条或皮带来传递转动,如图 2.44 和图 2.45 所示。

图 2.44   链条传动

图 2.45   皮带传动

两者的对比:链条传动无滑动,可传递的力矩大,但结构和安装复杂;皮带传动成本低,机构简单,但容易发生滑动,寿命短。

2.7.4　多连杆机构

通过连杆来实现运动的传递。常见的机构有 4 连杆、5 连杆以及曲柄滑块等机构,如图 2.46 所示。多连杆机构之间的运动比较复杂,所以可实现复杂的、非线性运动传递。

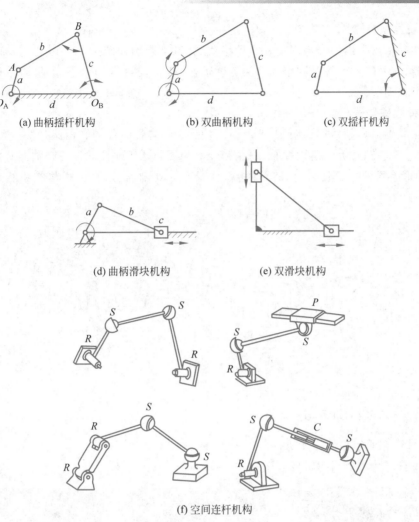

(a) 曲柄摇杆机构　　　　(b) 双曲柄机构　　　　(c) 双摇杆机构

(d) 曲柄滑块机构　　　　(e) 双滑块机构

(f) 空间连杆机构

图 2.46　多连杆机构传动

2.7.5　制动器

制动器是具有使运动部件(或运动机械)减速、停止或保持停止状态等功能的装置,俗称刹车、闸。制动器主要由支架、制动件和操纵装置等组成。高级制动器还装有制动件间隙的自动调整装置。为了减小制动力矩和结构尺寸,制动器通常装在设备的高速轴上。但对安全性要求较高的大型设备(例如矿井提升机、电梯等)则应装在靠近设备工作部分的低速轴上。

摩擦式制动器是靠制动件与运动件之间的摩擦力制动。

非摩擦式制动器的结构形式主要有磁粉制动器(利用磁粉磁化所产生的剪力来制动)、磁涡流制动器(通过调节励磁电流来调节制动力矩的大小)以及水涡流制动器等。

制动系统可分为机械式、液压式、气压式、电磁式等。同时采用两种以上传能方式的制动系统称为组合式制动系统。

2.7.6　联轴器

联轴器是连接主动轴和从动轴,使之共同旋转,以传递运动和扭矩的机械零件。

1. 刚性联轴器

刚性联轴器具体可分为固定式和可移动式,典型结构如图 2.47 所示。套筒联轴器、凸缘联轴器、夹壳联轴器等为固定式。齿轮联轴器、链条联轴器、十字滑块联轴器和万向联轴器等为可移动式。

2. 弹性联轴器

弹性联轴器典型结构如图 2.48 所示。使用金属弹性元件的联轴器有簧片联轴器、盘簧联轴器、卷簧联轴器等。使用橡胶、尼龙和聚氨酯等非金属弹性元件的联轴器有弹性圈柱销联轴器、轮胎联轴器、高弹性橡胶联轴器、橡胶套筒联轴器、橡胶板联轴器和尼龙柱销联轴器等。

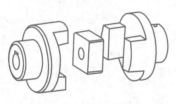
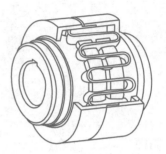

图 2.47 刚性联轴器　　　　　　　　　图 2.48 弹性联轴器

2.7.7 齿轮传动

1. 平行轴间传动的齿轮机构

平行轴间传动的齿轮机构如图 2.49 所示。

(a) 直齿外齿轮啮合传动　　　(b) 斜齿外齿轮啮合传动　　　(c) 人字齿齿轮外啮合传动

(d) 直齿内齿轮啮合传动　　(e) 斜齿内齿轮啮合传动　　(f) 齿轮齿条啮合传动

图 2.49 平行轴间传动的齿轮机构

2. 相交轴间传动的齿轮机构

相交轴间传动的齿轮机构如图 2.50 所示。

3. 交错轴间传动的齿轮机构

交错轴间传动的齿轮机构如图 2.51 所示。

(a) 直齿锥齿轮传动

(b) 斜齿圆锥齿轮传动

(c) 曲线齿圆锥齿轮传动

图 2.50 相交轴间传动的齿轮机构

(a) 斜齿圆柱齿轮传动

(b) 螺旋齿轮传动

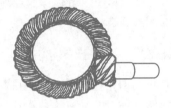
(c) 双曲面齿轮传动

图 2.51 交错轴间传动的齿轮机构

4. 涡轮蜗杆传动

涡轮蜗杆传动机构如图 2.52 所示。

图 2.52 涡轮蜗杆传动机构

2.8 运动机构的串并联与开闭链

将运动系统的机构部分简化成连杆和节点,并借鉴拓扑图方法,可建立运动系统的结构拓扑图。根据结构拓扑图的特点可将机构分为开链、闭链,以及串联、并联等。

2.8.1 开闭链机构

从机构的拓扑图看,开链机构的末端节点不受约束,可处于自由运动状态。闭链机构的末端节点被通过环境或与基点固定连接的连杆所约束,此时必然存在由部分节点和连杆形成的闭合链路。

将一个多自由度(通常为二自由度)的机构(称为基础机构)中的某两个构件的运动用另一机构(称为约束机构)将其联系起来,使整个机构成为一个单自由度机构的组合方式称为封闭式组合。

根据被封闭构件的不同,又可分为如下两种。

(1)一般封闭式组合。将基础机构的两个主动件或两个从动件用约束机构封闭起来的组合方式称为机构的一般封闭式组合。

(2)反馈封闭式组合。通过约束机构使从动件的运动反馈回基础机构的组合方式称为反馈封闭式组合。

2.8.2　串联机构

从机构的拓扑图看,串联机构(serial mechanism)中任意两个节点之间只存在唯一一条机构链路。前后几种机构依次连接的组合方式称为机构的串联组合。根据被串接构件的不同,又可分为如下两种情况。

(1)一般串联组合。后一级机构的主动件固接在前一级机构的一个连架杆上的组合方式称为一般串联组合。

(2)特殊串联组合。后一级机构串接在前一级机构不与机架相连的浮动件上的组合方式称为特殊串联组合。

2.8.3　并联机构

一个机构产生若干分支后续机构,或若干分支机构汇合于一个后续机构的组合方式称为机构的并联组合。前者又可进一步区分为一般并联组合和特殊并联组合。从机构的拓扑图看,并联机构(parallel mechanism)中任意两个节点之间存在不唯一的机构链路。

各分支机构间有运动协调要求的并联组合方式称为特殊并联组合,又可细分为如下4种。

(1)有速比要求。当各分支机构间有严格的速比要求时,各分支机构常用一台原动机驱动(或采用集中数控)。这种组合方式在设计时,除应注意各分支机构间的速比关系外,其余和一般并联组合设计差不多,也较简单。

(2)有轨迹配合要求。

(3)有时序要求。各分支机构在动作的先后次序上有严格要求。在设计有时序要求的并联组合时,一般应先设计机械的工作循环图,然后再利用凸轮机构或电气装置等来实现时序要求。

(4)有运动形式配合要求。

若干分支机构汇集一道共同驱动一后续机构的组合方式称为汇集式并联组合。例如在重型机械中,为了克服其传动装置庞大笨重的缺点,近年来发展了一种多点啮合传动。

并联机构具有传统串联机构无法比拟的优点,是串联机构的补充和扩展。早期并联机构的典型是 Stewart 平台和并联运动机床等。

典型的并联机构机器人如图 2.53 所示。

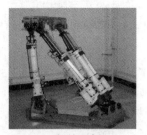
(a) 初始姿态

(b) 上平台中心在直径1m圆上平动

(c) 上平台转动倾斜20°,旋转45°

(d) 上平台倾斜38°

图 2.53　典型的并联机构机器人

目前,并联机构已经在机器人、数控机床、飞行模拟器、空间飞行对接机、装配生产线等方面大量使用。并联机构的结构刚度优于串联机器人,承载能力更强,位置精度更高。缺点是机构复杂度高,运动的耦合性高,并联机构一般位姿下的各种运动通常需要多个运动副合成,例如平台的动作需要多个制动器的配合动作才能实现。机构的运动解耦特性对于机构的运动及其运动精度至关重要。

此外,将一机构装载在另一机构的某一活动构件上的组合方式称为机构的装载式组合。

2.9　人体的骨骼运动

除机械式的运动机构外,人体和其他动物的骨骼运动机构也是非常重要的运动机构,且运动功能远优于机械机构,如图 2.54 所示。

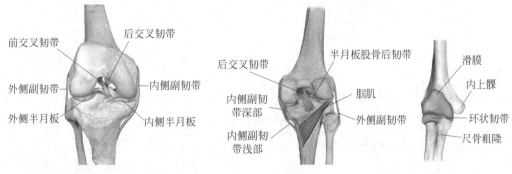

图 2.54　人体的骨骼关节

由人体的骨骼、关节等组成了人的运动系,构成了人体的支架。人体的骨骼(绝大多数动物的骨骼)关节都是转动关节,但严格意义上来讲都不是定轴转动关节。骨与骨之间借结缔组织相连接成关节,人体全身约有 200 个关节。关节的基本结构是关节必须具备的结构,包括关节面与关节软骨、关节囊和关节腔。关节的辅助结构包括韧带、关节内软骨、关节唇、滑膜囊和滑膜皱襞等。

关节的运动有屈伸(运动环节在矢状面内绕冠状轴运动)、外展内收(运动关节在管状面内绕失状轴运动)、旋转(运动关节在水平面内绕垂直轴的运动,又称为回旋)和环转(运动关节绕失状轴冠状轴和它们之间的中间轴运动,运动轨迹呈圆锥形)。

2.10 运动机构的性能

1. 机构的工作范围

机构的工作范围(work space)又叫工作空间,指运动机构末端操作器所能达到的所有空间区域,但不包括末端操作器本身所能达到的区域,是运动机构的主要技术参数之一。

2. 刚度

机械零件和构件抵抗变形的能力。在弹性范围内,刚度(stiffness)是零件载荷与位移成正比的比例系数,即引起单位位移所需的力。

3. 强度

材料、机械零件和构件抵抗外力而不失效的能力。强度(strength)包括材料强度和结构强度两方面。强度问题有狭义和广义两种含义。狭义的强度问题指各种断裂和塑性变形过大的问题。广义的强度问题包括强度、刚度和稳定性问题,有时还包括机械振动问题。材料强度指材料在不同影响因素下的各种力学性能指标。

4. 定位精度(position accuracy)

一个位置量相对于其参考系的绝对度量,指运动机构末端操作器实际到达位置与所需要到达的理想位置之间的差距。

5. 重复精度

重复精度(repeatability)指在相同的运动位置指令下,运动机构连续重复运动若干次,其位置之间的误差度量。

6. 分辨率

分辨率(resolution)指运动机构可运动的最小步距。

7. 工作循环时间

工作循环时间指运动机构末端操作器执行某项专门的操作或任务所需要的时间。

8. 死点

以曲柄摇杆为例,在曲柄摇杆机构中,若以摇杆为主动件,则当曲柄和连杆处于一直线位置时,连杆传给曲柄的力不能产生使曲柄回转的力矩,以致机构不能起动,这个位置称为死点(dead point)。机构在起动时应避开死点位置,而在运动过程中常利用惯性来过渡死点。

9. 承载能力

承载能力(payload)指运动机构搬运重物的能力,取决于构件尺寸和驱动器的容量,还与运动体的运行速度有关。

10. 速度

速度(velocity)指运动机构的构件运行的最大速度。

2.11　量子运动

微观层面的运动方式只能够用量子力学来描述。量子力学是一组支配如分子、原子及亚原子颗粒等细小物体运行的法则。量子机械证明量子力学原理适用于大到肉眼可见的物体的运动以及原子和亚原子颗粒的运动。量子力学为在量子水平获取对物体振动的完全控制提供了方向,使得控制光量子态、超敏感力探测器等新装置成为可能。利用量子力学原理,可实现分子间的量子运动与控制,如图2.55所示。

图2.55　量子运动"纳米级电动车"示例

此"电动车"是一个结构特殊的分子,有4个"轮子",当接收到电流时就向前行驶,行驶的距离要以纳米来计算。分子"电动车"可用于许多微观领域,例如把微量药物送达人体所需要的地点。

2.12　小结

本章首先介绍了机构对运动功能的作用;而后给出了常用的运动副;并分别给出了典型的轮式、履带式、腿式、地面、水下、空中等运动机构;详细介绍了随动运动机构;为便于对运动机构进行设计,本章给出了常用的传动机构,包括减速器、滚珠丝杆、链条皮带、多连杆机构、制动器、联轴器、齿轮传动等;而后从机构学角度阐明了开链、闭链、串联、并联以及复合机构的概念;介绍了人体运动的骨骼关节;给出了运动机构设计中所需考虑的性能指标;最后介绍了量子运动领域的最新发展。

习题

2.1　设 z_1、z_2 分别为99和100,丝杆导程 $L=10mm$,计算最小调整量,并分析此调整量与机构由于热或振动、受力不均引起的形变量的关系。

2.2　计算图2.46中机构的自由度,并写出计算过程。

2.3　画出一种日常所见的运动机构的机构简图(自行车、滑板、火车、电梯、轮椅或者动物),并分析自由度个数。

2.4 画出图 2.53 所示并联机床的运动副和机构简图,分析自由度个数,是否有冗余?是否可实现上平台在作业空间内的任意轨迹?

2.5 画出如图 2.56 所示三坐标测量机的机构简图。

2.6 分析图 2.13 和图 2.14 所示的移动小车是否可以实现车体中心点在平面内的任意移动轨迹。相同运动环境下的自由度相同的运动机构,中心点可实现的运动轨迹却不相同,为什么?

2.7 分析成年人人体骨骼有多少个自由度。

2.8 查阅有关宏观(火星探测器)和微观(手术机器人)运动及其控制系统资料,明确关键的技术参数(如控制精度),绘制关键技术参数对比图。

2.9 简述减速器的作用。查找资料,列举两种减速器并写出其特点。

2.10 填空题。

(1) 图 2.57 所示为一内燃机的机构简图,其自由度为_____。

(2) 转动变平动采用的典型传动机构是_____和_____。

(3) 根据结构拓扑图的特点可以将机构分为_____、_____、_____及_____。

(4) 谐波减速器的柔轮齿数 $z_1=148$,刚轮齿数 $z_2=150$,当刚轮固定、波发生器主动、柔轮从动时,谐波齿轮传动的传动比为_____。

图 2.56 三坐标测量机

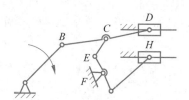

图 2.57 内燃机的机构简图

## 第 3 章

运动学和动力学建模

素质目标
(1) 培养学生掌握核心技术,具有自主研发能力。
(2) 培养学生具有数学建模、抽象思维、创新能力的素质。
(3) 培养学生为提高国家在国际技术竞争中的地位和影响力作贡献的愿望和意识。

3.1 基本术语

视频讲解

机构学把机构的运动看作只与其几何约束方式有关,与受力、质量和时间等无关的学科,而现实的运动是与时间和空间密切相关的。运动学(kinematics)模型就是用来描述机构运动中坐标变化的一组方程,处理运动的几何学及与时间有关的量,而不考虑引起运动的力。动力学(dynamics)研究机构动态方程的建立,是一组描述机构运动和驱动力之间动态特性的数学方程。

3.1.1 完整约束系统和非完整约束系统

非完整约束(non-holonomic constrain)系统是指含有系统广义坐标导数且不可积的约束,与之相反的就是完整约束(holonomic constrain)系统。典型的非完整约束系统(简称非完整系统)包括车辆、移动机器人、某些空间机器人、水下机器人、欠驱动机器人和运动受限机器人等。因此,非完整系统的控制研究具有广泛应用背景和重要应用价值。经典力学对非完整系统做了基础性研究。从 19 世纪 80 年代末起,由于机器人及车辆控制的需要,开始对非完整系统的控制问题进行深入研究。由于非完整约束是对系统广义坐标导数的约束,不减少系统的位形自由度,这使得系统的独立控制个数少于系统的位形自由度,给其控制设计带来很大困难。非完整系统不能用连续的状态反馈整定。

3.1.2 保守力和非保守力

在一个物理系统里,假若一个粒子,从起始点移动到终结点,由于受到作用力所做的功不因为路径的不同而改变,则称此力为保守力(conservative force)。假若一个物理系统里,所有的作用力都是保守力,则称此系统为保守系统;反之,则称为非保守力和非保守系统。

3.1.3 广义坐标

广义坐标(generalized coordinates)是不特定的坐标,描述完整系统位形的独立变量。

对于含有 n 个质点的质点系,在空间有 $3n$ 个坐标。若这些质点间存在 k 个有限约束,则约束方程可写为 $f_s(x_1,x_2,\cdots,x_{3n};t)=0(s=1,2,\cdots,k)$。利用约束方程消去 $3n$ 个坐标中的 k 个变量,剩下 $N=3n-k$ 个变量是独立的。利用变量转换,可将这 N 个变量用其他任意 N 个独立变量 $q_1,q_2,\cdots,q_N$ 来表示。因此,$3n$ 个 x 坐标可用 N 个 q 表示为 $x_i=x_i(q_1,q_2,\cdots,q_N;t)(i=1,2,\cdots,3n)$。这种相互独立的变量称为广义坐标,其数目 N 等于完整系统的自由度。常用的广义坐标有线量和角量两种。例如,对约束在空间固定曲线上运动的质点,可用自始点计量的路程 s 作为广义坐标;用细杆约束在竖直平面内摆动的质点,可用杆与铅垂线的夹角 θ 作为广义坐标。广义坐标对时间的导数称为广义速度。

3.1.4　刚体与柔性体

刚体是物理学上的一种假设存在的理想物体,不会发生变形的称为刚体,与之对应,会发生变形的称为柔性体。

柔性机械臂、涡轮机叶片、直升机旋翼以及带有柔性附件的人造卫星等都是刚柔耦合系统。建立这类结构的模型,需要考虑大范围刚体运动与弹性小变形运动的耦合问题。

3.1.5　直角坐标系

运动在数学模型上表现为质点的空间坐标值随时间的变化。所以,对质点的空间坐标的描述是理论分析的基础。要全面地确定一个物体在三维空间中的状态需要有 3 个位置自由度和 3 个姿态自由度。前者用来确定物体在空间中的具体方位,后者则是确定物体的指向。物体的 6 个自由度的状态称为物体的位姿。直角坐标系是最常见的坐标系,又名笛卡儿坐标系,满足右手法则,特点为 3 个坐标轴 X、Y、Z 相互垂直,如图 3.1 所示。为易于想象和理解,3 个坐标轴的位置精度不变。空间点 P 的位置由一组坐标(x,y,z)来表示。空间位置可由沿 3 个坐标轴的平动获得。直角坐标适合描述平动,如常用于数控机床的三轴平动工件台的运动描述。

3.1.6　圆柱坐标系

圆柱坐标系如图 3.2 所示,空间 P 点的位置由一组坐标(ρ,θ,μ)来表示。笛卡儿坐标与圆柱坐标的转换关系为

$$\begin{cases} x=\rho\cos\theta, & \rho\geqslant 0 \\ y=\rho\sin\theta, & 0\leqslant\theta\leqslant 2\pi \\ z=\mu, & -\infty\leqslant\mu\leqslant+\infty \end{cases} \tag{3.1}$$

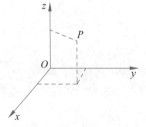

图 3.1　笛卡儿坐标系示意图

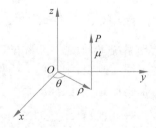

图 3.2　圆柱坐标系示意图

圆柱坐标系适合描述平动和转动的混合运动(平动多,转动少的情况),例如常用于描述摇臂钻床钻头的空间运动轨迹。

3.1.7 球坐标系

球坐标系是平面极坐标系的扩展。空间点 P 的位置由一组坐标 (ρ, ω, ϕ) 来表示,如图 3.3 所示。笛卡儿坐标与球坐标的转换关系为

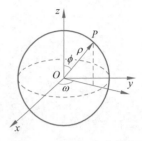

$$\begin{cases} x = \rho \cos\omega \sin\phi, & \rho \geqslant 0 \\ y = \rho \sin\omega \sin\phi, & 0 \leqslant \omega \leqslant \pi \\ z = \rho \cos\phi, & 0 \leqslant \phi \leqslant 2\pi \end{cases} \tag{3.2}$$

图 3.3 球坐标系示意图

圆柱坐标系适合描述平动和转动的混合运动(平动少,转动多的情况),例如常用于描述球铰链的空间运动轨迹。

3.1.8 固定坐标系与移动坐标系

固定坐标系即坐标系的原点和各轴的方向不随时间发生变化的坐标系,例如世界坐标系、工业机器人的基座坐标系,用于描述空间的绝对初始位置(零位)。

移动坐标系即坐标系的原点或各轴的方向随时间发生变化的坐标系,例如工业机器人的连杆坐标系。移动坐标系往往是跟随运动刚体一起变化的。注意,运动是相对的,所以坐标系是固定或是移动的,也是相对的。工业机器人的连杆子坐标系相对于基座坐标系是移动的,相对于连杆本身又是静止的。

3.2 运动学建模

3.2.1 坐标变换

1. 平动的坐标变换

设手坐标系 H 与基坐标系 B 具有相同的姿态,但 H 系坐标原点与 B 系的原点不重合。用矢量 $\bar{r}_0$ 来描述 H 系相对于 B 系的位置,称 $\bar{r}_0$ 为 H 系相对于 B 系的平移矢量,如图 3.4 所示。

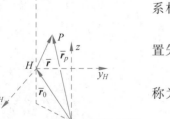

如果点 P 在 H 系中的位置为 $\bar{r}$,则 $\bar{r}$ 相对于 B 系的位置矢量 $\bar{r}_p$ 可由矢量相加得出,即

$$\bar{r}_p = \bar{r}_0 + \bar{r} \tag{3.3}$$

称为坐标平移变换方程。

2. 转动的坐标变换

以绕 z 轴转动为例来研究绕坐标轴转动某个角度的表示法。设 H 系从与 B 系相重合的位置绕 B 系的 z 轴转动 θ_z 角,H 系与 B 系的关系如图 3.5 所示。

图 3.4 平动坐标变换

若将 H 系的 3 个单位矢量表示在 B 系中,则有

$$\bar{n} = \begin{bmatrix} \cos\theta_z \\ \sin\theta_z \\ 0 \end{bmatrix}, \quad \bar{o} = \begin{bmatrix} -\sin\theta_z \\ \cos\theta_z \\ 0 \end{bmatrix}, \quad \bar{a} = \begin{bmatrix} 0 \\ 0 \\ 1 \end{bmatrix}$$

实现两个坐标系之间的转动关系的矩阵,又叫转动矩阵 $\boldsymbol{R}$,可表示为

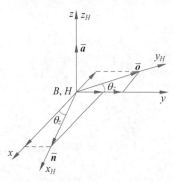

$$\boldsymbol{R} = \begin{bmatrix} \bar{n} & \bar{o} & \bar{a} \end{bmatrix} = \begin{bmatrix} \cos\theta_z & -\sin\theta_z & 0 \\ \sin\theta_z & \cos\theta_z & 0 \\ 0 & 0 & 1 \end{bmatrix} \tag{3.4}$$

同理可得,绕其他轴旋转的变换矩阵为

$$\mathrm{Rot}(x,\theta) = \begin{bmatrix} 1 & 0 & 0 \\ 0 & \cos\theta_x & -\sin\theta_x \\ 0 & \sin\theta_x & \cos\theta_x \end{bmatrix} \tag{3.5}$$

$$\mathrm{Rot}(y,\theta) = \begin{bmatrix} \cos\theta_y & 0 & \sin\theta_y \\ 0 & 1 & 0 \\ -\sin\theta_y & 0 & \cos\theta_y \end{bmatrix} \tag{3.6}$$

图 3.5　H 系相对 B 系绕 z 轴转动 θ_z 角的坐标关系

3. 复合运动的坐标替换

基坐标系 B 和手坐标系 H 的原点不重合,而且两坐标系的姿态也不相同的情况,如图 3.6 所示。

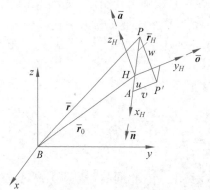

图 3.6　复合运动坐标变换

对于任意一点 P 在 B 和 H 系中的描述有以下的关系

$$\bar{r}_p = \bar{r}_0 + \boldsymbol{R}\bar{r}_H \tag{3.7}$$

$$\begin{bmatrix} \bar{r}_p \\ 1 \end{bmatrix} = \begin{bmatrix} \boldsymbol{R} & \bar{r}_0 \\ \boldsymbol{0} & 1 \end{bmatrix} \begin{bmatrix} \bar{r}_H \\ 1 \end{bmatrix} \tag{3.8}$$

$$\begin{bmatrix} x \\ y \\ z \\ 1 \end{bmatrix} = \begin{bmatrix} \boldsymbol{R} & \begin{matrix} a \\ b \\ c \end{matrix} \\ \boldsymbol{0} & 1 \end{bmatrix} \begin{bmatrix} u \\ v \\ w \\ 1 \end{bmatrix} = \boldsymbol{A} \cdot \begin{bmatrix} u \\ v \\ w \\ 1 \end{bmatrix} \tag{3.9}$$

$$A = \begin{bmatrix} & & a \\ \boldsymbol{R}_{3\times3} & & b \\ & & c \\ \boldsymbol{0}_{1\times3} & & 1 \end{bmatrix} \qquad (3.10)$$

A 矩阵称为齐次矩阵(homogeneous matrix),将转动和移动组合在一个 4×4 矩阵中。齐次矩阵用途很广,一般形式为

$$齐次矩阵 = \begin{bmatrix} 旋转矩阵 3\times3 & 平移矢量 3\times1 \\ 透视变量 1\times3 & 比例因子 1\times1 \end{bmatrix}$$

例 3.1　坐标旋转变换举例。

已知一个矢量 U 绕 z 轴旋转 $90°$ 变成 V,则用旋转矩阵表示为
$$V = \mathrm{Rot}(Z, 90°)U$$
一个矢量 U 先后绕 x、y 轴分别旋转 $90°$、$60°$ 得到 V,用旋转矩阵表示为
$$V = \mathrm{Rot}(Y, 60°)\mathrm{Rot}(X, 90°)U$$

例 3.2　利用齐次矩阵表示手的转动。

手的转动可以表示为绕 x 轴的侧摆 $\mathrm{Rot}(X, \Phi_x)$,绕 y 轴的俯仰 $\mathrm{Rot}(Y, \Phi_y)$ 和绕 z 轴横滚 $\mathrm{Rot}(Z, \Phi_z)$,依次构成的复合转动 $\mathrm{RPY}(\Phi_z, \Phi_y, \Phi_x)$。
$$\mathrm{RPY}(\Phi_z, \Phi_y, \Phi_x) = \mathrm{Rot}(Z, \Phi_z)\mathrm{Rot}(Y, \Phi_y)\mathrm{Rot}(X, \Phi_x)$$
$$= \begin{bmatrix} c\Phi_z & -s\Phi_z & 0 & 0 \\ s\Phi_z & c\Phi_z & 0 & 0 \\ 0 & 0 & 1 & 0 \\ 0 & 0 & 0 & 1 \end{bmatrix} \begin{bmatrix} c\Phi_y & 0 & s\Phi_y & 0 \\ 0 & 1 & 0 & 0 \\ -s\Phi_y & 0 & c\Phi_y & 0 \\ 0 & 0 & 0 & 1 \end{bmatrix} \begin{bmatrix} 1 & 0 & 0 & 0 \\ 0 & c\Phi_x & -s\Phi_x & 0 \\ 0 & s\Phi_x & c\Phi_x & 0 \\ 0 & 0 & 0 & 1 \end{bmatrix}$$

式中,$s = \sin$,$c = \cos$。从该式可见,手腕的转动计算比较复杂。

4. 变换的顺序

一般的齐次坐标变换过程可以分为以下两种情况。

(1) 如果用一个描述平移和(或)旋转的变换 C,左乘一个坐标系的变换 T,那么产生的平移和(或)旋转就是相对于静止坐标系进行的。

(2) 如果用一个描述平移和(或)旋转的变换 C,右乘一个坐标系的变换 T,那么产生的平移和(或)旋转就是相对于运动坐标系进行的。

5. 变换的封闭性

坐标变换具有封闭性,如图 3.7 所示。

图中,$Z-A-E$ 和 $P-Q$ 都表示坐标变换。实际上,可以从封闭的有向变换图的任一变换开始列变换方程。从某一变换弧开始,顺时针箭头方向为正方向,逆时针箭头方向为逆变换,一直连续列写到相邻于该变换弧为止(但不再包括该起点变换)。如果包括该起点变换,则会得到一个单位变换。

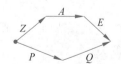

图 3.7　坐标变换的封闭特性

注意变换的顺序以及变换的参考基坐标系。

（1）如果是相对于基坐标系 B 的运动,其相应的齐次变换矩阵左乘原齐次变换矩阵。

（2）如果是相对于手坐标系 H 的运动,其相应的齐次变换矩阵右乘原齐次变换矩阵。

视频讲解

3.2.2　D-H 参数

通常描述机构运动学的方法有 D-H（Denavit-Hartenberg）法、Duff 法和牧野法等。D-H 坐标系法的优点是将齐次变换分解为和臂杆相关的变换,以及和关节相关的变换,为具体的编程和数值求解计算等带来方便。对于多个零部件组成、具有多个运动副关节的机构内部的运动,可用 D-H 参数来建立齐次变换矩阵来描述。具有 n 个关节自由度的机器人系统,其齐次矩阵可表示为

$$A = A_1 A_2 \cdots A_i \cdots A_n$$

式中,每一个齐次变换矩阵有 6 个参数。

为建立运动学方程,需要讨论相邻连杆运动关系。以回转副连接的两杆件的 D-H 参数的确定为例。对于两个相邻臂杆 C_i 和 C_{i-1},设关节轴线分别为 z_{i-1}、z_i 和 z_{i+1}。为描述相邻臂杆间平移和转动的关系,D-H 坐标系的参数有 4 个:两个相邻关节轴线 z_i 和 z_{i+1} 的公共垂线间距离为 a_i（连杆长度）;由 z_i 和 z_{i+1} 公垂线组成的平面 Q,z_{i+1} 与平面 Q 的夹角为 α_i（扭转角）;与关节 i 相邻的两个公垂线 a_i 与 a_{i-1} 之间的距离为 d_i（连杆偏移量）;与关节 i 相邻的两个公垂线 a_i 与 a_{i-1} 在以 z_i 为法线的平面上的投影夹角为 θ_i（关节角）。a_i、α_i、d_i 和 θ_i 参数称为 D-H 参数,D-H 坐标系如图 3.8 所示。

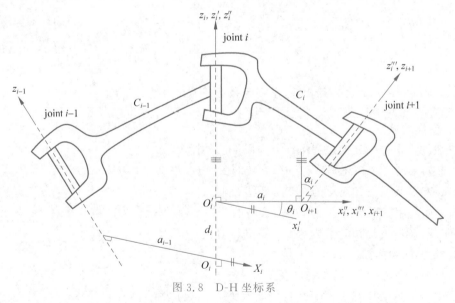

图 3.8　D-H 坐标系

D-H 法是为每个关节处的臂杆坐标系建立 4×4 齐次变换矩阵,描述与前一个臂杆坐标系的关系。

不失一般性,按照 D-H 参数的定义,通用的关节坐标变换为

$$A_i = \mathrm{Rot}(z_{i-1}, \theta_i)\mathrm{Trans}(z_{i-1}, d_i)\mathrm{Trans}(x_i, a_i)\mathrm{Rot}(x_i, \alpha_i)$$

$$
= \begin{bmatrix} \cos\theta_i & -\sin\theta_i\cos a_i & \sin\theta_i\sin a_i & \alpha_i\cos\theta_i \\ \sin\theta_i & \cos\theta_i\cos a_i & -\cos\theta_i\sin a_i & a_i\sin\theta_i \\ 0 & \sin a_i & \cos a_i & d_i \\ 0 & 0 & 0 & 1 \end{bmatrix}
$$

图 3.8 中建立的 D-H 坐标系,若是针对仿人机器人上肢体,臂杆 C_{i-1} 的坐标系经过两次旋转和一次平移可以变换到连杆 C_i 的坐标系。参照图 3.8 和图 3.9,3 次变换分别如下。

第一次:臂杆沿 x_{i-1} 轴平移 a_{i-1},将 O_{i-1} 移动到 O'_{i-1},记为 $\mathrm{Trans}(a_{i-1},0,0)$。变换后的臂杆 C_{i-1} 坐标系如图 3.9(a)所示。

第二次:以 x_{i-1} 轴为转轴,旋转 α_{i-1} 角度,使新的 z_{i-1} 轴与 z_i 轴同向,记为 $\mathrm{Rot}(x_{i-1},\alpha_{i-1})$。变换后的臂杆 C_{i-1} 坐标系如图 3.9(b)所示。

第三次:以 z_i 轴为转轴,旋转 θ_i 角度,使新的 x_{i-1} 轴与 x_i 轴同向,记为 $\mathrm{Rot}(z_i,\theta_i)$。变换后的臂杆 C_{i-1} 坐标系如图 3.9(c)所示。

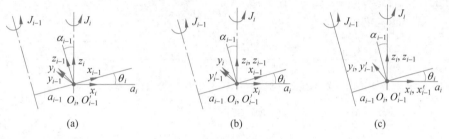

图 3.9　上肢体坐标系变换示意图

经过 3 次变换,坐标系 $O_{i-1}x_{i-1}y_{i-1}z_{i-1}$ 与坐标系 $O_ix_iy_iz_i$ 完全重合。通过上述 3 次变换,建立了两相邻臂杆 C_i 和 C_{i-1} 之间的相对关系,并记为矩阵 $\boldsymbol{A}_i$。3 次变换构成的总齐次变换矩阵 $\boldsymbol{A}_i$(D-H 矩阵)为

$$
\boldsymbol{A}_i = \mathrm{Trans}(a_{i-1},0,0)\mathrm{Rot}(x_{i-1},\alpha_{i-1})\mathrm{Rot}(z_i,\theta_i)
$$

$$
= \begin{bmatrix} 1 & 0 & 0 & a_{i-1} \\ 0 & 1 & 0 & 0 \\ 0 & 0 & 1 & 0 \\ 0 & 0 & 0 & 1 \end{bmatrix}\begin{bmatrix} 1 & 0 & 0 & 0 \\ 0 & \cos\alpha_{i-1} & -\sin\alpha_{i-1} & 0 \\ 0 & \sin\alpha_{i-1} & \cos\alpha_{i-1} & 0 \\ 0 & 0 & 0 & 1 \end{bmatrix}\begin{bmatrix} \cos\theta_i & -\sin\theta_i & 0 & 0 \\ \sin\theta_i & \cos\theta_i & 0 & 0 \\ 0 & 0 & 1 & 0 \\ 0 & 0 & 0 & 1 \end{bmatrix}
$$

$$
= \begin{bmatrix} \cos\theta_i & -\sin\theta_i & 0 & a_{i-1} \\ \sin\theta_i\cos\alpha_{i-1} & \cos\theta_i\cos\alpha_{i-1} & -\sin\alpha_{i-1} & -\sin\alpha_{i-1} \\ \sin\theta_i\sin\alpha_{i-1} & \cos\theta_i\sin\alpha_{i-1} & \cos\alpha_{i-1} & \cos\alpha_{i-1} \\ 0 & 0 & 0 & 1 \end{bmatrix}
$$

例 3.3　列写图 3.10 中垂直 3 关节手臂运动学方程(坐标变换矩阵),包括建立坐标系、各关节 D-H 参数、各关节变换矩阵,综合得到手臂运动学方程。

首先建立基坐标系和各个关节坐标系,如图 3.11 所示。

而后分析各个关节的 D-H 参数,可得表 3.1 所示结果。

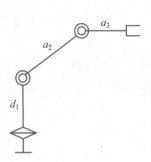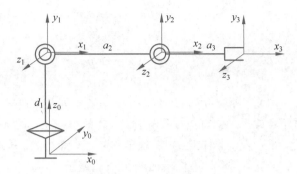

图 3.10 例 3.3 示意图(1)　　　　　　　图 3.11 例 3.3 示意图(2)

表 3.1　例 3.3 的 D-H 参数表

参　数	joint1	joint2	joint3
θ_i	θ_1	θ_2	θ_3
a_i	0	a_2	a_3
d_i	d_1	0	0
α_i	$90°$	0	0

根据齐次变换矩阵建立方法,分别建立各个关节的变换矩阵为

$$\boldsymbol{A}_1 = \begin{bmatrix} c_1 & 0 & s_1 & 0 \\ s_1 & 0 & -c_1 & 0 \\ 0 & 1 & 0 & d_1 \\ 0 & 0 & 0 & 1 \end{bmatrix}, \quad \boldsymbol{A}_2 = \begin{bmatrix} c_2 & -s_2 & 0 & c_2 a_2 \\ s_2 & c_2 & 0 & s_2 a_2 \\ 0 & 0 & 1 & 0 \\ 0 & 0 & 0 & 1 \end{bmatrix}, \quad \boldsymbol{A}_3 = \begin{bmatrix} c_3 & -s_3 & 0 & c_3 a_3 \\ s_3 & c_3 & 0 & s_3 a_3 \\ 0 & 0 & 1 & 0 \\ 0 & 0 & 0 & 1 \end{bmatrix}$$

进而计算

$$\boldsymbol{A} = \boldsymbol{A}_1 \boldsymbol{A}_2 \boldsymbol{A}_3$$

$\boldsymbol{A}$ 的各项元素为

$A_{11} = c_1 c_2 c_3 - c_1 s_2 s_3, \quad A_{12} = -c_1 c_2 s_3 - c_1 s_2 c_3, \quad A_{13} = s_1$

$A_{14} = c_1 c_2 c_3 a_3 - c_1 s_2 s_3 a_3 + c_1 c_2 a_2$

$A_{21} = s_1 c_2 c_3 - s_1 s_2 s_3, \quad A_{22} = -s_1 c_2 s_3 - s_1 s_2 c_3, \quad A_{23} = -c_1$

$A_{24} = s_1 c_2 c_3 a_3 - s_1 s_2 s_3 a_3 + s_1 c_2 a_2, \quad A_{31} = s_2 c_3 + c_2 s_3, \quad A_{32} = -s_2 s_3 + c_2 c_3$

$A_{33} = 0, \quad A_{34} = s_2 c_3 a_3 + c_2 s_3 a_3 + s_2 a_2 + d_1, \quad A_{41} = A_{42} = A_{43} = 0, \quad A_{44} = 1$

代入原始位置时的参数:$\theta_1 = \theta_2 = \theta_3 = 0$,可得原始位置时的变换矩阵为

$$\boldsymbol{A} = \begin{bmatrix} 1 & 0 & 0 & a_2 + a_3 \\ 0 & 0 & -1 & 0 \\ 0 & 1 & 0 & d_1 \\ 0 & 0 & 0 & 1 \end{bmatrix}$$

代入转动后的参数:$\theta_1 = \theta_2 = 0, \theta_3 = 90°$,如图 3.12 所示,可得此时的变换矩阵为

$$\boldsymbol{A} = \begin{bmatrix} 0 & -1 & 0 & a_2 \\ 0 & 0 & -1 & 0 \\ 1 & 0 & 0 & d_1+a_3 \\ 0 & 0 & 0 & 1 \end{bmatrix}$$

代入转动后的参数：$\theta_1 = \theta_2 = \theta_3 = 90°$，如图 3.13 所示，可得此时的变换矩阵为

$$\boldsymbol{A} = \begin{bmatrix} 0 & 0 & 1 & 0 \\ -1 & 0 & 0 & -a_3 \\ 0 & -1 & 0 & d_1+a_2 \\ 0 & 0 & 0 & 1 \end{bmatrix}$$

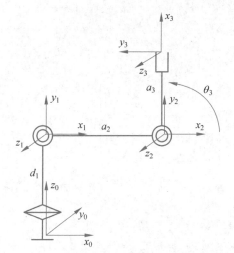

图 3.12　例 3.3 示意图（3）

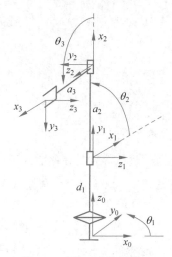

图 3.13　例 3.3 示意图（4）

3.2.3　速度运动学分析

本节将进一步讨论运动的几何学及与时间有关的量，即讨论机器人的速度运动学问题。速度运动学问题重要是因为操作机不仅需要达到某个（或一系列的）位置，而且常需要按给定的速度达到这些位置。

所谓微分运动指的是无限小的运动，即无限小的移动和无限小的转动。微分运动既可以用指定的当前坐标系来描述，也可以用基础坐标系来描述。

对于微分移动（平动）的齐次变换矩阵 $\boldsymbol{T}$ 可表示为

$$\text{Trans}(\mathrm{d}x, \mathrm{d}y, \mathrm{d}z) = \begin{bmatrix} 1 & 0 & 0 & \mathrm{d}x \\ 0 & 1 & 0 & \mathrm{d}y \\ 0 & 0 & 1 & \mathrm{d}z \\ 0 & 0 & 0 & 1 \end{bmatrix} \tag{3.11}$$

式中，$\mathrm{d}x$、$\mathrm{d}y$、$\mathrm{d}z$ 是微分位移矢量在基础坐标系或当前坐标系的分量。

微分转动中 δ_x 很小，所以 $\sin\delta_x \doteq \delta_x$，$\cos\delta_x \doteq 1$，可得

$$\text{Rot}(x,\delta_x)=\begin{bmatrix}1 & 0 & 0 & 0\\ 0 & 1 & -\delta_x & 0\\ 0 & \delta_x & 1 & 0\\ 0 & 0 & 0 & 1\end{bmatrix}, \quad \text{Rot}(y,\delta_y)=\begin{bmatrix}1 & 0 & \delta_y & 0\\ 0 & 1 & 0 & 0\\ -\delta_y & 0 & 1 & 0\\ 0 & 0 & 0 & 1\end{bmatrix},$$

$$\text{Rot}(z,\delta_z)=\begin{bmatrix}1 & -\delta_z & 0 & 0\\ \delta_z & 1 & 0 & 0\\ 0 & 0 & 1 & 0\\ 0 & 0 & 0 & 1\end{bmatrix}$$

$$\text{Rot}(x,\delta_x)\text{Rot}(y,\delta_y)\text{Rot}(z,\delta_z)=\begin{bmatrix}1 & -\delta_z & \delta_y & 0\\ \delta_x\delta_y+\delta_z & 1-\delta_x\delta_y\delta_z & -\delta_x & 0\\ -\delta_y+\delta_x\delta_z & \delta_y\delta_z+\delta_x & 1 & 0\\ 0 & 0 & 0 & 1\end{bmatrix}$$

$$\doteq\begin{bmatrix}1 & -\delta_z & \delta_y & 0\\ \delta_z & 1 & -\delta_x & 0\\ -\delta_y & \delta_x & 1 & 0\\ 0 & 0 & 0 & 1\end{bmatrix} \tag{3.12}$$

上面的近似等式是在略去二阶与三阶无穷小量的条件下获得的。

定理 3.1 绕任意单位矢量 $\bar{\boldsymbol{K}}=[K_x,K_y,K_z]^{\text{T}}$ 转动 $\delta\theta$ 的微分转动等效于绕轴 x、y、z 的 3 个微分转动 δ_x、δ_y、δ_z,并有

$$\delta_x=K_x\delta\theta, \quad \delta_y=K_y\delta\theta, \quad \delta_z=K_z\delta\theta$$

于是总的转动微分 $\text{Rot}(\bar{\boldsymbol{K}},\delta\theta)$ 可由如下的齐次矩阵描述

$$\text{Rot}(\bar{\boldsymbol{K}},\delta\theta)=\text{Rot}(x,\delta_x)\text{Rot}(y,\delta_y)\text{Rot}(z,\delta_z)=\begin{bmatrix}1 & -K_z\delta\theta & K_y\delta\theta & 0\\ K_z\delta\theta & 1 & -K_x\delta\theta & 0\\ -K_y\delta\theta & K_x\delta\theta & 1 & 1\\ 0 & 0 & 0 & 0\end{bmatrix}$$

$$\tag{3.13}$$

定理 3.2 微分转动与其转动次序无关。

$$\text{Rot}(x,\delta_x)\text{Rot}(y,\delta_y)=\begin{bmatrix}1 & 0 & 0 & 0\\ 0 & 1 & -\delta_x & 0\\ 0 & \delta_x & 1 & 0\\ 0 & 0 & 0 & 1\end{bmatrix}\begin{bmatrix}1 & 0 & \delta_y & 0\\ 0 & 1 & 0 & 0\\ -\delta_y & 0 & 1 & 0\\ 0 & 0 & 0 & 1\end{bmatrix}$$

$$\text{Rot}(y,\delta_y)\text{Rot}(x,\delta_x)=\begin{bmatrix}1 & \delta_x\delta_y & \delta_y & 0\\ 0 & 1 & -\delta_x & 0\\ -\delta_y & \delta_x & 1 & 0\\ 0 & 0 & 0 & 1\end{bmatrix}$$

略去二阶无穷小量后得

$$\text{Rot}(x,\delta_x)\text{Rot}(y,\delta_y)=\text{Rot}(y,\delta_y)\text{Rot}(x,\delta_x) \tag{3.14}$$

考虑操作机的手爪位姿 r 和关节变量 θ 的关系用正运动学方程 $r=f(\theta)$ 表示的情况。

以 6 连杆运动机构为例

$$r_1 = f_1(\theta_1, \theta_2, \cdots, \theta_6) \cdots r_6 = f_6(\theta_1, \theta_2, \cdots, \theta_6)$$

$$\frac{\mathrm{d}r}{\mathrm{d}t} = \boldsymbol{J} \frac{\mathrm{d}\theta}{\mathrm{d}t}, \quad \boldsymbol{J} = \frac{\partial f(\theta_1, \theta_2, \cdots, \theta_6)}{\partial \theta^{\mathrm{T}}}$$

$\boldsymbol{J}$ 即为雅可比矩阵。通过 $\boldsymbol{J}$ 可以实现从关节速度到基坐标速度的变换。

$$\boldsymbol{J} = \begin{bmatrix} \dfrac{\partial f_1}{\partial \theta_1} & \dfrac{\partial f_1}{\partial \theta_2} & \cdots & \dfrac{\partial f_1}{\partial \theta_6} \\ \vdots & \vdots & & \vdots \\ \dfrac{\partial f_6}{\partial \theta_1} & \dfrac{\partial f_6}{\partial \theta_2} & \cdots & \dfrac{\partial f_6}{\partial \theta_6} \end{bmatrix} = [J_{ij}]_{6\times 6}, \quad J_{ij} = \frac{\partial f_i}{\partial \theta_j} \tag{3.15}$$

同样对于 $m \times n$ 维空间的机器人,其雅可比矩阵为

$$\boldsymbol{J} = \begin{bmatrix} \dfrac{\partial f_1}{\partial \theta_1} & \dfrac{\partial f_1}{\partial \theta_2} & \cdots & \dfrac{\partial f_1}{\partial \theta_n} \\ \vdots & \vdots & & \vdots \\ \dfrac{\partial f_m}{\partial \theta_1} & \dfrac{\partial f_m}{\partial \theta_2} & \cdots & \dfrac{\partial f_m}{\partial \theta_n} \end{bmatrix} = [J_{ij}]_{m\times n} \tag{3.16}$$

对于同时具有平动和转动的运动机构,末端的角速度和线速度,在基坐标系中的描述记为

$$\dot{\boldsymbol{x}} = \begin{bmatrix} \boldsymbol{\nu}_n \\ \boldsymbol{\omega}_n \end{bmatrix} \tag{3.17}$$

结果可表示为一个雅可比矩阵形式

$$\dot{\boldsymbol{x}} = \boldsymbol{J}(\boldsymbol{\Theta}) \dot{\boldsymbol{\Theta}} \tag{3.18}$$

式中,$\boldsymbol{\Theta}$ 为 $n \times 1$ 的机械手关节(旋转或平移关节)的位移矢量。

雅可比矩阵 $\boldsymbol{J}(\boldsymbol{\Theta})$ 表明了机械手关节速度与末端(手爪)直角坐标速度之间的线性变换关系。

例 3.4 已知操作机的位姿为

$$\boldsymbol{T} = \begin{bmatrix} 0 & 0 & 1 & 5 \\ 1 & 0 & 0 & 2 \\ 0 & 1 & 0 & 0 \\ 0 & 0 & 0 & 1 \end{bmatrix}$$

求先实施转动 $\mathrm{Rot}(x, 0.1)$,再实施移动 $\mathrm{Trans}(1, 0, 0.5)$ 的微分运动后操作机的新位姿。

定义微分算子

$$\boldsymbol{\Delta} = \mathrm{Trans}(\mathrm{d}x, \mathrm{d}y, \mathrm{d}z) \mathrm{Rot}(\bar{\boldsymbol{K}}, \mathrm{d}\theta) - \boldsymbol{I}$$

由于 $\delta_x = 0.1, \mathrm{d}x = 1; \delta_y = 0, \mathrm{d}y = 0; \delta_z = 0, \mathrm{d}z = 0.5$,计算可得

$$\boldsymbol{\Delta} = \begin{bmatrix} 0 & -\delta_z & \delta_y & \mathrm{d}x \\ \delta_z & 0 & -\delta_x & \mathrm{d}y \\ -\delta_y & -\delta_x & 0 & \mathrm{d}z \\ 0 & 0 & 0 & 0 \end{bmatrix} = \begin{bmatrix} 0 & 0 & 0 & 1 \\ 0 & 0 & -0.1 & 0 \\ 0 & 0.1 & 0 & 0.5 \\ 0 & 0 & 0 & 0 \end{bmatrix}$$

操作机的新位姿为

$$T + \Delta T = \begin{bmatrix} 0 & 0 & 1 & 6 \\ 1 & -0.1 & 0 & 2 \\ 0.1 & 1 & 0 & 0.7 \\ 0 & 0 & 0 & 1 \end{bmatrix}$$

视频讲解

3.3 动力学建模

运动系统的动态特性可用一组数学方程来描述,称为系统的动态运动方程。机器人动力学研究的是机器人运动与关节力之间关系的方法。机器人动力学主要解决动力学正问题和逆问题两类问题。动力学正问题是根据各关节的驱动力/力矩,求解系统的运动(关节位移、速度和加速度);动力学逆问题是已知系统运动的位移、速度和加速度,求解所需要的关节力/力矩。

运动系统的动力学模型可据已知的物理定律求得,包括牛顿-欧拉方法、拉格朗日方法、高斯法、凯恩法、旋量法等,其中,使用最为广泛的是牛顿-欧拉方法和拉格朗日方法。以这两种方法为基础,描述运动系统动力学特性的运动方程式有多种形式,如拉格朗日-欧拉方程、递推拉格朗日方程、牛顿-欧拉方程、广义达朗贝尔方程等。这些方程都描述了同一实际运动系统的动态特性。从这个意义来看,各方程式彼此是等价的。但这些方程式间结构却可以不同,因为它们是为了不同的任务和目的而建成的。有些是为了快速计算控制运动系统的驱动力矩,另一些则是为了便于控制的分析和综合,还有些是为了改进运动系统的计算和仿真。

3.3.1 牛顿-欧拉方法

拉格朗日-欧拉运动方程由已知的每一轨迹设定点的关节位置、速度和加速度,计算各关节的标称力矩。但该方法计算效率低,难以实现实时控制。如果利用牛顿-欧拉方法推导机器人手臂动力学运动方程,可得到一组正向和反向递推方程,其中含有较难计算的矢量叉乘项。这种方法的优点是把计算驱动力矩的时间缩短到能进行实时控制的程度。

面向平动

$$f = ma \tag{3.19}$$

式中,m 为物体质量(kg);a 为物体线加速度(m/s^2);f 为力(N)。

面向转动

$$J_c \dot{\boldsymbol{\omega}} + \boldsymbol{\omega} \times (J_c \boldsymbol{\omega}) = \boldsymbol{\tau} \tag{3.20}$$

式中,J_c 为物体转动惯量($\text{kg} \cdot \text{m}^2$);$\boldsymbol{\omega}$ 为物体角速度(rad/s);$\boldsymbol{\tau}$ 为力矩($\text{N} \cdot \text{m}$)。

例 3.5 如图 3.14 所示的 $\theta\text{-}r$ 操作机,$m_1 = 10\text{kg}$,$m_2 = 1\sim5\text{kg}$,$r_1 = 1\text{m}$,$r = 1\sim2\text{m}$,$\dot{\theta}_{\max} = 1\text{s}^{-1}$,$\ddot{\theta}_{\max} = 1\text{s}^{-2}$,$\dot{r}_{\max} = 1\text{m/s}$,$\ddot{r}_{\max} = 1\text{m/s}^2$。

对于下面的三种工作情况,计算力矩 $\boldsymbol{T}_\theta$。

(1) 手臂水平,并伸至全长,静止,$m_2 = 5\text{kg}$。

(2) 手臂水平,并伸至全长,转动和伸缩都以最大速率运动,$m_2 = 5\text{kg}$。

(3) 手臂水平,并伸至全长,承受最大转动加速度,$m_2 = 5\text{kg}$。

求解情况(1)

$$\boldsymbol{T}_\theta = (m_1 r_1 + m_2 r) g \cos\theta = D_1 = 196 \text{kg} \cdot \text{m}^2/\text{s}^2$$

求解情况（2）

$$\boldsymbol{T}_\theta = D_1 + 2 m_2 r \dot{r} \dot{\boldsymbol{\theta}} = 216 \text{kg} \cdot \text{m}^2/\text{s}^2$$

求解情况（3）

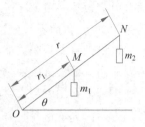

$$\boldsymbol{T}_\theta = D_1 + (m_1 r_1^2 + m_2 r^2) \ddot{\boldsymbol{\theta}} = 226 \text{kg} \cdot \text{m}^2/\text{s}^2$$

经分析可知，力矩中重力项通常远大于其他项，且重力项随角度变化很大；惯性力项通常大于科氏力项和向心力项。

图 3.14　例 3.5 示意图

3.3.2　拉格朗日方法

不同于牛顿-欧拉方程，拉格朗日动力学公式是一种基于能量的动力学方法。这种方法以能量的观点建立基于广义坐标的动力学方程，从而避开力、速度、加速度等矢量的复杂运算，可以避免内力项。

1. 拉格朗日（Lagrange）力学方程

对于保守系统，拉格朗日方程是用 s 个独立变量来描述力学体系的运动，是一组二阶微分方程，其基本形式为

$$\frac{\mathrm{d}}{\mathrm{d}t}\left(\frac{\partial T}{\partial \dot{\boldsymbol{q}}_i}\right) - \frac{\partial T}{\partial q_i} = \boldsymbol{Q}_i, \quad i = 1, 2, \cdots, s \tag{3.21}$$

式中，$q_1, q_2, \cdots, q_s$ 为所研究力学体系的广义坐标；$\boldsymbol{Q}_1, \boldsymbol{Q}_2, \cdots, \boldsymbol{Q}_s$ 为作用在此力学体系上的广义力；T 为系统总动能。

对于同时受到保守力和耗散力作用的、由 n 个关节部件组成的机械系统（非保守系统），其拉格朗日方程应为

$$\frac{\mathrm{d}}{\mathrm{d}t}\left(\frac{\partial T}{\partial \dot{\boldsymbol{q}}_i}\right) - \frac{\partial T}{\partial q_i} + \frac{\partial V}{\partial q_i} + \frac{\partial D}{\partial \dot{\boldsymbol{q}}_i} = \boldsymbol{F}_{q_i} \tag{3.22}$$

式中，q_i 为广义坐标，表示系统中的线位移或角位移的变量；$\boldsymbol{F}_{q_i}$ 为作用在系统上的广义力；T、V 和 D 分别为系统总的动能、势能和耗散能，分别为

$$T = \sum_{i=1}^{n} T_i, \quad V = \sum_{i=1}^{n} V_i, \quad D = \sum_{i=1}^{n} D_i \tag{3.23}$$

2. 拉格朗日函数方法

对于具有外力作用的非保守机械系统，其拉格朗日函数 L 可定义为

$$L = T - V \tag{3.24}$$

若操作机的执行元件控制某个转动变量 θ 时，则执行元件的总力矩 $\boldsymbol{\tau}_\theta$ 应为

$$\boldsymbol{\tau}_\theta = \frac{\mathrm{d}}{\mathrm{d}t}\left(\frac{\partial L}{\partial \dot{\boldsymbol{\theta}}}\right) - \frac{\partial L}{\partial \theta}$$

若操作机的执行元件控制某个移动变量 r 时，则施加在运动方向 r 上的力 $\boldsymbol{F}_r$ 应为

$$\boldsymbol{F}_r = \frac{\mathrm{d}}{\mathrm{d}t}\frac{\partial L}{\partial \dot{r}} - \frac{\partial L}{\partial r}$$

拉格朗日方程是以广义坐标表达的任意完整系统的运动方程式，方程式的数目和系统

的自由度数是一致的。理想约束反力不出现在方程组中,因此建立运动方程式时只需分析已知的主动力,而不必分析未知的约束反力。

拉格朗日方程是以能量观点建立起来的运动方程式。为了列出系统的运动方程式,只需从两方面去分析:一个是表征系统运动的动力学量——系统的动能和势能;另一个是表征主动力作用的动力学量——广义力。因此,用拉格朗日方程来求解系统的动力学方程可以大大简化建模过程。两种方法各有优劣,比较情况如表 3.2 所示。

表 3.2　拉格朗日方法与牛顿-欧拉方法的比较

比　较　项	拉格朗日方法	牛顿-欧拉方法
方程	较简单、紧凑	较复杂、不紧凑
加速度	不需要求解加速度,只需速度	需要求解加速度
内作用力	不需要求解内作用力	需要求解内作用力
摩擦损耗	因不考虑内作用力,所以不考虑摩擦损耗	可考虑摩擦损耗
自由度	随着自由度的增加,虽然方程本身不会变得复杂,但由于关节之间的耦合作用,会使求解任一关节驱动力(力矩)变得复杂。而且,自由度越大,计算的复杂度也越大,计算量会急剧增加	随着自由度增加,方程本身也不会变得很复杂,只是方程中矩阵的行数会增加。因此方法着眼于每一个连杆的运动,所以每一个关节驱动力(力矩)的计算量并不会随着自由度的增加而增加
适用性	适用于自由度较少的情况	适用于自由度较多的情况
所得结果	仅能求得关节的驱动力(力矩)	既可以求得关节的驱动力(力矩),也可以求得相互作用的内作用力(力矩)
编程	不易于编程	易于编程

因为两种方法并不都考虑摩擦损耗,所以两种方法求得的结果不完全相同。

3.3.3　Udwadia-Kalaba 方程

自 200 年前,拉格朗日建立分析力学以来,对于相互约束的复杂机械系统进行动力学建模就成为了分析动力学领域的核心研究内容。许多数学家和物理学家在此问题上开展了大量的研究。起始,拉格朗日提出了处理约束运动拉格朗日乘子法,但是,此方法需要针对具体问题去确定拉格朗日乘子,而且对于拥有大自由度和不可积分约束的系统,其拉格朗日乘子更不易获得。高斯提出了新的理论用以处理约束运动问题,他通过最小化系统质点加速度函数清晰地描述了约束运动的本质。在此之后,Gibbs 和 Appell 提出 Gibbs-Appell 方程,但是该方程需要明确具体的准坐标且同样具有对大自由度和非完整约束系统难以处理的问题。1993 年,南加州大学的 Udwadia 等提出了 Udwadia-Kalaba 方程(即 U-K 方程),该方程可被应用于可积分和不可积分约束系统。此动力学方法适用于完整/非完整、定常/非定常、理想/非理想各类约束,这是相比拉格朗日动力学方法的优势之一。

U-K 方程的使用过程概括为三步。

第一步,将研究对象视为"无约束"系统。在无约束状态下,选取 n 个广义坐标,$q = [q_1, q_2, \cdots, q_n]^T$,则该系统运动方程可以表示为

$$M(q, t)\ddot{q} = F(q, \dot{q}, t), \quad q(0) = q_0, \quad \dot{q}(0) = \dot{q}_0$$

其中,$M(q) \in R^{n \times n}$ 是正定的惯性矩阵,$\dot{q}$ 是 $n \times 1$ 的速度矢量,$\ddot{q}$ 是 $n \times 1$ 的加速度矢量,

$F(q,\dot{q},t)$ 也为 $n\times 1$ 的矢量,代表无约束系统所受的已知外力。此时,无约束系统的加速度可以表示为

$$a(q,\dot{q},t)=\ddot{q}=M^{-1}(q,t)F(q,\dot{q},t)$$

第二步,考虑系统中原有的约束,假设系统中存在 k 个完整约束,$l-k$ 个非完整约束,即

$$\eta_i(q,t)=0, \quad i=1,2,\cdots,k$$

$$\eta_i(q,\dot{q},t)=0, \quad i=k+1,k+2,\cdots,l$$

根据 U-K 方程对上述约束求导,得到其二阶表达式,并整理为 $A\ddot{q}=b$ 的矩阵形式。$A(q,\dot{q},t)$ 为 $l\times n$ 的约束矩阵,$b(q,\dot{q},t)$ 为 l 维的矢量。

第三步,将约束力施加于该系统,则系统真实运动方程为

$$M(q,t)\ddot{q}=F(q,\dot{q},t)+F^C(q,\dot{q},t)$$

其中,$F^C(q,\dot{q},t)$ 即为存在上述约束时,系统为满足约束所需的外加约束力。U-K 方程则给出了约束力的精确表达式

$$F^C(t)=M^{1/2}(AM^{-1/2})^+(b-Aa) \tag{3.25}$$

式(3.25)即为 U-K 方程,该方程在物理学角度阐述了运动对象在需要完成特定运动轨迹时,所受到的外力。

因此,受约束系统的精确运动方程可以写为

$$M\ddot{q}=F+M^{1/2}(AM^{-1/2})^+(b-Aa) \tag{3.26}$$

其中,符号"+"表示 Moore-Penrose(MP)逆,定义 $n\times m$ 维矩阵 A,若矩阵 A^+ 满足以下条件,则称其为矩阵 A 的 MP 逆。

$$AA^+A=A$$

$$A^+AA^+=A^+$$

$$AA^+=(AA^+)^T, \quad 即矩阵 AA^+ 是对称矩阵$$

$$A^+A=(A^+A)^T, \quad 即矩阵 A^+A 是对称矩阵$$

U-K 方程提供了完全解析形式的约束力表达式,这对接下来的控制器设计有直接帮助。反观拉格朗日方法,在处理约束系统时,需要使用拉格朗日乘子将约束与原系统嵌套在一起,而拉格朗日乘子的计算过程复杂烦琐,且在绝大多数情况下只能提供数值解。因此,拉格朗日方法可以进行系统的动力学建模过程,但无法高效精确地应用于控制设计问题。

例 3.6 假设一个在 XY 平面中运动的钟摆系统,如图 3.15 所示。摆锤质量 m,摆锤与固定点(原点)的距离为 L,且连接线的质量不计。试写出该系统的运动方程,并求解作用于摆锤的约束力大小。

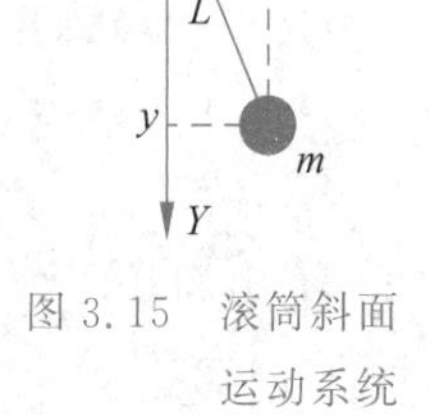

该系统的无约束运动方程为

$$\begin{bmatrix} m & 0 \\ 0 & m \end{bmatrix} a = \begin{bmatrix} 0 \\ mg \end{bmatrix} \tag{3.27}$$

所以 $a=\begin{bmatrix} 0 & g \end{bmatrix}^T$。再将约束方程 $x^2+y^2=L^2$ 对时间两次微分得

$$\begin{bmatrix} x(t) & y(t) \end{bmatrix} \begin{bmatrix} \ddot{x} \\ \ddot{y} \end{bmatrix} = -(\dot{x}^2+\dot{y}^2)$$

图 3.15 滚筒斜面
运动系统

这样 $\boldsymbol{A}=\begin{bmatrix}x(t)\,y(t)\end{bmatrix}$，$\boldsymbol{b}=-(\dot{x}+\dot{y}^2)$。由式(3.26)可知，运动方程为

$$\begin{bmatrix}\ddot{x}\\\ddot{y}\end{bmatrix}=\begin{bmatrix}0\\g\end{bmatrix}+\boldsymbol{M}^{-1/2}\,(\boldsymbol{A}\boldsymbol{M}^{-1/2})^{+}\left\{\boldsymbol{b}-\boldsymbol{A}\begin{bmatrix}0\\g\end{bmatrix}\right\}$$

其中

$$\boldsymbol{A}\boldsymbol{M}^{-1/2}=\begin{bmatrix}m^{-1/2}x & m^{-1/2}y\end{bmatrix}$$

所以其 MP 逆为

$$(\boldsymbol{A}\boldsymbol{M}^{-1/2})^{+}=\frac{1}{m^{-1}x^2+m^{-1}y^2}\begin{bmatrix}m^{-1/2}x\\m^{-1/2}y\end{bmatrix}$$

因此

$$\begin{bmatrix}\ddot{x}\\\ddot{y}\end{bmatrix}=\begin{bmatrix}0\\g\end{bmatrix}+\begin{bmatrix}m^{-1/2} & 0\\0 & m^{-1/2}\end{bmatrix}\frac{m}{m^{-1}x^2+m^{-1}y^2}\begin{bmatrix}m^{-1/2}x\\m^{-1/2}y\end{bmatrix}\{-(\dot{x}^2+\dot{y}^2)-gy\}$$

运动方程变为

$$\begin{bmatrix}\ddot{x}\\\ddot{y}\end{bmatrix}=\begin{bmatrix}0\\g\end{bmatrix}-\frac{\dot{x}^2+\dot{y}^2+gy}{x^2+y^2}\begin{bmatrix}x\\y\end{bmatrix} \tag{3.28}$$

将约束方程 $x^2+y^2=L^2$ 代入式(3.28)，且方程两边同乘 m，得

$$\begin{bmatrix}m & 0\\0 & m\end{bmatrix}\begin{bmatrix}\ddot{x}\\\ddot{y}\end{bmatrix}=\begin{bmatrix}0\\mg\end{bmatrix}-m\,\frac{\dot{x}^2+\dot{y}^2+gy}{L^2}\begin{bmatrix}x\\y\end{bmatrix}$$

比较式(3.27)和式(3.28)，式(3.27)表示系统的约束运动；而式(3.28)表示系统的无约束运动。系统的加速度也因为式(3.28)右侧的附加项作用，由 a 变为 $\ddot{\boldsymbol{X}}$。该附加项即为由于约束而产生的力 $F^{(c)}$，这个力与重力的合力使摆锤与固定点距离保持不变，完成预想的运动的轨迹。该"约束力"可由下式给出

$$F^{(c)}=\begin{bmatrix}F_x^c\\F_y^c\end{bmatrix}=-m\,\frac{\dot{x}^2+\dot{y}^2+gy}{L^2}\begin{bmatrix}x\\y\end{bmatrix}$$

通过该式可以得出，约束力在 X 和 Y 方向的分量都取决于 g。

视频讲解

视频讲解

3.4　动力学建模案例

3.4.1　牛顿-欧拉法倒立摆动力学建模

一阶小车直线倒立摆的结构如图 3.16 所示。图中，θ 为倒立摆摆体摆动角度，r 为皮带轮半径。

为便于建模，假设：

(1) 除皮带外，全部对象(摆体、小车、导轨等)均视为刚体；

(2) 各部分的摩擦力(力矩)与相对速度(角速度)成正比；

(3) 施加在小车上的驱动力与加在功率放大器上的输入电压 u 成正比，比例系数设为 G_0；

(4) 皮带轮与传送带之间无滑动，传送带无伸长现象；

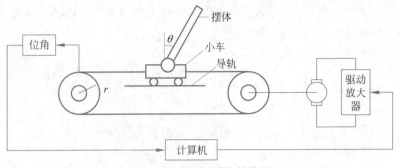

图 3.16　倒立摆系统结构图

（5）信号与力的传递无延时。

首先需计算均匀杆（长度为 $2L$，质量为 m）的转动惯量。当均匀杆绕一端转动时，其转动惯量为

$$J = \int_0^{2L} l^2 \rho \, \mathrm{d}l = \frac{8}{3}\rho L^3, \quad \rho = \frac{m}{2L}, \quad J = \frac{4}{3}mL^2$$

杆相对质心的转动惯量为

$$J_c = \int_{-L}^{L} l^2 \rho \, \mathrm{d}l = \frac{1}{3}mL^2$$

所以

$$J = J_c + mL^2$$

1. 小车部分

小车部分的受力分析如图 3.17 所示。图中，m_0 表示小车质量；N 表示轨道反力；F_0 表示小车滑动摩擦系数；f_x 表示摆体对小车作用力的水平分量；f_y 表示摆体对小车作用力的垂直分量。

考虑到小车只有水平方向（X）的运动，故可列写小车运动方程

$$m_0 \ddot{r} = G_0 u - f_x - F_0 \dot{r} \tag{3.29}$$

2. 摆体部分

摆体部分的受力分析如图 3.18 所示。图中，m_1 表示摆体质量；L 表示摆体质心 c 到支点的距离；f_x' 表示小车对摆体作用力的水平分量；f_y' 表示小车对摆体作用力的垂直分量。

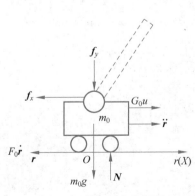

图 3.17　小车受力分析图

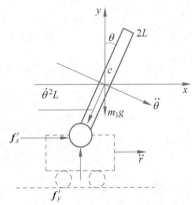

图 3.18　摆体受力分析图

考虑到摆体为一平面运动体,则其运动可以分解为平动和绕质心转动两部分,质心加速度等于质心平动加速度和绕质心转动加速度之和。

计算质心加速度。水平分量为

$$a_{cx} = \ddot{r} + \ddot{\theta}L\cos\theta - \dot{\theta}^2 L\sin\theta$$

垂直分量为

$$a_{cy} = -(\ddot{\theta}L\sin\theta + \dot{\theta}^2 L\cos\theta)$$

列写摆体动力学方程式(平动部分)

$$f'_x = m_1 a_{cx} = m_1(\ddot{r} + \ddot{\theta}L\cos\theta - \dot{\theta}^2 L\sin\theta)$$

$$f'_y - m_1 g = m_1 a_{cy} \quad f'_y = m_1 a_{cy} + m_1 g$$

$$f'_y = -m_1(\ddot{\theta}L\sin\theta + \dot{\theta}^2 L\cos\theta) + m_1 g$$

列写摆体动力学方程式(转动部分)

$$J_{1c}\ddot{\theta} = -f'_x L\cos\theta + f'_y L\sin\theta - F_1\dot{\theta}$$

代入 f'_x、f'_y,整理可得

$$J_{1c}\ddot{\theta} = -m_1(\ddot{r} + \ddot{\theta}L\cos\theta - \dot{\theta}^2 L\sin\theta) \cdot L\cos\theta -$$

$$[m_1(\ddot{\theta}L\sin\theta + \dot{\theta}^2 L\cos\theta) - m_1 g]L\sin\theta - F_1\dot{\theta}$$

$$J_{1c}\ddot{\theta} = -m_1 L\cos\theta \cdot \ddot{r} - m_1 L^2\cos^2\theta \cdot \ddot{\theta} + m_1 L^2\sin\theta \cdot \cos\theta \cdot \dot{\theta}^2 - m_1 L^2\sin^2\theta \cdot \ddot{\theta} -$$

$$m_1 L^2\sin\theta \cdot \cos\theta \cdot \dot{\theta}^2 + m_1 gL\sin\theta - F_1\dot{\theta}$$

$$J_{1c}\ddot{\theta} = -m_1 L^2\ddot{\theta} - m_1 L\cos\theta \cdot \ddot{r} + m_1 gL\sin\theta - F_1\dot{\theta}$$

$$(J_{1c} + m_1 L^2)\ddot{\theta} + m_1 L\cos\theta \cdot \ddot{r} = m_1 gL\sin\theta - F_1\dot{\theta}$$

令

$$J_1 = J_{1c} + m_1 L^2$$

$$m_1 L\cos\theta \cdot \ddot{r} + J_1\ddot{\theta} = m_1 gL\sin\theta - F_1\dot{\theta}$$

将 $f_x = f'_x$ 代入式(3.27),可得

$$m_0\ddot{r} = G_0 u - f_x - F_0 \cdot \dot{r} = G_0 u - m_1(\ddot{r} + \ddot{\theta}L\cos\theta - \dot{\theta}^2 L\sin\theta) - F_0 \cdot \dot{r}$$

$$(m_0 + m_1)\ddot{r} + m_1 L\cos\theta \cdot \ddot{\theta} = G_0 u + m_1\dot{\theta}^2 L\sin\theta - F_0 \cdot \dot{r}$$

二方程联立,可得矩阵形式

$$\begin{bmatrix} m_0 + m_1 & m_1 L\cos\theta \\ m_1 L\cos\theta & J_1 \end{bmatrix} \begin{bmatrix} \ddot{r} \\ \ddot{\theta} \end{bmatrix} + \begin{bmatrix} F_0 & -m_1 L\sin\theta \cdot \dot{\theta} \\ 0 & F_1 \end{bmatrix} \begin{bmatrix} \dot{r} \\ \dot{\theta} \end{bmatrix} + \begin{bmatrix} 0 \\ -m_1 gL\sin\theta \end{bmatrix} = \begin{bmatrix} G_0 u \\ 0 \end{bmatrix}$$

$$(3.30)$$

对应于动力学一般形式

$$M(q)\ddot{q} + C(q,\dot{q})\dot{q} + G(q) = \tau \tag{3.31}$$

从左向右,依次称为惯性项、科氏项、重力项和广义力项。

3.4.2 拉格朗日方法倒立摆动力学建模

1. 拉格朗日方程法建模

下面应用非保守系统的拉格朗日方程求解如图 3.16 所示的倒立摆动力学建模问题。小车和摆体的动能、势能和耗散能分别为

$$T_0 = \frac{1}{2} m_0 \dot{\boldsymbol{r}}^2, \quad V_0 = 0, \quad D_0 = \frac{1}{2} F_0 \dot{\boldsymbol{r}}^2$$

$$T_1 = \frac{1}{2} J_{1c} \dot{\boldsymbol{\theta}}^2 + \frac{1}{2} m_1 \left\{ \left[\frac{\mathrm{d}}{\mathrm{d}t} (r + L\sin\theta) \right]^2 + \left[\frac{\mathrm{d}}{\mathrm{d}t} (L\cos\theta) \right]^2 \right\}$$

$$V_1 = m_1 g L \cos\theta, \quad D_1 = \frac{1}{2} F_1 \dot{\boldsymbol{\theta}}^2$$

当 $q_i = r$ 时,$F_{q_i} = G_0 u$。

当 $q_i = \theta$ 时,$F_{q_i} = 0$,于是有

$$T = T_0 + T_1 = \frac{1}{2} m_0 \dot{\boldsymbol{r}}^2 + \frac{1}{2} J_{1c} \dot{\boldsymbol{\theta}}^2 + \frac{1}{2} m_1 [(\dot{\boldsymbol{r}} + L\cos\theta \cdot \dot{\boldsymbol{\theta}})^2 + (-L\sin\theta \cdot \dot{\boldsymbol{\theta}})^2]$$

$$V = V_0 + V_1 = m_1 g L \cos\theta, \quad D = D_0 + D_1 = \frac{1}{2} F_0 \dot{\boldsymbol{r}}^2 + \frac{1}{2} F_1 \dot{\boldsymbol{\theta}}^2$$

当 $q_i = r$ 时,即对小车而言

$$\frac{\partial T}{\partial \dot{\boldsymbol{r}}} = m_0 \dot{\boldsymbol{r}} + m_1 (\dot{\boldsymbol{r}} + L\cos\theta \cdot \dot{\boldsymbol{\theta}}) = (m_0 + m_1) \dot{\boldsymbol{r}} + m_1 L \cos\theta \cdot \dot{\boldsymbol{\theta}}$$

$$\frac{\mathrm{d}}{\mathrm{d}t} \left(\frac{\partial T}{\partial \dot{\boldsymbol{r}}} \right) = (m_0 + m_1) \ddot{\boldsymbol{r}} + m_1 L (-\sin\theta \cdot \dot{\boldsymbol{\theta}}^2 + \cos\theta \cdot \ddot{\boldsymbol{\theta}})$$

$$= (m_0 + m_1) \ddot{\boldsymbol{r}} + m_1 L \cos\theta_1 \cdot \ddot{\boldsymbol{\theta}} - m_1 L \sin\theta_1 \cdot \dot{\boldsymbol{\theta}}^2$$

$$\frac{\partial T}{\partial r} = 0, \quad \frac{\partial V}{\partial r} = 0, \quad \frac{\partial D}{\partial \dot{\boldsymbol{r}}} = F_0 \dot{\boldsymbol{r}}$$

当 $q_i = \theta$ 时,即对摆体而言

$$\frac{\partial T}{\partial \dot{\boldsymbol{\theta}}_1} = J_{1c} \dot{\boldsymbol{\theta}} + m_1 (\dot{\boldsymbol{r}} L\cos\theta + L^2 \cos^2\theta \cdot \dot{\boldsymbol{\theta}} + L^2 \sin^2\theta \cdot \dot{\boldsymbol{\theta}}) = J_{1c} \dot{\boldsymbol{\theta}} + m_1 (\dot{\boldsymbol{r}} L\cos\theta + L^2 \dot{\boldsymbol{\theta}})$$

$$\frac{\mathrm{d}}{\mathrm{d}t} \left(\frac{\partial T}{\partial \dot{\boldsymbol{\theta}}} \right) = J_{1c} \ddot{\boldsymbol{\theta}} + m_1 L (\ddot{\boldsymbol{r}} \cos\theta - \dot{\boldsymbol{r}} \sin\theta \cdot \dot{\boldsymbol{\theta}} + L \ddot{\boldsymbol{\theta}})$$

$$\frac{\partial T}{\partial \theta} = -m_1 L \dot{\boldsymbol{r}} \sin\theta \cdot \dot{\boldsymbol{\theta}}, \quad \frac{\partial V}{\partial \theta} = -m_1 g L \sin\theta, \quad \frac{\partial D}{\partial \dot{\boldsymbol{\theta}}} = F_1 \dot{\boldsymbol{\theta}}$$

得到单级倒立摆的动力学方程为

$$\begin{bmatrix} m_0 + m_1 & m_1 L \cos\theta \\ m_1 L \cos\theta & J_{1c} + m_1 L^2 \end{bmatrix} \begin{bmatrix} \ddot{\boldsymbol{r}} \\ \ddot{\boldsymbol{\theta}} \end{bmatrix} + \begin{bmatrix} F_0 & -m_1 L \sin\theta \cdot \dot{\boldsymbol{\theta}} \\ 0 & F_1 \end{bmatrix} \begin{bmatrix} \dot{\boldsymbol{r}} \\ \dot{\boldsymbol{\theta}} \end{bmatrix} = \begin{bmatrix} G_0 u \\ m_1 g L \sin\theta \end{bmatrix} \tag{3.32}$$

于是可以得到与式(3.30)相同的结果。

当考虑在不稳定平衡点附近的线性化时,可令

$$\cos\theta \approx 1, \quad \sin\theta \approx \theta, \quad \sin\theta \cdot \dot{\theta} \approx 0, \quad \theta \approx 0$$

于是可得简化动力学方程

$$\begin{bmatrix} m_0 + m_1 & m_1 L \\ m_1 L & J_{1c} + m_1 L^2 \end{bmatrix} \begin{bmatrix} \ddot{r} \\ \ddot{\theta} \end{bmatrix} + \begin{bmatrix} F_0 & 0 \\ 0 & F_1 \end{bmatrix} \begin{bmatrix} \dot{r} \\ \dot{\theta} \end{bmatrix} = \begin{bmatrix} G_0 u \\ m_1 g L_1 \theta \end{bmatrix} \tag{3.33}$$

2. 拉格朗日函数法建模

下面应用拉格朗日函数法求解如图 3.16 所示的倒立摆动力学建模问题。

建立拉格朗日函数

$$L = T - V$$

小车部分

$$T_0 = \frac{1}{2} m_0 \dot{r}^2, \quad V_0 = 0$$

摆体部分

$$T_1 = \frac{1}{2} J_{1c} \dot{\theta}^2 + \frac{1}{2} m_1 \left\{ \left[\frac{\mathrm{d}}{\mathrm{d}t} (r + l_1 \sin\theta) \right]^2 + \left[\frac{\mathrm{d}}{\mathrm{d}t} (l_1 \cos\theta) \right]^2 \right\}$$

$$= \frac{1}{2} J_{1c} \dot{\theta}^2 + \frac{1}{2} m_1 \dot{r}^2 + m_1 l_1 \dot{r}\dot{\theta} + \frac{1}{2} m_1 l_1^2 \dot{\theta}^2$$

$$V_1 = m_1 g l_1 \cos\theta$$

则

$$L = \frac{1}{2} (m_0 + m_1) \dot{r}^2 + \frac{1}{2} (J_{1c} + m_1 l_1^2) \dot{\theta}^2 + m_1 l_1 \dot{r}\dot{\theta} - m_1 g l_1 \cos\theta$$

对于小车(r)而言,L 求偏导和导数,可得

$$\frac{\partial L}{\partial \dot{r}} = (m_0 + m_1) \dot{r} + m_1 l_1 \dot{\theta}, \quad \frac{\mathrm{d}}{\mathrm{d}t} \frac{\partial L}{\partial \dot{r}} = (m_0 + m_1) \ddot{r} + m_1 l_1 \ddot{\theta}, \quad \frac{\partial L}{\partial r} = 0$$

对应广义坐标 r 的广义力为

$$F_r = G_0 u - F_0 \dot{r}$$

可得第一个方程

$$G_0 u - F_0 \dot{r} = (m_0 + m_1) \ddot{r} + m_1 l_1 \ddot{\theta}$$

对于摆杆 θ 而言,L 求偏导和导数,可得

$$\frac{\partial L}{\partial \dot{\theta}} = (J_{1c} + m_1 l_1^2) \dot{\theta} + m_1 l_1 \dot{r} = J_1 \dot{\theta} + m_1 l_1 \dot{r},$$

$$\frac{\mathrm{d}}{\mathrm{d}t} \frac{\partial L}{\partial \dot{\theta}} = J_1 \ddot{\theta} + m_1 l_1 \ddot{r}, \quad \frac{\partial L}{\partial \theta} = m_1 g l_1 \sin\theta \doteq m_1 g l_1 \theta$$

对应广义坐标 θ 的广义力为 $-F_1 \dot{\theta}^2$。可得第二个方程

$$-F_1 \dot{\theta} = J_1 \ddot{\theta} + m_1 l_1 \ddot{r} - m_1 g l_1 \theta$$

写成矩阵形式,便得到与前两种方法在平衡点附近线性化后相同的结果。

$$\begin{bmatrix} m_0 + m_1 & m_1 l_1 \\ m_1 l_1 & J_1 \end{bmatrix} \begin{bmatrix} \ddot{r} \\ \ddot{\theta} \end{bmatrix} + \begin{bmatrix} F_0 & 0 \\ 0 & F_1 \end{bmatrix} \begin{bmatrix} \dot{r} \\ \dot{\theta} \end{bmatrix} = \begin{bmatrix} G_0 u \\ m_1 g l_1 \theta \end{bmatrix} \tag{3.34}$$

3.4.3 U-K 方法车辆偏航动力学建模

本节基于 U-K 方法求解车辆偏航动力学建模。二自由度车辆偏航运动模型如图 3.19 所示。

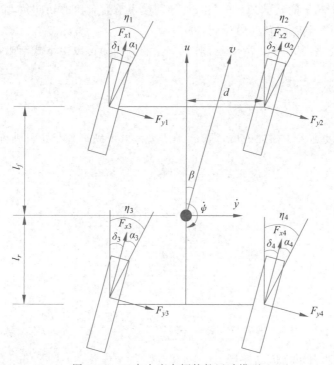

图 3.19 二自由度车辆偏航运动模型

假设图 3.19 中车辆模型的纵向速度为常数,则该系统具有两个自由度,横向运动与偏航运动,且系统的控制输入为前转向角与后转向角。系统中的参数由表 3.3 给出。

表 3.3 车辆模型参数

参数	定　义	参数	定　义
m	车辆质量	δ_i	转向角
I	车辆转动惯量	α_i	车轮滑动角
$y, \dot{y}, \ddot{y}$	车辆横向位移,速度,加速度	η_i	车轮行驶方向
$\psi, \dot{\psi}, \ddot{\psi}$	车辆偏航角、偏航角速度,偏航角加速度	X_i, Y_i	车辆纵向力,横向轮胎力
l_f, l_r	质心与前桥,后桥的距离	F_{xi}, F_{yi}	轮胎纵向力,横向力
d	胎面与中心的距离	u	车辆纵向速度
C_i	轮胎侧偏刚度	δ_i	转向角

注:$\delta_i, \alpha_i, \dot{\psi}$ 值较小。

车辆的运动方程为

$$m(\ddot{y} + u\dot{\psi}) = Y_1 + Y_2 + Y_3 + Y_4$$

$$I\ddot{\psi} = l_f(Y_1 + Y_2) - l_r(Y_3 + Y_4) - d(X_1 + X_3) + d(X_2 + X_4)$$

其中，X_i，Y_i 可以表示为 F_{xi}，F_{yi} 的函数。

$$X_i = F_{xi}\cos\delta_i - F_{yi}\sin\delta_i \approx F_{xi} - F_{yi}\delta_i$$

$$Y_i = F_{xi}\sin\delta_i - F_{yi}\cos\delta_i \approx F_{xi}\delta_i - F_{yi}$$

其中，δ_i 代表每个轮子的转向角。δ_f 和 δ_r 分别代表前后车轮的转向角，前部两个车轮的转向角相同，后部两个车轮的转向角相同，即 $\delta_1 = \delta_2 = \delta_f$，$\delta_3 = \delta_4 = \delta_r$。

根据轮胎侧边刚度和车轮滑动角，前后车轮的侧向力可以由下式给出

$$F_{yi} = -C_i\alpha_i$$

其中，

$$\alpha_i = \eta_i - \delta_i$$

假设车辆纵向速度远大于横向速度，即 $|u| \gg d|\dot{\psi}|$，可得到每个车轮行驶方向的表达式。

$$\eta_1 = \arctan\left(\frac{\dot{y} + l_f\dot{\psi}}{u - d\dot{\psi}}\right) \approx \frac{\dot{y} + l_f\dot{\psi}}{u}$$

$$\eta_2 = \arctan\left(\frac{\dot{y} + l_f\dot{\psi}}{u - d\dot{\psi}}\right) \approx \frac{\dot{y} + l_f\dot{\psi}}{u}$$

$$\eta_3 = \arctan\left(\frac{\dot{y} + l_r\dot{\psi}}{u - d\dot{\psi}}\right) \approx \frac{\dot{y} + l_r\dot{\psi}}{u}$$

$$\eta_4 = \arctan\left(\frac{\dot{y} + l_r\dot{\psi}}{u - d\dot{\psi}}\right) \approx \frac{\dot{y} + l_r\dot{\psi}}{u}$$

综上可得车辆的两自由度运动模型。

$$m\ddot{y} = -\frac{C_1 + C_2 + C_3 + C_4}{u}\dot{y} - \frac{(C_1 + C_2)l_f - (C_3 + C_4)l_r + mu^2}{u}\psi +$$

$$(F_{x1} + F_{x2} + C_1 + C_2)\delta_f + (F_{x3} + F_{x4} + C_3 + C_4)\delta_r$$

$$I\ddot{\psi} = -\frac{(C_1 + C_2)l_f - (C_3 + C_4)l_r}{u}\dot{y} - \frac{(C_1 + C_2)l_f^2 - (C_3 + C_4)l_r^2}{u}\psi +$$

$$l_f(F_{x1} + F_{x2} + C_1 + C_2)\delta_f - l_r(F_{x3} + F_{x4} + C_3 + C_4)\delta_r -$$

$$d(F_{x1} - F_{x2} + F_{x3} - F_{x4}) + d(F_{y1}\delta_f - F_{y2}\delta_f + F_{y3}\delta_r - F_{y4}\delta_r)$$

令 $C_f = C_1 + C_2$，$C_r = C_3 + C_4$，小车的动力学模型可写成如下的矩阵形式

$$\begin{bmatrix} m & 0 \\ 0 & I \end{bmatrix}\begin{bmatrix} \ddot{y} \\ \ddot{\psi} \end{bmatrix} + \begin{bmatrix} \dfrac{C_f + C_r}{u} & \dfrac{C_fl_f - C_rl_r + mu^2}{u} \\ \dfrac{C_fl_f - C_rl_r}{u} & \dfrac{C_fl_f^2 - C_rl_r^2}{u} \end{bmatrix}\begin{bmatrix} \dot{y} \\ \psi \end{bmatrix} = \begin{bmatrix} C_f & C_r \\ C_fl_f & -C_rl_r \end{bmatrix}\begin{bmatrix} \delta_f \\ \delta_r \end{bmatrix}$$

分析该模型的约束问题，给定车辆的约束为

$$\dot{y} = 0, \quad \dot{\psi} = 0$$

则其二阶形式为

$$\ddot{y}=0,\quad \ddot{\psi}=0$$

将上述约束整理为 $A\ddot{q}=b$ 的矩阵形式,得到

$$A=\begin{bmatrix}1&0\\0&1\end{bmatrix},\quad b=\begin{bmatrix}0\\0\end{bmatrix}$$

代入 U-K 基本方程即可以求解车辆满足运动轨迹的约束力和动力学方程。

3.5　小结

本章首先阐述了关于运动学和动力学建模的基本术语,介绍了典型的坐标系,以及动静坐标系之间的齐次变换矩阵;以典型的机器人运动系统为例,利用 D-H 参数建立起相互由运动副链接的运动体内部各连杆之间的坐标变换关系,进一步探讨了速度运动学问题;介绍了动力学基础知识、动力学求解的基本原理及方法,然后结合案例详细展示了牛顿-欧拉方法、拉格朗日方法等的动力学建模过程。

习题

3.1　如图 3.20 所示,手坐标上长度为 1 的矢量 a,先沿 z 轴移动 10 为 b,再分别绕 x 轴和 x_H 轴转 90°为 c 和 d,通过齐次变换矩阵运算,求解 b、c、d 矢量值,写出求解过程,并注意运算中的左、右乘关系。

3.2　列写图 3.21 所示转动-平动三关节手臂运动学方程(坐标变换矩阵),包括建立坐标系、各关节 D-H 参数、各关节变换矩阵,综合得到手臂运动学方程。

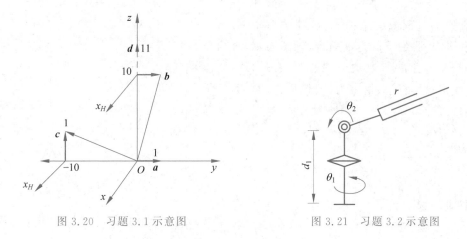

图 3.20　习题 3.1 示意图　　　　　　图 3.21　习题 3.2 示意图

3.3　设手坐标上矢量 $a=\begin{bmatrix}u\\v\\w\\1\end{bmatrix}$,先沿 z 轴移动 10 为 b,再绕 x 轴转 90°为 c,最后绕 x_H 轴转 90°为 d。分别求解 b、c、d 矢量值,写出计算过程。

3.4 固连在坐标系 $(\vec{n},\vec{o},\vec{a})$ 上的点 $\boldsymbol{P}(7\quad 3\quad 2)^{\mathrm{T}}$ 经历如下变换,求出变换后该点相对于参考坐标系的坐标。

(1) 绕 z 轴旋转 $90°$;

(2) 接着绕 y 轴旋转 $90°$;

(3) 接着再平移 $[4,-3,7]$。

3.5 根据题 3.4,假定 $(\vec{n},\vec{o},\vec{a})$ 坐标系上的点 $\boldsymbol{P}(7\quad 3\quad 2)^{\mathrm{T}}$ 经历相同变换,但变换按如下不同顺序进行,求出变换后该点相对于参考坐标系的坐标。

(1) 绕 z 轴旋转 $90°$;

(2) 接着平移 $[4,-3,7]$;

(3) 接着再绕 y 轴旋转 $90°$。

3.6 以人体手臂为对象(肩关节有 3 个转动自由度,肘关节有 1 个转动自由度,腕关节有 2 个转动自由度),建立机构简图,并建立运动学模型。

3.7 以人体手臂为对象(肩关节有 2 个转动自由度,肘关节有 1 个转动自由度,不考虑腕关节和手掌),建立机构简图,并建立动力学模型。

3.8 测量个人手臂的机构参数和关节转动角度范围,并代入习题 3.7 所得的运动学模型,利用 MATLAB 求解人体躯干保持静止时,拳头可达工作空间的具体数值。

3.9 简述运动学正问题和运动学逆问题。

3.10 编程题:求解图 3.22 所示运动机构在摆动过程膝关节中心点、踝关节中心点和脚跟、脚尖点的运动轨迹,画图表示运动轨迹。运动中,髋关节中心点($R^{(0)}$,$X^{(0)}$)固定,摆角运动给定为(仅供参考,参数可自己修改)

$$\theta_1^{(1)} = -\theta_1^{(2)} = \sin(3t)$$

$$\theta_2^{(1)} = -\theta_2^{(2)} = \sin(5t)$$

$$\theta_3^{(1)} = -\theta_3^{(2)} = \sin(4t)$$

摆动时长 t 为 $0.8\mathrm{s}$,机构参数通过测量个人的双腿得到。

以直立为初始姿态,此时各个角度的初值为 0。

3.11 求图 3.23 所示的 2 自由度机械手的雅可比矩阵。

3.12 求解 θ-r 操作机的雅可比矩阵及其逆矩阵。

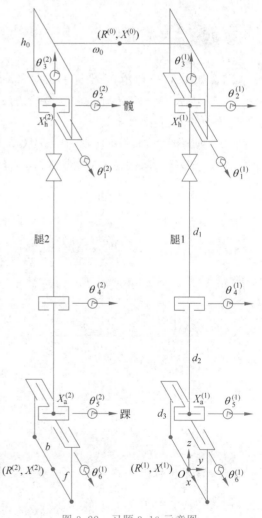

图 3.22 习题 3.10 示意图

3.13 利用牛顿-欧拉方法建立图 3.24 所示圆形轨道一级倒立摆的动力学模型。

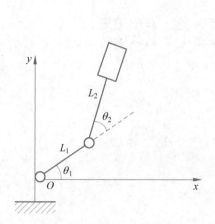

图 3.23 习题 3.11 示意图

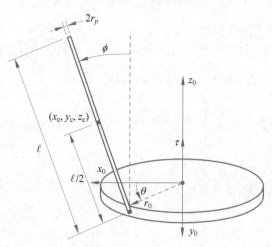

图 3.24 习题 3.13 示意图

第4章

CHAPTER 4

运动测量传感器

素质目标

(1) 培养学生具有关心国内外传感器等前沿技术发展的素质。

(2) 培养学生具有实践动手和测量分析的素质。

(3) 培养学生具有工程思维的能力和素质。

(4) 培养学生持续创新的科研精神。

测量是人们认识和改造自然的重要手段。凡是要定量地描述事物的特征和性质时,都离不开测量。测量就是用专门的技术工具,靠实验和计算找到被测量的值(大小和正负),测量的目的是在限定时间内尽可能正确地收集被测对象的未知信息,以便掌握被测对象的参数和对其运动、变化过程的控制。感知是测量的进一步发展,即将测量得到的数据进行处理,使之适用于决策和控制。

本书所指的运动状态可分为内部参数和外部参数两种。所谓内部参数是指仅与运动本体有关的参数,例如驱动器的位置、速度和加速度等;所谓外部参数是指需参考外部环境确定的参数,例如运动本体的位姿(位置和姿态),以及周围是否有障碍物等参数。运动本体的位置和姿态按照参考的坐标系统的不同,又可分为绝对位置和相对位置。得到绝对位置的感知可称为全局感知,得到相对位置的感知可称为局部感知。全局感知往往有难度,而局部感知到的信息就已经可以用于大多数的运动控制系统。

按照信号的类型可分为模拟量测量和数字量测量。模拟量测量即测量得到的信号为模拟量信号、连续信号,发展得比较早,优点是精度高,缺点是容易受到环境的影响。数字量测量即测量得到的信号为数字量信号、离散信号,优点是便于传输、抗干扰能力强,缺点是存在离散化带来的原理误差。

理论上,运动信息的精确测量和感知有一定难度。由牛顿运动学定律可知,加速度或角加速度可突变,在时间轴上表现为不连续的第一类间断点。间断点发生的时机、突变强度、突变方式等是难以确定的,再加上外力和力矩中所包含的随机干扰力和随机干扰力矩,问题变得相当复杂。

4.1 测量系统的基本组成

从信息论的角度,通过分析信息的产生、传输和处理流程可得现代的测量系统,如图 4.1 所示。

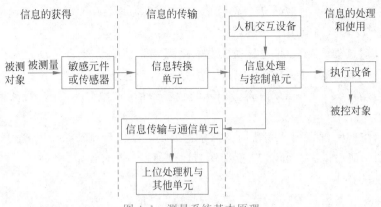

图 4.1 测量系统基本原理

敏感元件是指直接感受被测物理量并对其进行转换的元件或单元。传感器则是敏感元件及其相关的辅助元件和电路组成的整个装置,其中敏感元件是传感器的核心部件。传感器也泛指将一个被测物理量按照一定的物理规律转换为另一个物理量的装置。信息转换单元即所谓的变送器,负责将敏感元件或传感器得到的信息转换成标准的、可用于传输的信号,如标准的电信号(0～20mA 的标准电流信号或±5V 的标准电压信号)。信息处理与控制单元负责对测量到的信号进行必要的处理,如滤波、去噪、高低限位处理等;其中包括了控制部分,即对信息的利用。信息传输与通信单元负责按照特定的协议(取决于通信方式,例如采用的总线技术或网络技术等)传输信息。人机交互设备负责人为地设置对信息的处理和控制方式;执行设备负责根据感知得到的信息,作出合理的调整行为。上位处理机与其他单元负责对信息的进一步处理,例如存储、数据挖掘、虚拟演示等。

为便于理解,以电动机转速的模拟量闭环反馈控制为例,典型的测量和反馈系统示例如图 4.2 所示。

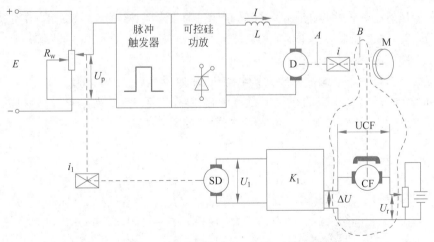

图 4.2 电动机转速测量和反馈系统示例

图 4.2 中,E 表示电动机的供电电压;R_w 表示可调电阻的阻值;U_p 表示施加在电动机上的电压;I 表示施加给电动机的电流;L 表示电感;D 表示电动机;i、i_1 表示传动机构的传动比;M 表示负载;UCF 表示反电动势;CF 表示电动势;ΔU 表示电动势差;U_r 表示

参考电动势(与理想速度对应);K_1表示驱动放大;U_1表示放大后施加在调节用电动机装置上的电压;SD表示调节用电动机。

测量和反馈过程为:U_p通过驱动放电电路部分驱动电动机 D 转动;电动机 D 通过变速装置带动负载 M 转动,同时带动测速电动机转动,产生感应电动势;ΔU通过运算放大后施加在调节电动机 SD 上;SD 通过运动传递机构带动可调电阻 R_w 运动,从而控制电动机的转速。

图 4.2 给出的示例是一个完整的模拟量速度负反馈比例调节系统。理想的速度值通过 U_r 来设定,初始值通过 R_w 来设定,反馈调节比例通过 K_1 来设定。

测量系统的基本技术指标如下。

(1)灵敏度。表征系统对输入量变化的响应能力。

(2)分辨率。表征系统有效辨别输入量最小变化的能力。

(3)精度。系统的总精度是其量程范围的基本误差与满度值(量程)之比的百分数。

(4)静态特性是在标准试验条件下获得的,否则还要在基本误差(系统误差+随机误差)上加上附加误差。

(5)动态特性。系统对随时间变化的输入量的响应特性。

传感器安装在运动传动链的不同位置,会对运动控制精度产生影响。例如会影响所测量到的运动量值是相对值还是绝对值,是最终的运动量值还是中间量值。由于最终的运动量值往往不易直接测量,所以实际中经常采用传感器测量中间值,而后通过换算得到所需的被控量值。

4.2　常用的运动测量传感器

4.2.1　旋转变压器

旋转变压器是一种输出电压随转子转角变化的信号元件。当励磁绕组以一定频率的交流电压励磁时,输出绕组的电压幅值与转子转角呈正弦、余弦函数关系,或保持某一比例关系。实物如图 4.3 所示。

旋转变压器是一种特制的两相旋转电动机,由定子和转子两部分组成。在定子和转子上各有两套在空间完全正交的绕组。当转子旋转时,定子、转子绕组间的相对位置随之变化,使输出电压与转子转角保持一定的函数关系,如图 4.4 所示。

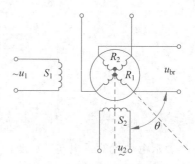

图 4.3　旋转变压器示例　　　　　图 4.4　旋转变压器工作原理

图 4.4 中,励磁电压为

$$u_1(t) = U_m \sin \omega_0 t \tag{4.1}$$

$$u_2(t) = U_m \cos \omega_0 t \tag{4.2}$$

式中,U_m 为励磁电压幅值;ω_0 为角频率。

两相励磁电流严格平衡,即大小相等,相位差 $90°$,所以在气隙中产生圆形旋转磁场。

转子旋转产生的感应电动势为

$$u_{br}(t) = m[u_1(t)\cos\theta + u_2(t)\sin\theta] = mU_m\sin(\omega_0 t + \theta) \tag{4.3}$$

式中,m 为转子绕组与定子绕组的有效匝数比;θ 为转角。

式(4.3)表明感应电动势的强度与旋转角度呈非线性关系。通过原理可知,旋转变压器是一种模拟量传感器。

4.2.2 光电传感器

光可以被看成是由具有一定能量的光子所组成的,而每个光子所具有的能量 E 与其频率成正比。光射到物体上就等效为一连串具有能量 E 的光子轰击物体。光电效应就是指由于物体吸收了能量为 E 的光子后所产生的电效应。

光电传感器是将光信号转换成电量的一种变换器,工作原理就是光电效应。从传感器本身来看,光电效应可以分为外光电效应、内光电效应和光生伏特效应 3 类。

1. 外光电效应

在光线作用下,使电子逸出物体表面的现象称为外光电效应,或称为光电发射效应。

根据爱因斯坦(Einstein)的假说,一个光子的能量只能给一个电子。因此,如果一个电子要从物体表面逸出,必须使传递给电子能量的光子本身的能量 E 大于电子从物体表面逸出功 A。此时逸出表面的电子可称为光电子,具有动能 E_k,如下

$$E_k = \frac{1}{2}mv^2 = E - A, \quad E = hf \tag{4.4}$$

式中,h 为普朗克常数,$h = 6.63 \times 10^{-34}$(J·s);f 为光的频率(Hz);m 为电子质量(g);v 为电子逸出时的初速度(m/s)。

从光电效应方程可以看出,光电子逸出物体表面时,具有的初始动能与光的频率有关,频率越高则动能越大。而不同材料具有不同的逸出功 A,因此对于每种特定的材料而言都有一个特定的频率限。当入射光的频率低于此频率限时,不论入射光强度多强,也不能激发电子。当入射光的频率高于此频率限时,不论入射光强度多弱,也会使被照射的物质激发出电子。此频率限的波长表示为

$$\lambda_k = \frac{hc}{A} \tag{4.5}$$

式中,c 为光速,$c = 3 \times 10^8$ m/s。

当入射光的频谱成分不变时,发射的光电子数正比于光强。

2. 内光电效应

在光的照射下材料的电阻率发生改变的现象称为内光电效应,或称为光电导效应。光电转速计是典型的内光电效应传感器,由光源、光路系统、调制器和光电元件组成,分为反射式和透射式两类,工作原理如图 4.5 所示。调制器的作用是把连续光调制成光脉冲信号。

调制器通常为一个带有均匀分布的多个小孔的圆盘,当安装在被测轴上的调制器随被测轴一起旋转时,利用圆盘的透光性或反射性把被测转速调制成相应的光脉冲。光脉冲照射到光电元件上时,即产生相应的电脉冲信号,从而把转速转换成电脉冲信号。电脉冲频率可以通过一般的频率表或数字频率计测量,通过被测转轴每分钟转速与电脉冲频率的关系获得被测转速,其关系为

$$n = \frac{60f}{N} \tag{4.6}$$

式中,n 为被测轴转速(r/min);f 为电脉冲频率(Hz);N 为测量孔数或黑白条纹数。

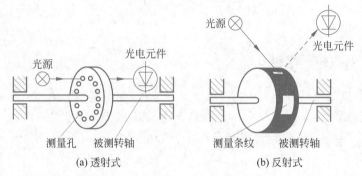

(a) 透射式   (b) 反射式

图 4.5 光电转速计的工作原理

4.2.3 脉冲编码器

1. 增量型编码器(旋转型)

如图 4.6(a)所示,编码器由一个中心有轴的光电编码盘和光电发射、接收器件组成,编码盘上有环形通、暗的刻线。编码器的输出波形如图 4.6(b)所示,a、b 为正弦波信号,相位差 90°(相对于一个周波为 360°);c 为 a 的反向信号,可增强稳定信号。此外,增量型编码器每旋转一圈输出一个 z 相脉冲,以代表零位参考位。

由于 a、b 两相相差 90°,可通过比较 a 相在前还是 b 相在前,来判别编码器的正转与反

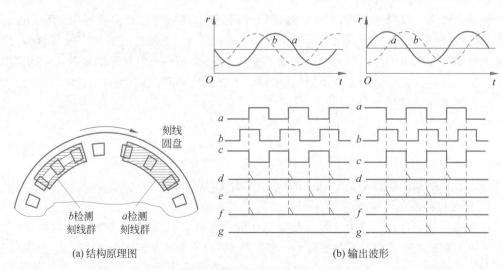

(a) 结构原理图   (b) 输出波形

图 4.6 增量式编码器工作原理

转,通过零位脉冲,可获得编码器的零位参考位。

　　编码器每旋转360°提供的通或暗的刻线称为分辨率,也称解析分度,或直接称多少线,一般为每转分度5～10 000线。信号输出有正弦波(电流或电压)、方波(TTL、HTL)、集电极开路(PNP、NPN)、推拉式多种形式。其中TTL为长线差分驱动,HTL也称推拉式、推挽式输出,编码器的信号接收设备接口应与编码器对应。单相连接用于单方向计数,单方向测速。a、b两相连接,用于正反向计数,判断正反向和测速。a、b、z三相连接,用于带参考位修正的位置测量。a、$a-$、b、$b-$、z、$z-$连接,由于带有对称负信号的连接,电流对于电缆贡献的电磁场为0,衰减最小,抗干扰最佳,可传输较远的距离。对于TTL的带有对称负信号输出的编码器,信号传输距离可达150m。对于HTL的带有对称负信号输出的编码器,信号传输距离可达300m。

　　增量型编码器存在零点累计误差,抗干扰较差,接收设备的停机需断电记忆,开机应找零或参考位等问题。增量型编码器一般应用于测速、测转动方向、测移动角度与距离(相对)。编码器的脉冲信号一般连接计数器、PLC、计算机,PLC和计算机连接的模块有低速模块与高速模块之分,开关频率有低有高。

2. 绝对式编码器(旋转型)

绝对式光电编码器码盘上有许多道光通道刻线,如图4.7所示。

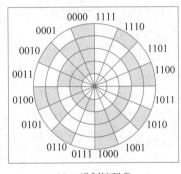

(a) 二进制编码盘

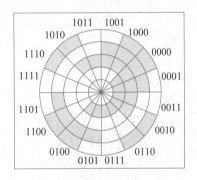

(b) 循环编码盘

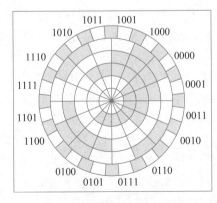

(c) 带判位循环编码盘

图4.7　绝对式光电编码器

　　每道刻线依次以2线、4线、8线、16线……编排。在编码器的每一个位置,通过读取每道刻线的通、暗,获得一组$2^0 \sim 2^{n-1}$的唯一的二进制编码(格雷码)。绝对编码器的读数是由光电编码盘的机械位置决定的,不受停电、干扰的影响。

绝对式编码盘通过读取轴上编码盘的图形来表示轴的位置,无须记忆,无须找参考点,而且不用一直计数。码制可选用二进制码、BCD 码(循环码)。

在二进制编码盘中,外层为最低位,里层为最高位。从外到里按二进制刻制,如图 4.7(a)所示。在编码盘转动时,可能出现两位以上的数字同时改变,导致"粗大误差"的产生。循环编码盘的特点是在相邻两扇面之间只有一个码发生变化,因而当读数改变时,只有一个光电管处在交界面上。即使发生读错,也只有最低一位的误差,不会产生"粗大误差"。其缺点是不能直接进行二进制算术运算,在运算前必须先通过逻辑电路转换成二进制编码。循环编码盘如图 4.7(b)所示,轴位和数码的对照表如表 4.1 所示。

表 4.1 光电编码盘轴位和数码对照表

轴 的 位 置	二 进 制 码	循 环 码	轴 的 位 置	二 进 制 码	循 环 码
0	0000	0000	8	1000	1100
1	0001	0001	9	1001	1101
2	0010	0011	10	1010	1111
3	0011	0010	11	1011	1110
4	0100	0110	12	1100	1010
5	0101	0111	13	1101	1011
6	0110	0101	14	1110	1001
7	0111	0100	15	1111	1000

图 4.7(c)所示为带判位循环编码盘,只有当最外圆的光电元体有信号时才读数,可避免产生非单值性误差。

脉冲编码器的分辨率为 $360°/N$,对增量式码盘 N 是旋转一周的计数总和,对绝对式码盘 $N=2^n$,n 是输出字的位数。通过运用钟表齿轮原理,可制作多圈式绝对编码器。

4.2.4 光栅

计量光栅有长光栅和圆光栅两种,是数控机床和数显系统常用的检测元件,具有精度高、响应速度较快等优点。光栅采用非接触式测量,图 4.8 所示为典型光栅传感器。

1. 光栅的工作原理

光栅位置检测装置由光源、2 块光栅(长光栅、短光栅)和光电元件等组成。如图 4.9(a)所示,光栅就是在一块长条形的光学玻璃上均匀地刻上很多和运动方向垂直的线条。线条之间的距离(栅距)可以根据所需的精度决定,一般是每毫米(mm)刻 50、100、200 条线。长光栅 G_1 装在机床的移动部件上,称为标尺光栅,短光栅 G_2 装在机床的固定部件上,称为指示光栅,两块光栅互相平行并保持一定的间隙(例如 0.05mm、0.1mm 等),两块光栅的刻线密度相同。

如果将指示光栅在其自身的平面内转过一个很小的角度 θ,这样两块光栅的刻线相交,则在相交处出现黑色条纹,称为莫尔条纹(moire fringe)。两块光栅的刻线密度相等,即栅距 ω 相等,而产生的莫尔条纹的方向和光栅刻线方向大致垂直,其几何关系如图 4.9(c)所示。当 θ 很小时,莫尔条纹的节距 W 为

$$W = \omega/\theta$$

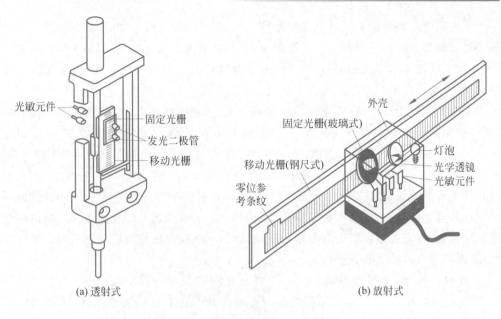

(a) 透射式

(b) 放射式

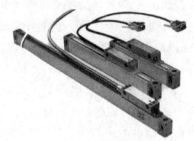

(c) 典型光栅尺示例

图 4.8 透射式光栅

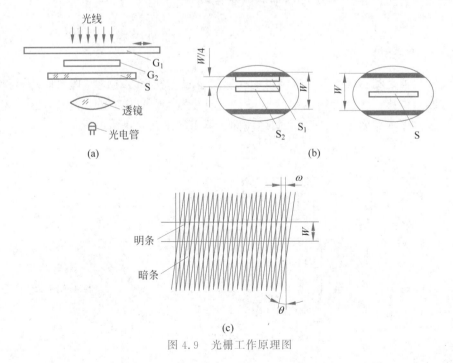

(a)

(b)

(c)

图 4.9 光栅工作原理图

上式表明莫尔条纹的节距是光栅栅距的 $1/\theta$ 倍,当标尺光栅移动时,莫尔条纹沿垂直于光栅移动方向移动。当光栅移动一个栅距 ω 时,莫尔条纹相应准确地移动一个节距 W。所以,只要读出移过莫尔条纹的数目,就可以知道光栅移过了多少个栅距,而栅距在制造光栅时是已知的,所以光栅的移动距离就可以通过电气系统自动地测量出来。

当光栅的刻线为 100 条,即栅距为 0.01mm 时,人眼已无法分辨,但莫尔条纹却清晰可见,所以莫尔条纹是一种放大机构。其放大倍数取决于两块光栅刻线的交角 θ,如 $\omega=0.01\text{mm}$,$W=10\text{mm}$,则其放大倍数 $1/\theta=W/\omega=1000$ 倍,这是莫尔条纹的主要特点。

莫尔条纹的另一特点就是平均效应。莫尔条纹是由若干条光栅刻线组成的,若光电元件接收长度为 10mm,则在 $\omega=0.01\text{mm}$ 时,光电元件接收的信号是由 1000 条刻线组成的,如果存在制造上的缺陷,例如间断地少几根线,只会影响千分之几的光电效果。所以用莫尔条纹测量长度,决定其精度的要素不是一根线,而是一组线的平均效应。其精度比单纯栅距精度高,尤其是重复精度有显著提高。

2. 直线光栅检测装置的线路

由图 4.9(a)可见,由于标尺光栅的移动可以在光电管上得到信号,但这样得到信号只能计数,还不能分辨运动方向,假若如图 4.9(b)所示,安装两个相距 $W/4$ 的缝隙 S_1 和 S_2,则通过 S_1 和 S_2 的光线分别为两个光电元件所接收。当光栅移动时,莫尔条纹通过两隙缝的时间不一样,导致光电元件所获得的电信号虽然波形一样但相位相差 1/4 周期。至于是越前还是滞后关系,则取决于光栅 G_1 的移动方向。从图 4.9(c)看,当标尺光栅 G_1 向右运动时,莫尔条纹向上移动,隙缝 S_2 输出信号的波形越前 1/4 周期;反之,当光栅 G_1 向左移动时,莫尔条纹向下移动,隙缝 S_1 的输出信号越前 1/4 周期。根据两隙缝输出信号的相位越前和滞后的关系,可以确定栅 G_1 移动的方向。为了提高光栅分辨精度,线路采用了 4 倍频的方案。如果光栅的栅距为 0.02mm,但 4 倍频后每一个脉冲都相当于 0.005mm,则使分辨精度提高 4 倍。倍频数还可增加到 8 倍频等,但一般细分到 20 等分以上就比较困难了。

4.2.5　感应同步器

感应同步器是利用两个平面形绕组的互感随位置不同而变化的原理组成的,可用来测量直线或转角位移。测量直线位移的称长感应同步器,测量转角位移的称圆感应同步器。长感应同步器原理如图 4.10 所示。圆感应同步器由转子和定子组成。

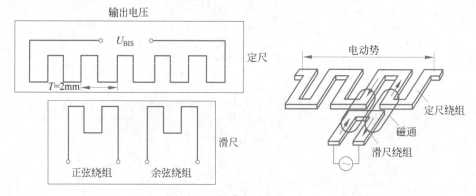

图 4.10　长感应同步器原理

首先用绝缘粘贴剂把铜箔粘牢在金属(或玻璃)基板上,然后按设计要求腐蚀成不同曲折形状的平面绕组,这种绕组称为印制电路绕组。定尺和滑尺(转子和定子)上的绕组分布是不相同的。在定尺和转子上的是连续绕组,在滑尺和定子上的则是分段绕组。分段绕组分为两组,布置成在空间相差 90°相角,又称为正弦、余弦绕组。感应同步器的分段绕组和连续绕组相当于变压器的一次侧和二次侧线圈,利用交变电磁场和互感原理工作。安装时,定尺和滑尺(转子和定子)上的平面绕组面对面地重叠放置。由于其间气隙的变化会影响电磁耦合度,因此气隙一般必须保持在 0.25mm±0.05mm 的范围内。工作时,如果在其中一种绕组上通以交流激励电压,则由于电磁耦合,在另一种绕组上就产生感应电动势,该电动势随定尺与滑尺(或转子与定子)的相对位置不同呈正弦、余弦函数变化。通过对此信号的检测处理,便可测量出直线或转角的位移量。

感应同步器的工作原理如图 4.11 所示。

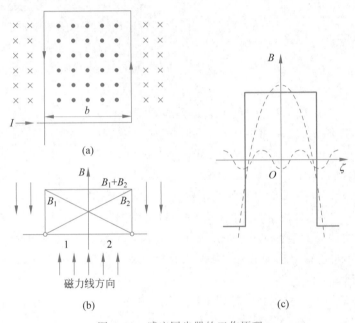

图 4.11　感应同步器的工作原理

当一个矩形线圈通以电流 I 后,如图 4.11(a)所示,两根竖直部分的单元导线周围空间将形成环形封闭磁力线(横向段导线暂不考虑),图中×表示磁力线方向由外进入纸面,·表示磁力线方向由纸面引出外面。在任一瞬间(对交流电源的瞬时激励电压而言),如图 4.11(b)所示,由单元左导线所形成的磁场在 1~2 区间的磁感应强度由 1 到 2 逐渐减弱,如近似斜线 B_1 所示。而由单元右导线所形成的磁场在 1~2 区间的磁感应强度由 2 到 1 逐渐减弱,如近似斜线 B_2 所示。由于左和右导线电流方向相反,故在 1~2 区间产生的磁力线方向一致。B_1 和 B_2 合成后使 1~2 区间形成一个近似均匀磁场。由此可见,磁通在任一瞬间的空间分布为近似矩形波,它的幅值则按激磁电流的瞬时值以正弦规律变化。这种在空间位置固定、大小随时间变化的磁场称为脉振磁场。

对上述矩形波采用谐波分析的方法,可获得基波、3 次谐波、5 次谐波。图 4.11(c)用虚线画出了方波的基波和 3 次谐波。在下面的讨论中将只考虑基波部分,即把基波的正弦曲

线作为 B 的分布曲线,谐波部分将设法消除或减弱。这样,磁通密度 $B(\xi)$ 将按位置 ξ 作余弦规律分布,而且幅值与电流 $i=I_m\sin\omega$ 成正比,即

$$B(\xi)=k_1 I_m\sin(\omega t)\cos(\pi\xi/b) \tag{4.7}$$

式中,b 为矩形线圈宽度(m);k_1 为比例系数。

当把另一个矩形线圈靠近上述通电线圈时,该线圈将产生感应电动势,其感应电动势将随两个线圈的相对位置的不同而不同。

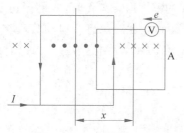

图 4.12 感应电动势与两线距离的关系

如图 4.12 所示,设感应线圈 A 的中心从励磁线圈中心右移的距离为 x,则穿过线圈 A 的磁通为

$$\phi_A=\int_{x-b/2}^{x+b/2}B(\zeta)\,d\zeta \tag{4.8}$$

把式(4.7)代入式(4.8)可得

$$\phi_A=(2b/\pi)k_1 l_m\sin\omega t\cos(\pi x/b) \tag{4.9}$$

由此可得感应线圈的感应电动势为

$$e=(2b/\pi)k_1 l_m\omega\cos\omega t\cos(\pi x/b) \tag{4.10}$$

在实际应用中,设励磁电压为 $u=U_m\sin\omega t$,则感应电动势为

$$e=k\omega U_m\cos(2\pi x/W)\cos\omega t \tag{4.11}$$

若将励磁线圈的原始位置移动 $90°$ 的空间角,则

$$e=k\omega U_m\sin(2\pi x/W)\cos\omega t \tag{4.12}$$

式中,U_m 为励磁电压幅值(V);ω 为励磁电压的角频率(rad/s);k 为比例常数,其值与绕组间的最大互感系数有关;$k\omega$ 常称为电磁耦合系数;W 为绕组节距(m),又称感应同步器的周期,$W=2b$;x 为励磁绕组与感应绕组的相对位移(m)。

式(4.11)、式(4.12)表明,感应同步器可以看作一个耦合系数随相对位移变化的变压器,其输出电动势与位移 x 具有正弦、余弦的关系。利用电路对感应电动势进行适当的处理,就可以把被测位移测量出来。

由感应同步器组成的检测系统可以采取不同的励磁方式,并可对输出信号采取不同的处理方式。

从励磁方式来说,可分为两大类:一类是以滑尺(或定子)励磁,由定尺(或转子)取出感应电动势信号;另一类以定尺(或转子)励磁,由滑尺(或定子)取出感应电动势信号。目前在实际应用中多数用前一类励磁方式。

从信号处理方式来说,可分为鉴相方式和鉴幅方式两种,特征是用输出感应电动势的相位或幅值进行处理。

鉴幅型测量电路的基本原理:在感应同步器的滑尺两个绕组上,分别给以两个频率相同、相位相同但幅值不同的正弦波电压进行激磁,则从定尺绕组输出的感应电动势的幅值随着定尺和滑尺的相对位置的不同而发生变化,通过鉴幅器可以鉴别反馈信号的幅值,用以测量位移量。

鉴相型测量电路的基本原理:用正弦波基准信号对滑尺的 sin 和 cos 两个绕组进行激磁时,则从定尺绕组取得的感应电动势将对应于基准信号的相位,并反映滑尺与定尺的相对位移。将感应同步器测得的反馈信号的相位与给定的指令信号相位相比较,如有相位差存

在,则控制设备继续移动,直至相位差为零才停止,就可实现位置闭环控制。

感应同步器的优点如下。

(1) 具有较高的精度与分辨率。其测量精度首先取决于印制电路绕组的加工精度,温度变化对其测量精度影响不大。感应同步器由许多节距同时参加工作,多节距的误差平均效应减小了局部误差的影响。目前长感应同步器的精度可达到 $\pm 15\mu m$,分辨率为 $0.05\mu m$,重复性为 $0.2\mu m$。直径为 $300mm$ 的圆感应同步器的精度可达 $\pm 1''$,分辨率为 $0.05''$,重复性为 $0.1''$。

(2) 抗干扰能力强。感应同步器在一个节距内是一个绝对测量装置,在任何时间内都可以给出仅与位置相对应的单值电压信号,因而瞬时作用的偶然干扰信号在其消失后不再有影响。

(3) 使用寿命长,维护简单。定尺和滑尺、定子和转子互不接触,没有摩擦、磨损,所以使用寿命很长。

(4) 可以作长距离位移测量。可以根据测量长度的需要,将若干根定尺拼接,拼接后总长度的精度可保持(或稍低于)单个定尺的精度。

(5) 工艺性好,成本较低,便于复制和成批生产。

由于感应同步器具有上述优点,长感应同步器目前被广泛地应用于大位移静态与动态测量中,例如用于三坐标测量机、程控数控机床及高精度重型机床及加工中测量装置等。圆感应同步器则被广泛地用于机床和仪器的转台以及各种回转伺服控制系统中。

4.2.6　磁尺

磁尺位置检测装置是由磁性标尺、磁头和检测电路组成,该装置方框图如图 4.13 所示。磁尺的测量原理类似于磁带的录音原理,可通过在非导磁的材料例如铜、不锈钢、玻璃或其他合金材料的基体上镀一层磁性薄膜来制作磁尺。

测量线位移时,不导磁的物体可以做成尺形(带形);测量角位移时,可做成圆柱形。在测量前,先按标准尺度以一定间隔(一般为 0.05mm)在磁性薄膜上录制一系列的磁信号。这些磁信号就是一个个按 SN-NS-SN-NS⋯⋯方向排列的小磁体,这时的磁性薄膜称为磁栅。测量时,磁栅随位移而移动(或转动)并用磁头读取(感应)这些移动的磁栅信号,使磁头内的线圈产生感应正弦电动势。对这些电动势的频率进行计数,就可以测量位移。

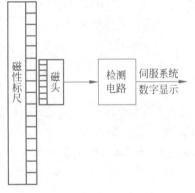

图 4.13　磁尺位置检测装置

磁性标尺制作简单,安装调整方便,对使用环境的条件要求较低,例如对周围电磁场的抗干扰能力较强,在油污、粉尘较多的场合下使用有较好的稳定性。高精度的磁尺位置检测装置可用于各种测量机、精密机床和数控机床。

1. 磁性标尺

磁性标尺(简称磁尺)按其基体形状不同可分为以下类型。

1）平面实体型磁尺

磁头和磁尺之间留有间隙，磁头固定在带有板弹簧的磁头架上。磁尺的刚度和加工精度要求较高，因而成本较高。磁尺长度一般小于 600mm，如果要测量较长距离，可将若干磁尺接长使用。

2）带状磁尺

常见的带状磁尺是在磷青铜带上镀一层 Ni-Co-P 合金磁膜，如图 4.14 所示。磁带固定在用低碳钢做的屏蔽壳体内，并以一定的预紧力绷紧在框架或支架中，使其随同框架或机床一起胀缩，从而减小温度对测量精度的影响。磁头工作时与磁尺接触，因而有磨损。由于磁带是弹性件，允许一定的变形，因此对机械部件的安装精度要求不高。

3）线状磁尺

线状磁尺如图 4.15 所示，常见的线状磁尺是在直径为 2mm 的青铜丝上镀镍-钴合金或用永磁材料制成。线状磁尺套在磁头中间，与磁头同轴，两者之间具有很小的间隙。磁头是特制的，两磁头轴向相距 $\lambda/4$（λ 为磁化信号的节距）。由于磁尺包围在磁头中间，对周围电磁场起到了屏蔽作用，所以抗干扰能力强，输出信号大，系统检测精度高。但线膨胀系数大，所以不宜做得过长，一般小于 1.5mm。线状磁尺的机械结构可做得很小，通常用于小型精密数控机床、微型测量仪或测量机上，其系统精度可达 ±0.002mm/300mm。

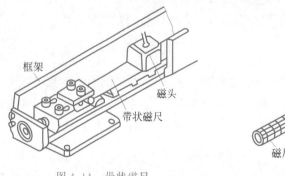

图 4.14　带状磁尺

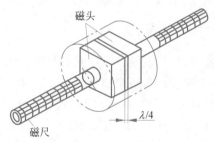

图 4.15　线状磁尺

4）圆形磁尺

圆形磁尺如图 4.16 所示，圆形磁尺的磁头和带状磁尺的磁头相同，不同的是将磁尺做成磁盘或磁鼓形状，主要用来检测角位移。

近年来发展了一种粗刻度磁尺，其磁信号节距为 4mm，经过 1/4、1/40 或 1/400 的内插细分，其显示值分别为 1mm、0.1mm、0.01mm。这种磁尺制作成本低，调整方便，磁尺与磁头之间为非接触式，因而寿命长，适用于精度要求较低的数控机床。

2. 磁头

磁头是进行磁-电转换的变换器，可将反映空间位置的磁信号转换为电信号输送到检测电路中。普通录音机上的磁头输出电压幅值与磁通变化率成比例，属于速度响应型磁头。根据数控机床的要求，为了

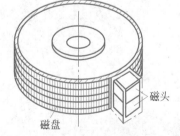

图 4.16　圆形磁尺

在低速运动和静止时也能进行位置检测,必须采用磁通响应型磁头。这种磁头用软磁材料(例如铍莫合金)制成二次谐波调制器,其结构如图 4.17 所示。

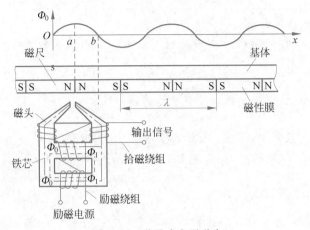

图 4.17　磁通响应型磁头

由铁芯上两个产生磁通方向相反的励磁绕组和两个串联的拾磁绕组组成,将高频励磁电流通入励磁绕组时,在磁头上产生磁通 Φ_1。当磁头靠近磁尺时,磁尺上的磁信号产生的磁通 Φ_0 进入磁头铁芯,并被高频励磁电流产生的磁通 Φ_1 所调制。于是在拾磁线圈中感应电压为

$$U = U_0 \sin \frac{2\pi x}{\lambda} \sin \omega t \tag{4.13}$$

式中,U_0 为感应电压幅值(V);λ 为磁尺磁化信号的节距(m);x 为磁头相对于磁尺的位移(m);ω 为励磁电流的角频率(rad/s)。

为了辨别磁头在磁尺上的移动方向,通常采用了间距为 $(m \pm 1/4)\lambda$(m 为任意正整数)的两组磁头,其输出电压分别为

$$U_1 = U_0 \sin \frac{2\pi x}{\lambda} \sin \omega t \tag{4.14}$$

$$U_2 = U_0 \cos \frac{2\pi x}{\lambda} \sin \omega t \tag{4.15}$$

U_1 和 U_2 是相位相差 90° 的两列脉冲,至于前后关系,则取决于磁尺的移动方向。根据两个磁头输出信号的超前或滞后,可确定其移动方向。

磁尺必须和检测电路配合才能进行测量。除了励磁电路以外,检测电路还包括滤波、放大、整形、倍频、细分、数字化和计数等线路。根据检测方法不同,检测电路分为鉴幅型和鉴相型两种。

例 4.1　磁尺传感器鉴幅电路设计原理。

鉴幅型电路中,磁头有两组信号输出,将高频载波($\sin \omega t$)滤掉后则得到相位差为 $\pi/2$ 的两组信号

$$U_1 = U_0 \sin \frac{2\pi x}{\lambda}, \quad U_2 = U_0 \cos \frac{2\pi x}{\lambda}$$

磁头相对于磁尺每移动一个节距发出一个正(余)弦信号,其幅值经处理后可进行位置

检测。这种方法的线路比较简单,但分辨率受到录磁节距的限制,若要提高分辨率就必须采用较复杂的倍频电路。

例 4.2　磁尺传感器鉴相电路设计原理。

鉴相型电路通常将一组磁头的励磁信号移相 90°,利用求和电路得到磁头总输出电压

$$U = U_0 \sin\left(\frac{2\pi x}{\lambda} + \omega t\right)$$

总输出电压的幅值恒定,而相位随磁头与磁尺的相对位置变化。

磁尺制造工艺比较简单,录磁、消磁都较方便。若采用激光录磁,可得到更高的精度。直接在机床上录制磁尺,不需要安装、调整工作,避免了安装误差,从而得到更高的精度。

4.2.7　限位开关

上述的测量都是对连续信号的检测。运动中大量存在限位问题,例如数控机床的运动最大范围,尤其是运动的起点(初始位置确定),大都采用限位开关来确定。数控机床常用的限位开关如图 4.18 所示。

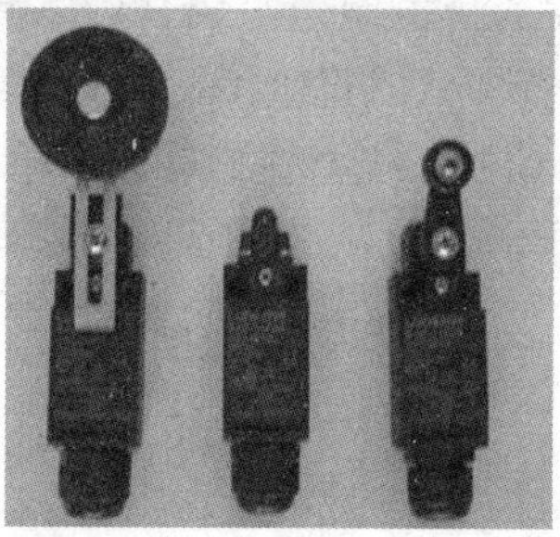

限位开关又称为行程开关,用于控制机械设备的行程及限位保护。在实际生产中,将行程开关安装在预先安排的位置,当装于生产机械运动部件上的模块撞击行程开关时,行程开关的触点动作,输出信号。因此,行程开关是一种根据运动部件的行程位置而切换电路的电器,其作用原理与按钮类似。

图 4.18　数控机床常用的限位开关示例

行程开关广泛用于各类机床和起重机械,用以控制其行程,进行终端限位保护。在电梯的控制电路中,还利用行程开关来控制开关轿门的速度,自动开关门的限位,轿厢的上、下限位保护。行程开关按其结构可分为直动式、滚轮式、微动式和组合式。

4.2.8　电位计

电位计的工作原理等同于滑线变阻器(可调电阻)。通过给可调电阻施加电压,并通过测量可调电阻两端的电压来测量运动。

电位计是典型的接触式绝对型角传感器,通常会有一个在碳电阻或塑料薄膜上的滑动触点。可调电阻与角度(或线性)滑动触点的移动位置成正比。

根据输出电压与位移量之间的关系,电位计可分为线性电位计(输出端电压和角位移成正比)、指数电位计和对数电位计。典型的电位计如图 4.19 所示。

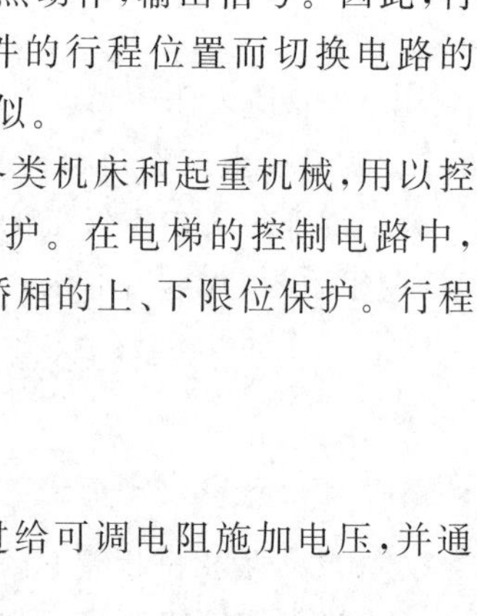

由于电位计采用了绝对零位方式,所以是绝对传感器,可测量得到绝对位移,但测量范围一般小于 360°。如果要用电位计测量连续的旋转,旋转角度大于 360°,则需要安装变速器等装置。电位计是模拟量传感器。

图 4.19　电位计示例

4.3 运动的避障感知

当运动物体在未知环境中运动时,感知到障碍物,并合理进行避障就成了运动控制所必须完成的任务。

4.3.1 红外测距传感器

红外测距传感器是用红外线为介质的测量装置,如图4.20所示。按探测机理可分为光子探测器和热探测器。利用红外测距传感器发射出一束红外光,在照射到物体后形成反射过程,反射到传感器后接收信号,并利用PSD处理发射与接收的时间差数据,如图4.21所示。经信号处理器处理后计算出物体的距离。红外测量距离远,频率响应快,适合恶劣的工业环境。

图4.20 红外测距传感器示例

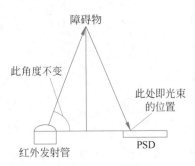

图4.21 红外测距传感器原理

4.3.2 超声波传感器

超声波传感器用来测量物体的距离。首先,超声波传感器利用声波换能器发射一组高频声波,一般为40~45kHz,当声波遇到物体后会反弹。通过计算声波从发射到返回的时间,再乘以声波在媒介中的传播速度(344m/s,空气中),就可以获得物体相对于传感器的距离值。

声波换能器能将电流信号转换成高频声波,或者将声波转换成电信号。换能器在将电信号转化成声波的过程中,所产生的声波并不是理想中的矩形,如图4.22(a)所示,而是类似花瓣形状,如图4.22(b)和图4.22(c)所示。

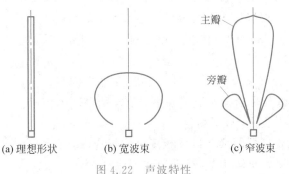

(a) 理想形状   (b) 宽波束   (c) 窄波束

图4.22 声波特性

　　在实际应用中,产生的波形应该是三维的,类似柱状体。

　　超声波的波束根据应用不同,分为宽波束和窄波束。宽波束的传感器会检测到任何在波束范围的物体,可以检测到物体的距离,但是无法检测到物体的方位,最大误差为100°。若只要探测物体有或者无,宽波束的传感器是比较理想的。窄波束相对宽波束可以获得更加精确的方位角。应根据波形特性来选择合适的超声波传感器。超声波传感器的缺点有反射问题、噪声、交叉问题。超声波检测的精度与被探测物体反射面的角度有关,如图 4.23所示。

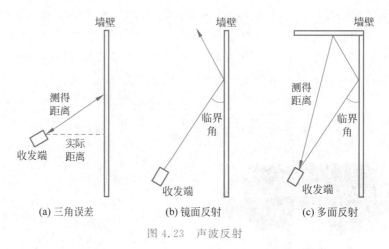

(a) 三角误差　　　　　　　(b) 镜面反射　　　　　　　(c) 多面反射

图 4.23　声波反射

　　如图 4.23(a)所示,当被测物体与传感器成一定角度时,所探测的距离和实际距离存在三角误差。如图 4.23(b)所示,在特定的角度下,发出的声波会被光滑的物体镜面反射出去,因此无法产生回波,也就无法产生距离读数。如图 4.23(c)所示,声波经过多次反弹才被传感器接收到,因此实际的探测值并不是真实的距离值,在探测墙角或者类似结构的物体时比较常见。

　　虽然超声波传感器的工作频率(40～45kHz)远远高于人类能够听到的频率。但是周围环境也会产生类似频率的噪声。噪声问题可以通过对发射的超声波进行编码来解决,如发射一组长短不同的声波,只有当探测头检测到相同组合的声波时,才进行距离计算。从而可以有效地避免由于环境噪声所引起的误读。

　　交叉问题是当多个超声波传感器按照一定角度安装在机器人上时引起的,如图 4.24 所示。

　　超声波 X 发出的声波,经过镜面反射,被传感器 Z 和Y 获得,这时 Z 和 Y 会根据这个信号来计算距离值,从而无法获得正确的测量。解决的方法可以通过对每个传感器发出的信号进行编码。

　　超声波传感器不是光学装置,所以不受颜色变化的影响。但是,超声波传感器是依据声速测量距离的,因此存在一些固有的缺点,不能用于以下场合。

　　(1) 待测目标与传感器的换能器不相垂直的场合(超声波检测的目标必须处于与传感器垂直方位偏角 10°

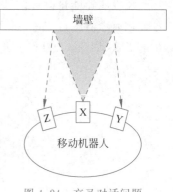

图 4.24　交叉对话问题

以内)。

(2) 需要光束直径很小的场合(一般超声波束在离开传感器 2m 远时直径为 0.76cm)。

(3) 需要可见光斑进行位置校准的场合。

(4) 多风的场合。

(5) 真空场合。

(6) 温度梯度较大的场合(温度变化会造成声速的变化)。

(7) 需要快速响应的场合。

4.3.3   激光传感器

激光具有如下 3 个重要特性。

(1) 高方向性(即高定向性,光速发散角小)。激光束在几千米外的扩展范围仅几厘米。

(2) 高单色性。激光的频率宽度小于普通光的 1/10。

(3) 高亮度。利用激光束会聚最高可产生达几百万摄氏度的温度。

利用激光的高方向性、高单色性和高亮度等特点,可实现无接触远距离测量。激光传感器常用于长度、距离、振动、速度、方位等物理量的测量,还可用于探伤和大气污染物的监测等。

按照测量原理,激光位移传感器原理分为激光三角测量法和激光回波分析法。激光三角测量法一般适用于高精度、短距离测量,而激光回波分析法用于远距离测量。

1. 激光三角测量法的原理

激光发射器通过镜头将可见红色激光射向被测物体表面,经物体反射的激光通过接收器镜头,被内部的 CCD 线性相机接收。根据不同的距离,CCD 线性相机可以在不同的角度下感知光点。根据这个角度及已知的激光和相机之间的距离,数字信号处理器就能计算出传感器和被测物体之间的距离。同时,光束在接收元件的位置通过模拟和数字电路处理,并通过微处理器分析,计算出相应的输出值,并在用户设定的模拟量窗口内按比例输出标准数据信号。如果使用开关量输出,则在设定的窗口内导通,窗口之外截止。另外,模拟量与开关量输出可独立设置检测窗口。高精度激光三角测量传感器,最高精度可以达到 $1\mu m$。原理如图 4.25 所示,半导体激光器 1 被镜片 2 聚焦到被测物体 6;反射光被镜片 3 收集,投射到 CCD 阵列 4 上;信号处理器 5 通过三角函数计算阵列 4 上的光点位置得到距物体的距离。

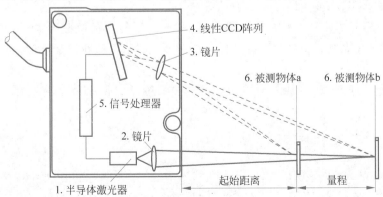

图 4.25   激光传感器原理与应用

2. 激光回波分析法

传感器内部由处理器单元、回波处理单元、激光发射器、激光接收器等部分组成。激光位移传感器通过激光发射器每秒发射100万个激光脉冲到检测物并返回至接收器。处理器计算激光脉冲遇到检测物并返回至接收器所需的时间,以此计算出距离值,该输出值是上千次测量结果的平均值。激光回波分析法适合长距离检测(最远检测距离可达3000m以上),但测量精度相对于激光三角测量法要低。

激光传感器在运动检测中应用如下。

1) 激光测距

激光测距原理与无线电雷达相同,将激光对准目标发射出去后,测量它的往返时间,再乘以光速即得到往返距离。由于激光具有高方向性、高单色性和高功率等优点,这些对于测远距离、判定目标方位、提高接收系统的信噪比、保证测量精度等都是很关键的,因此激光测距仪日益受到重视。在激光测距仪基础上发展起来的激光雷达不仅能测距,而且还可以测目标方位、运动速度和加速度等,已成功地用于人造卫星的测距和跟踪,例如采用红宝石激光器的激光雷达,测距为500~2000km。

2) 激光测速

激光测速基于多普勒原理,用得较多的是激光多普勒流速计,它可以测量风洞气流速度、火箭燃料流速、飞行器喷射气流流速、大气风速和化学反应中粒子的大小及汇聚速度等。

多普勒测速系统(Doppler velocity-measuring system)原理为:从测速仪里射出一束射线,射到汽车上再返回测速仪。测速仪里面的微型信息处理机把返回的波长与原波长进行比较。返回波长越紧密,前进的汽车速度也越快。激光多普勒测速仪是测量通过激光探头的示踪粒子的多普勒信号,再根据速度与多普勒频率的关系得到速度。由于是激光测量,对于流场没有干扰,测速范围宽,而且由于多普勒频率与速度呈线性关系,和该点的温度、压力没有关系,所以激光多普勒测速仪是目前世界上速度测量精度最高的仪器。

多普勒测速系统相对于传统的测速系统(编码器或测速电动机)的优势如下。

(1) 编码器或测速电动机测量都需依靠测速辊与被测量物体的摩擦来实现,存在摩擦的地方就会有相对滑动存在,尤其是在速度变化的过程中,滑动更明显,此时会产生较明显的误差;而多普勒测量系统是非接触测量,从原理上消除了这个误差。

(2) 接触式测量过程中,当被测产品为对表面光洁度要求非常高时,例如不锈钢板带,容易对表面产生损伤,而采用多普勒测量系统可完全避免。

(3) 编码器或测速电动机是机械类产品,长期的运转存在机械磨损,从而影响测量精度,而多普勒测量系统属于光学仪器,内部没有机械磨损,不存在随运行时间而测量精度变化的问题。

(4) 高速运行中的高频振动对接触式的测速系统影响非常大,对非接触式测速系统影响较小。

4.3.4　图像传感器

常用的摄像头按照光敏元件工作原理可分为CMOS(complementary metal oxide semiconductor,金属氧化物半导体)型和CCD(charge coupled device,电荷耦合)型。CMOS应用于较低影像品质的产品中,CCD是应用在摄影摄像方面的高端技术元件。CCD的优点是灵敏度高，噪声小，信噪比大；但是生产工艺复杂，成本高，功耗高。CMOS的优点是集成度高，功耗低（不到CCD的1/3），成本低；但是噪声比较大，灵敏度较低，对光源要求高。由于CMOS中一对MOS组成的门电路在瞬间状态，或者PMOS导通，或者NMOS导通，或者都截止，比线性的三极管（BJT）效率要高得多，因此功耗很低。

　　CCD从功能上可分为线阵CCD和面阵CCD两大类。线阵CCD通常将CCD内部电极分成数组，每组称为一相，并施加同样的时钟脉冲，工作原理如图4.26所示。面阵CCD的结构要复杂得多，由很多光敏区排列成一个方阵，并以一定的形式连接成一个器件，获取信息量大，能处理复杂的图像。

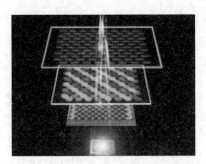

图 4.26　CCD摄像头工作原理

4.4　全局运动检测

　　广域空间范围内运动时定位技术是基础。小空间内可通过红外、超声、激光等传感器来测量距离已知坐标的物体或墙面的距离来定位。大空间内可通过GPS、有源或无源路标来定位。

4.4.1　GPS定位

　　GPS全球定位系统于1994年完成，是美国继"阿波罗"登月计划和航天飞机后第三大航天技术工程。GPS全球定位系统由以下3个独立部分组成。

1. 空间段

空间段由24颗在轨卫星构成，如图4.27所示。

卫星位于6个地心轨道平面内，每个轨道面4颗卫星。GPS卫星的额定轨道周期是半个恒星日，即11小时58分钟。轨道半径（以地球质心为圆心）大约为26 600km。位于地平面以上的卫星数随着时间和地点的不同而不同，最少可见到4颗，最多可见到11颗。

2. 地面控制段

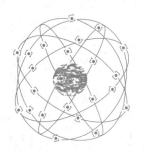

图 4.27　GPS卫星星座

地面控制段负责监测、指挥、控制GPS卫星星座，包括1个主控站、3个注入站和5个检测站。地面控制段监测导航信号，更新导航电文，解决卫星异常情况。地面控制段的另一重要作用是保持各颗卫星时间标准一致。

3. 用户设备

用户设备接收 GPS 卫星发射信号，以获取必要的导航和定位信息，经数据处理，完成导航和定位工作。用户设备主要由 GPS 设备、数据处理软件、微处理机及其终端设备组成。GPS 设备包括天线、接收机、电源、输入输出设备等，主要用于接收 GPS 卫星信号，以获得导航和定位信息。GPS 软件是指各种后处理软件包，是对观测数据进行精加工，以获取精密定位结果。

GPS 卫星发送的信号采用 L 波段(雷达波段，1000～2000MHz)的两种载频作载波(码分多址(CDMA)技术)，分别被称作 L_1 主频率(1575.42MHz)和 L_2 次频率(1227.6MHz)。

L_1 主载波频率和波长为

$$f_{L_1} = 154 \times f_0 = 1575.42\text{MHz}, \quad \lambda_1 = 19.032\text{cm}$$

L_2 次载波频率和波长为

$$f_{L_2} = 120 \times f_0 = 1227.6\text{MHz}, \quad \lambda_2 = 24.42\text{cm}$$

其中，f_0 是卫星信号发生器的基准频率。

测距码使用户接收机能够确定信号的传输延时，从而确定卫星到用户的距离。测量接收机的三维位置时，要求测量接收到 4 颗卫星的 TOA(信号到达时间)距离，如果接收机时钟已经是与卫星时钟同步的，便需要 3 个距离测量值。

卫星以高精度的星载原子频率标准作基准发射导航信号，而星载原子频标是与内在的 GPS 系统时间基准同步的。GPS 利用到达时间(TOA)测距原理来确定用户的位置。假设当前用户处于以第一颗卫星为球心的球面上的某个位置，此时第二颗卫星发送测距信号进行测量，则用户又处于以第二颗卫星为球心的球面上，这样该用户将同时处于两个球面相交圆周上的一处，如图 4.28 所示。利用第三颗卫星再次进行上述的测距过程，则用户又将出现在以第三颗卫星为圆心的球面上，第一颗和第二颗卫星相交产生的圆周与这个球面交于两个点，如图 4.29 所示。

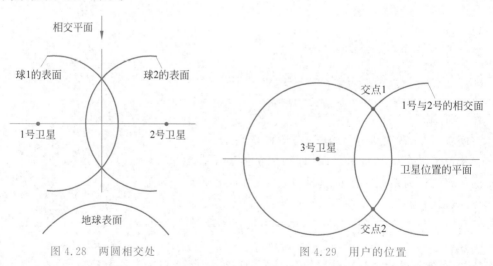

图 4.28　两圆相交处　　　　　　　　图 4.29　用户的位置

交点 1 和交点 2 相对于卫星平面来说互为镜像。然而，其中只有一个是用户的正确位置，对于地表上的用户，显然较低的一点是真实位置。而要得到用户的三维坐标可通过矢量求解法得到，如图 4.30 所示。

u 代表用户接收机相对于 ECEF(地心地固)坐标系原点的位置，矢量 *s* 则代表卫星相

对于坐标原点的位置,而矢量 r 表示用户到卫星的偏移量,可以用矢量表示为

$$r = s - u \tag{4.16}$$

矢量 r 的幅值为

$$\|r\| = \|s - u\| \tag{4.17}$$

令 r 为 r 的幅值,则有

$$r = \|s - u\| \tag{4.18}$$

设用户位置坐标为 x_u、y_u、z_u,卫星的坐标为 x_s、y_s、z_s,则式(4.18)可改写为

$$r = \sqrt{(x_s - x_u)^2 + (y_s - y_u)^2 + (z_s - z_u)^2} \tag{4.19}$$

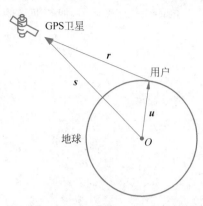

图 4.30　计算用户坐标

接收机的时钟一般与卫星的系统时钟之间有一个偏移误差 t_u,因此

$$r = \|s - u\| + ct_u \tag{4.20}$$

式中,c 为电磁波速度。为了得到用户三维坐标值和偏移时间 t_u,只需对 4 颗卫星进行伪距测量即可,即对以下方程组求解,可以列出 4 个方程:

$$r = \sqrt{(x_i - x_u)^2 + (y_i - y_u)^2 + (z_i - z_u)^2} + ct_u \tag{4.21}$$

式中,x_i、y_i、$z_i(i=1,2,3,4)$ 为第 1~4 颗卫星的三维坐标值,求解即可得到用户坐标值 x_u、y_u、z_u。

在 GPS 中所使用的标准地球模型是世界大地系 1984(WGS 84)。其几何定义是:原点是地球质心,z 轴指向国际时间局(BIH)1984.0 定义的协议地球极(CTP)方向,x 轴指向 BIH1984.0 的零子午面和 CTP 赤道的交点,y 轴与 z 轴、x 轴构成右手坐标系。整个模型呈地球形状的椭球状,如图 4.31 所示。

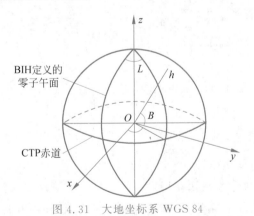

图 4.31　大地坐标系 WGS 84

图 4.31 中,L 表示经度;B 表示纬度;h 表示用户高度。在此模型中地球平行于赤道的横截面为圆,半径为 6378.137km(地球的平均赤道半径)。垂直于赤道面的地球横截面是椭圆,半长轴为 a,半短轴为 b。在包含 z 轴的椭圆横截面中,长轴与地球赤道的直径相重合,因此 a 的值与上面给出的平均赤道半径相同。

椭圆横截面的短轴与地球的极半径相对应,在 WGS 84 中半短轴 b 取为 6356.752 315 2km,

因此由偏心率公式可知,地球椭球的 e 为

$$e = \sqrt{1 - \frac{b^2}{a^2}} \qquad (4.22)$$

所以 WGS 84 中,$e = 0.006\ 694\ 379\ 990\ 14$。各个常用参数如表 4.2 所示。

表 4.2 WGS 84 常用参数

参　　数	值
椭球半径	6 378 137.0m
地球角速度	$7\ 292\ 115.0 \times 10^{-11}\,\text{rad/s}$
地球重力常量	$3\ 986\ 004.418 \times 10^8\,\text{m}^3/\text{s}^3$
真空中的光速	$2.997\ 924\ 58 \times 10^8\,\text{m/s}$

ECEF(earth centered earth fixed,地心地固)坐标系是固定在 WGS 84 参考椭球上的,如图 4.32 所示,点 O 对应于地心。可以相对于参考椭球来定义经度 λ、纬度 φ 和高度 h 参数,这些参数称为大地坐标。

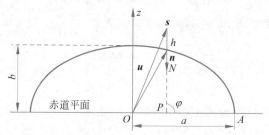

图 4.32 地球椭球模型(与赤道面正交的横截面)

在给定接收机的位置矢量 $\boldsymbol{u} = (x_u, y_u, z_u)$ 的条件下,可以用在 xy 平面中测量用户与 x 轴之间的角度计算出大地经度 λ:

$$\lambda = \begin{cases} \arctan\left(\dfrac{y_u}{x_u}\right), & x_u \geqslant 0 \\[2mm] 180° + \arctan\left(\dfrac{y_u}{x_u}\right), & x_u < 0, y_u \geqslant 0 \\[2mm] -180° + \arctan\left(\dfrac{y_u}{x_u}\right), & x_u < 0, y_u < 0 \end{cases} \qquad (4.23)$$

在式(4.23)中,负的角度相对应于西经度数。

纬度 φ 和高度 h 等大地参数用在用户接收机处的椭圆法线来定义。图 4.32 中单位矢量 $\boldsymbol{n}$ 表示法线,大地高度 h 就是用户(在矢量 $\boldsymbol{u}$ 的末端点)和参考椭球之间的最小距离。大地纬度 φ 是在椭球法线矢量 $\boldsymbol{n}$ 和 $\boldsymbol{n}$ 在赤道 xy 平面上的投影之间的夹角。一般情况下,若 $z_u > 0$(即用户在北半球),φ 取正值;而如果 $z_u < 0$,φ 取负值。对照图 4.32,大地纬度就是 $\angle NPA$,N 是参考椭球上最接近用户的点,P 是沿 $\boldsymbol{n}$ 向地心方向上的直线与赤道面相交的点,而 A 就是赤道上最接近 P 的点。

当前,国际上广泛使用的 GPS 接收机输出信息通常有两种格式,分别为美国国家海洋电子协会(National Marine Electronics Association,NMEA)制定的 NMEA-0183 标准格式

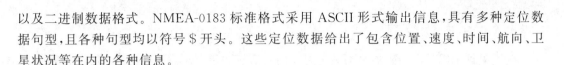

以及二进制数据格式。NMEA-0183 标准格式采用 ASCII 形式输出信息,具有多种定位数据句型,且各种句型均以符号 \$ 开头。这些定位数据给出了包含位置、速度、时间、航向、卫星状况等在内的各种信息。

例 4.3 典型的 GPS 数据举例。

将 GPS 接收机的数据输出固定为推荐定位信息(\$ GPRMC)句型,一条完整的推荐定位信息语句举例如下:

\$ GPRMC,043944.00,A,3019.50513,N,12021.51631,E,0.000,21.88,270510

句头 \$ GPRMC 后每两个逗号间数据的含义如下。

(1) UTC 时间,hhmmss(时分秒)格式,如例子中为 4 点 39 分 44 秒,我国处于东八区,应在原时间上加 8,当地时间应为 12 点 39 分 44 秒。

(2) 定位状态,A=有效定位,V=无效定位,目前为有效定位数据。

(3) 纬度 ddmm.mln/nln(度分)格式,被测点纬度为北纬 30 度 19.505 13 分。

(4) 纬度半球 N(北半球)或 S(南半球),被测点处于北半球。

(5) 经度 dddmm.mmm(度分)格式,被测点经度为东经 120 度 21.516 31 分。

(6) 经度半球 E(东经)或 W(西经),当前被测点处于东半球。

(7) 地面速率(000.0～999.9 节),1 节=1.852km/h。由于测点没有移动,所以当前速度为 0。

(8) 地面航向(000.0～359.9 度,以真北为参考基准),相对于上一秒钟的状态,航向为21.88 度。

(9) UTC 日期,ddmmyy(日月年)格式,当前日期为 2010 年 5 月 27 日。

4.4.2 陀螺仪

一个旋转物体的旋转轴所指的方向在不受外力影响时是不会改变的,如图 4.33 所示。现代陀螺仪是一种能够精确地确定运动物体方位的仪器,是现代航空、航海、航天和国防工业中广泛使用的一种惯性导航仪器。传统的惯性陀螺仪主要是指机械式的陀螺仪,由支架、转轴和转子组成。机械式的陀螺仪对工艺结构的要求很高,结构复杂,精度难以保证。20 世纪 70 年代提出了现代光纤陀螺仪的基本设想,到 80 年代以后,光纤陀螺仪就得到了非常迅速的发展,与此同时激光谐振陀螺仪也有了很大的发展。光纤陀螺仪具有结构紧凑、灵敏度高、工作可靠等优点,在很多的领域已经完全取代了机械式的传统的陀螺仪,成为现代导航仪器中的关键部件。和光纤陀螺仪同时发展的除了环式激光陀螺仪外,还有现代集成式的振动陀螺仪,集成式的振动陀螺仪具有更高的集成度,体积更小,是现代陀螺仪的重要发展方向。

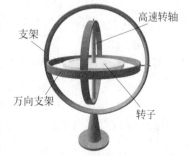

图 4.33 陀螺仪原理

4.4.3 电子罗盘

电子罗盘采用磁阻传感器来测量绝对方向。磁场测量可利用电磁感应、霍尔效应、磁电阻效应等。

1. 电磁感应法测量原理

电磁感应式电子罗盘的脉冲强磁场强度高,随时间变化剧烈,要求测量系统不仅要有较宽的量程,还要有很快的响应速度。把绕有匝数为 N、截面积为 S 的探测线圈放在磁感应强度为 B 的被测强磁场中,线圈轴线与磁力线方向平行,当通过线圈的磁通 ϕ 发生变化时,根据法拉第电磁感应定律,在探测线圈中就会产生感应电动势

$$\varepsilon = N \frac{\mathrm{d}\phi}{\mathrm{d}t} = N \frac{\mathrm{d}(BS)}{t} = NS \frac{\mathrm{d}B}{\mathrm{d}t} \tag{4.24}$$

对于测量线圈,线圈匝数 N 与线圈截面积 S 都是常数,则

$$B = \frac{1}{NS} \int \varepsilon \, \mathrm{d}t \tag{4.25}$$

通过对所采集的感应电动势 ε 的数据进行积分就可得到相应磁感应强度。测量系统等效模型如图 4.34 所示。图中,L 表示线圈等效自感;R 表示线圈内阻;C 表示等效电容;R_1 表示取样电阻。

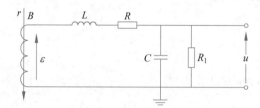

图 4.34   法拉第电磁感应法测量系统等效模型

由基尔霍夫定律可推出

$$NS \frac{\mathrm{d}B}{\mathrm{d}t} = LC \frac{\mathrm{d}^2 u}{\mathrm{d}t^2} + \left(\frac{L}{R_1} + RC \right) \frac{\mathrm{d}u}{\mathrm{d}t} + \left(\frac{R}{R_1} + 1 \right) u \tag{4.26}$$

在对结果影响不大的条件下,为了便于计算,忽略杂散电容的影响。线圈没有铁芯,其电感 L 值很小,则式(4.26)可近似为

$$NS\mathrm{d}B/\mathrm{d}t \approx (R + R_1)u/R_1$$

则被测磁场与 R_1 两端的电压关系为

$$u = \frac{NSR_1}{R + R_1} \frac{\mathrm{d}B}{\mathrm{d}t} \tag{4.27}$$

输出电压与磁场之间呈微分关系,对上式积分,可得到关于磁场的表达式

$$B = \frac{R + R_1}{NSR_1} \int u \, \mathrm{d}t \tag{4.28}$$

式(4.28)表明输出电压的积分信号与被测磁场的磁感应强度呈线性关系。通过分析研究线圈输出电压的幅值、频率、前沿等信息就可确定被测磁场的相关参数。

2. 霍尔效应法测量原理

霍尔效应本质上是运动的带电粒子在磁场中受洛仑兹力(Lorentz force)作用而引起的偏转。当带电粒子(电子或空穴)被约束在固体材料中时,这种偏转就导致在垂直电流和磁场的方向上产生正负电荷的聚积,从而形成附加的横向电场,即霍尔电场。在图 4.35 中,若在 x 方向的电极 D、E 上通以电流 $I_S(A)$,在 z 方向加磁场 $B(G)$,半导体中载流子(电子)将受洛仑兹力

$$F_g = e\bar{v}B \tag{4.29}$$

式中,e 为载流子(电子)电量(C);$\bar{v}$ 为载流子在电流方向上的平均定向漂移速率(m/s)。

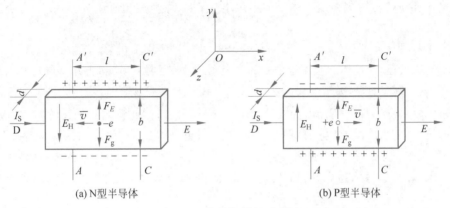

图 4.35 半导体样品示意图

(a) N型半导体   (b) P型半导体

无论载流子是正电荷还是负电荷,F_g 的方向均沿 y 方向。在该力的作用下,载流子发生偏移,则在 y 方向(即半导体 A、A' 电极两侧)就开始聚积异号电荷,进而在 A、A' 两侧产生电位差 V_H,形成相应的附加电场 E,称为霍尔电场,相应的电压 V_H 称为霍尔电压,电极 A、A' 称为霍尔电极。

电场的指向取决于半导体的导电类型。N 型半导体的多数载流子为电子,P 型半导体的多数载流子为空穴。对 N 型半导体,霍尔电场逆 y 方向,P 型半导体则沿 y 方向。

霍尔电场会阻止载流子继续向侧面偏移,半导体中载流子将受一个与 F_g 方向相反的横向电场力

$$F_E = eE_H \tag{4.30}$$

式中,E_H 为霍尔电场强度(V/m,N/C)。

F_E 随电荷积累增多而增大,当达到稳恒状态时,两个力平衡,即载流子所受的横向电场力 eE_H 与洛仑兹力 $e\bar{v}B$ 相等,半导体两侧电荷的积累就达到平衡,故有

$$eE_H = e\bar{v}B \tag{4.31}$$

设半导体的宽度为 b,厚度为 d,载流子浓度为 n,则电流强度 I_S 与 $\bar{v}$ 的关系为

$$I_S = ne\bar{v}bd \tag{4.32}$$

由式(4.31)、式(4.32)可得

$$V_H = E_H b = \frac{1}{ne} \frac{I_S B}{d} = R_H \frac{I_S B}{d} \tag{4.33}$$

即霍尔电压 V_H(A、A' 电极之间的电压)与 I_S、B 乘积成正比,与厚度 d 成反比。比例系数

$R_H = 1/ne$ 称为霍尔系数,反映了材料霍尔效应强弱的重要参数。

由式(4.33)可见,只要测出 V_H 以及知道 I_S、B 和 d,可按下式计算 $R_H(\mathrm{m}^3/\mathrm{C})$:

$$R_H = \frac{V_H d}{I_S B} \qquad (4.34)$$

霍尔元件就是利用上述霍尔效应制成的电磁转换元件,对于成品的霍尔元件,其 R_H 和 d 已知,因此在实际应用中式(4.33)常以如下形式出现:

$$V_H = K_H I_S B \qquad (4.35)$$

式中,比例系数 $K_H = R_H/d$,也称为霍尔元件灵敏度[mV/(mA·KGS)],表示该器件在单位工作电流和单位磁感应强度下输出的霍尔电压;I_S 称为控制电流(mA);B 为磁感应强度(KGS);V_H 为霍尔电压(mV)。

K_H 越大,霍尔电压 V_H 越大,霍尔效应越明显。从应用上讲,K_H 越大越好。K_H 与载流子浓度 n 成反比,半导体的载流子浓度远比金属的载流子浓度小,因此用半导体材料制成的霍尔元件,霍尔效应明显,灵敏度较高。另外,K_H 还与 d 成反比,因此霍尔元件一般都很薄。

由于霍尔效应的建立所需时间很短($10^{-14} \sim 10^{-12}$ s),因此使用霍尔元件时用直流电或交流电均可。只是使用交流电时,所得的霍尔电压也是交变的,此时,式(4.34)中的 I_S 和 V_H 应理解为有效值。

根据式(4.35),因 K_H 已知,而 I_S 由实验给出,所以只要测出 V_H 就可以求得未知磁感应强度 B

$$B = \frac{V_H}{K_H I_S} \qquad (4.36)$$

3. 磁阻效应法测量原理

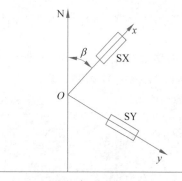

图 4.36 方位角测量原理图

所谓磁阻效应,即物质在磁场中电阻率发生变化的现象,磁阻传感器就是利用磁阻效应制成的。磁阻效应电子罗盘有两个相互垂直的轴,分别为 Ox 轴和 Oy 轴,如图 4.36 所示。

沿两轴分别安装两个测量磁场分量的磁阻传感器 SX 和 SY。ON 为磁北方向,电子罗盘测得的磁方向角定义为从 ON 到 Ox 顺时针转过的角度,用 β 表示。设地磁场的水平分量为 H_o,磁阻传感器 SX 和 SY 测出的磁场分量为

$$H_x = H_o \cos\beta, \quad H_y = -H_o \sin\beta \qquad (4.37)$$

则

$$\beta = -\arctan(H_y/H_x)$$

地磁场强度矢量所在的垂直平面与地理子午面之间的夹角就是磁偏角。上述基本原理仅适用于载体处于水平状态,同时周围还没有其他铁磁物质影响的理想情况。

电子罗盘模块组成大致可分为三部分:传感器部分、信号调理部分、数据采集及处理部分。采用两轴磁阻传感器测量,经过信号调理电路放大整理,利用模数转换器进行数据采集,可得到地磁场分量(x 轴、y 轴),可通过单片机进行航向角的计算与输出。为保证电子罗盘的精度,A/D 转换器(ADC)的选择是关键。

4.5 高精密位移检测案例

光学显微镜可观测到 50nm 宽的物体。观测更微小的物体一般利用电子显微镜,电子显微镜用聚焦的电子束代替光。激光位移传感器可精确地非接触测量被测物体的位置、位移等变化,如基于激光原理的显微干涉仪可测量微器件的纳米级运动。此外,由于单个电子自旋会产生微弱的磁场(大约 $1\mu T$ 的磁场),相对应的单个质子产生了几毫微特斯拉的磁场,所以可通过具有纳米级空间分辨率的弱磁场检测传感器来实现纳米级磁传感器。

4.6 小结

测量到运动量的变化是对运动进行闭环控制的前提。本章首先给出了测量和感知的基本概念;并给出了完整的现代测量系统基本结构;并用电动机转速测量反馈系统对测量原理进行了实例分析;而后阐述了旋转变压器、光电传感器、脉冲编码器、光栅、感应同步器、磁尺、限位开关、电位计等测量角度、位移、速度的原理和方法;分析了如何用红外、超声、激光和图像等方法来对运动中的障碍物进行感知;对于广域运动,可用 GPS 来对运动进行全局定位,用陀螺仪和电子罗盘来确定运动物体的姿态。

习题

4.1 常用的角位移和角速度检测传感器有哪几种?各有何优点?其测量精度如何保证?

4.2 测量点(即反馈点)应该在运动控制系统框图中的哪里?不同测量点位置对运动控制有何影响?

4.3 绘制感应同步器位移与感应电动势之间的曲线,具体参数如下:

测量时长 2s,绕组之间的相对位移为 $0.25t^2$ m,励磁电压幅值为 24V,励磁电压角频率为 1kHz,比例常数为 3,绕组节距为 1.5mm。

4.4 运动控制系统中,测量反馈环节的采样频率与控制周期之间应满足什么关系?为什么?

4.5 简述陀螺仪的基本原理。使用陀螺仪是为了得到运动物体的哪种信息?

4.6 查阅资料,列表对比分析目前市场上常用脉冲编码器的主要性能和技术参数。

4.7 查阅资料,分析美国火星探测车"好奇"号所使用的与测量运动有关的传感器,并图示安装位置。

4.8 查阅资料,分析电梯中所使用的与运动控制有关的传感器,并图示安装位置。

4.9 查阅资料,分析金工实习中数控车床中所使用的与运动控制有关的传感器,并图示安装位置。

4.10 运动测量直接涉及的基本物理量有哪些?SI(国际单位制)中对此基本物理量的定义是什么?单位是什么?

4.11 根据脉冲编码器工作原理,为图 4.6 所示的增量式编码器设计基于单片机的脉冲计数电路框图和函数(C 或 C++语言)。

4.12　根据感应同步器工作原理,为图 4.10 所示的同步器设计鉴幅型检测电路框图。

4.13　根据感应同步器工作原理,为图 4.10 所示的同步器设计鉴相型检测电路框图。

4.14　根据磁头工作原理,为图 4.17 所示的磁头设计鉴幅型检测电路框图。

4.15　根据磁头工作原理,为图 4.17 所示的磁头设计鉴相型检测电路框图。

4.16　已知某光栅传感器,刻线数为 200 线/毫米。

(1) 未细分时,测得莫尔条纹数为 4000,则光栅的位移为多少毫米?

(2) 若经过 8 倍细分后,计数脉冲仍然为 4000,问光栅的位移为多少毫米? 此时,测量的最小分辨能力为多少?

4.17　有一个与伺服电动机同轴安装的光电编码器,指标为 1024 脉冲/转,该伺服电动机与螺距为 6mm 的滚珠丝杠通过联轴器直连,在位置控制伺服中断 4ms 内,光电编码器输出脉冲信号经 4 倍频处理后,共计脉冲数为 0.5K(1K=1024)。问:

(1) 工作台位移了多少?

(2) 伺服电动机的转速为多少?

(3) 伺服电动机的旋转方向是怎样判别的?

第 5 章

CHAPTER 5

致动方式与驱动器

素质目标

(1) 培养学生具有关心国内外致动器和驱动器前沿技术发展的素质。

(2) 培养学生具有系统设计的整体思维素质。

(3) 培养学生具有跨学科知识的融合应用素质。

(4) 培养学生主动学习新知识、为加快建设社会主义现代化强国作贡献的愿望和意识。

5.1 驱动器的发展

根据牛顿力学定律,力是物体运动发生改变的原因,即动力是运动改变的源泉。同时动力也是人类社会进步的关键,如何通过自动产生动力来代替人力一直以来都是运动控制的研究问题。动力系统的发展是伴随着三次工业革命进行的。

第一次工业革命以蒸汽机(steam engine)为代表。此次技术革命以蒸汽机作为动力机被广泛使用为标志。早期的蒸汽机及其组成如图 5.1 所示。

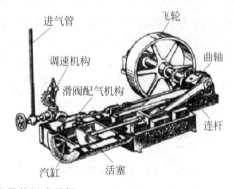

图 5.1 早期的蒸汽机及其组成示例

第二次工业革命以内燃机(internal combustion engine)为代表。当时,科学技术的发展主要表现在三方面,即电力的广泛应用、内燃机和新交通工具的创制、新通信手段的发明。其中内燃机是典型的动力机。二冲程汽油内燃机结构及工作过程如图 5.2 所示。

内燃机是将热能转化为机械能的一种热机。内燃机将液体或气体燃料与空气混合后,直接输入汽缸内部的高压燃烧室燃烧爆发产生动力。内燃机具有体积小、质量小、便于移动、热效率高、起动性能好的特点。相比蒸汽机,内燃机效率更高,机构更紧凑。

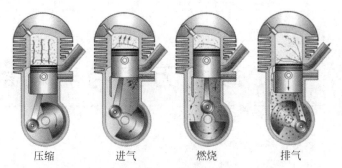

压缩　　　　进气　　　　燃烧　　　　排气

图 5.2　二冲程汽油内燃机及工作过程

第三次工业革命以电动机为代表,以原子能、电子计算机、空间技术和生物工程的发明和应用为主要标志,涉及信息技术、新能源技术、新材料技术、生物技术、空间技术和海洋技术等诸多领域的一场信息控制技术革命。

总体上讲,能够提供驱动力的装置称为驱动器。目前最为实用的驱动器主要是将电能或热能转变成可控制的运动的装置,其原理如图 5.3所示。

图 5.3　驱动器图示

从图 5.3可见,驱动器在将输入能量转变成运动输出的同时,也会伴随着能量的损耗,例如发热、振动、噪声等。运动输出和能量损失之间的比值代表了驱动器的能效。

三次工业革命产生的驱动器多用于实现转动运动,只有少数驱动器可直接实现平动运动。为了将转动转变成平动需要采用运动转换机构。目前,直接可输出平动运动的驱动器研究越来越热,也产生了比较经济实用的直线驱动器,例如直线电动机、磁悬浮等技术。

伴随着信息技术和智能材料的发展,驱动器的发展向着更加节能、环保的方向发展,功率重量比更大。新型驱动器,例如形状记忆合金、人工肌肉、压电元件、挠性轴丝绳集束传动等获得研究重视,在实用方面已达到电动机水平。

5.2　致动方式

视频讲解

1. 静电

静电(electrostatic)是人类很早就发现的现象,可用于提供动力,如用来制作静电电动机。静电电动机是利用静电为能量源的一种能量转换装置,具有结构简单、空载转速高的优点,是微机电系统(micro electro mechanical system,MEMS)中的关键部件。但静电电动机有功率小、起动难等缺点。目前,在航天卫星和医疗器械领域中已经开始尝试用静电电动机来代替传统的电磁型电动机。

2. 电磁

电磁(electromagnetic)是物质所表现的电性和磁性的统称,例如电磁感应、电磁波等,由法拉第(Faraday)最早发现,是电动机工作的基本原理。电磁现象产生的原因在于电荷运动产生波动,形成磁场,因此所有的电磁现象都离不开磁场。电磁学是研究电磁间的相互作用现象,及其规律和应用的物理学分支学科。麦克斯韦(Maxwell)关于变化电场产生磁场的假设,奠定了电磁学的整个理论体系,发展了对现代文明起重大影响的电工和电子技术。电磁基本原理如图 5.4 所示。

图 5.4 所示的是一种微小的硅电动机,转子的直径为 $130\mu m$,驱动电压为 $25\sim36V$。

3. 相变

物质从一种相转变为另一种相的过程称为相变(phase change),不同相之间的物理、化学性质完全相同,但其他部分具有明显分界。与固、液、气三态对应,物质有固相、液相、气相。例如石蜡(paraffin wax)热膨胀驱动器,驱动过程中发生了固体—液体—气体的相变。石蜡热膨胀驱动器基本原理如图 5.5 所示。

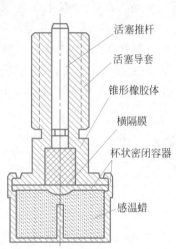

活塞推杆

活塞导套

锥形橡胶体

横隔膜

杯状密闭容器

感温蜡

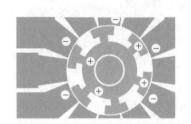

图 5.4 硅电动机电磁基本原理　　　　图 5.5 石蜡热膨胀驱动器基本原理

在感温蜡的相变过程中,密闭容器内的压力会发生改变,从而推动活塞杆运动。此外,利用水低温相变为冰时的体积膨胀可提供超高压静压驱动力。

4. 热机

物质有热胀冷缩的现象。热机(thermomechanical)利用物体吸热后的变形来提供驱动力,如图 5.6 所示。

由于热机热变形一般比较小,往往用于驱动行程不大,但对空间尺寸或频率、安全性等有特殊要求的场合。图 5.6(a)所示为利用热机原理制作的微小硅悬臂梁,长度只有 $200\mu m$,动作幅度 $4\mu m$,但频率可超过 1kHz;图 5.6(b)所示为利用热机原理制作的复合金属温度调节装置,特点是将温度的感知和调节动作集成在一起实现。

5. 压电

压电(piezoelectric)材料电介质在沿一定方向上受到外力的作用而变形时,其内部会产生极化现象,同时在两个相对表面上出现正负相反的电荷。当外力去掉后,又会恢复到不带电的状态,这种现象称为正压电效应。当作用力的方向改变时,电荷的极性也随之改变;相反,当在电介质的极化方向上施加电场,这些电介质也会发生变形,电场去掉后电介质的变形随之消失,这种现象称为逆压电效应,或称为电致伸缩现象。依据电介质压电效应研制的传感器称为压电传感器。压电效应基本原理如图 5.7 所示。

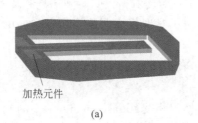
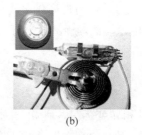

(a)　　　　　　　　　　(b)

图 5.6　热机原理及示例

压电效应往往出现在压电晶体和压电陶瓷材料中。基于压电原理制作的精确控制机构——压电驱动器,在精密仪器和机械的控制、微电子技术、生物工程等领域都有广泛应用。

6. 形状记忆效应

合金的形状被改变之后,一旦加热到一定的跃变温度时,又可以变回到原来的形状,具有这种特殊功能的合金称为形状记忆合金(shape memory alloy)。形状记忆效应(shape memory effect)基本原理如图 5.8 所示。

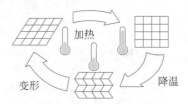

图 5.7　压电效应基本原理　　　　　图 5.8　形状记忆效应基本原理

利用形状记忆效应制作的驱动器驱动的装置如图 5.9 所示。

图 5.9　形状记忆合金丝驱动的装置示例

形状记忆合金丝具有很高的功率重量比,且无须减速等运动传动装置,能量转换效率较高。

7. 磁致伸缩

磁致伸缩(magnetostrictive)是铁磁物质(磁性材料)由于磁化状态的改变,其尺寸在各方向发生变化。除了加热外,磁场和电场也会导致物体尺寸的伸长或缩短。铁磁性物质在外磁场作用下,其尺寸伸长(或缩短),去掉外磁场后,其又恢复原来的长度,这种现象称为磁致伸缩现象(或效应)。磁致伸缩的基本原理如图 5.10 所示。

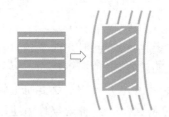

图 5.10　磁致伸缩的基本原理

8. 电致动聚合物

在外加电场的作用下,导致物体内部离子呈现有规律运动,从而使得聚合物发生变形。电致动聚合物(electroactive polymer)的基本原理及示例如图 5.11 所示。

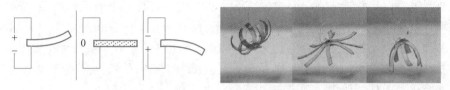
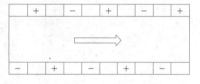

图 5.11　电致动聚合物的基本原理及示例

9. 磁流体力学

磁流体(magnet hydro dynamic,MHD)又称磁性液体、铁磁流体或磁液,是一种新型的功能材料,既具有液体的流动性又具有固体磁性材料的磁性,由直径为纳米量级(10nm 以下)的磁性固体颗粒、基载液(也叫媒体)以及界面活性剂三者混合而成的一种稳定的胶状液体。该流体在静态时无磁性吸引力,当外加磁场作用时,才表现出磁性,如图 5.12 所示。磁流体在实际中有着广泛的应用,在理论上具有很高的学术价值。用纳米金属及合金粉末生产的磁流体性能优异。

图 5.12　磁流体原理

10. 电流变和磁流变

悬浮液在没有加上电场时,可以像水或油一样自由流动。当加上电场时,几毫秒内就立即由自由流动的液体变成固体;而且随电场强度和电压的增加,固体的强度也增加。同时当撤销电场时,又能立即由固体变回到液体。因为这种悬浮液的状态可以用电场来控制,称为电流变液(electrorheological fluid),并把这种现象称为电流变现象。这种能用电场控制来改变物质状态的现象,可用来实现把高速计算机的电信号指令直接变成机械动作。电流变原理如图 5.13 所示。

磁流变液(magnetorheological fluid)属可控流体,是智能材料中研究较为活跃的一支。磁流变液是由高磁导率、低磁滞性的微小软磁性颗粒和非导磁性液体混合而成的悬浮体。这种悬浮体在零磁场条件下呈现出低黏度的牛顿流体特性;而在强磁场作用下,则呈现出高黏度、低流动性的 Bingham 体特性。由于磁流变液在磁场作用下的流变是瞬间的、可逆的,而且其流变后的剪切屈服强度与磁场强度具有稳定的对应关系,因此是一种用途广泛、性能优良的智能材料。磁流变原理如图 5.14 所示。

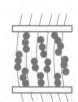

图 5.13　电流变原理　　　　　　　图 5.14　磁流变原理

11. 生物肌肉

生物肌肉(biomuscle)是生物学上可收缩的组织,具有信息传递、能量传递、废物排除、能量供给、传动以及自修复功能,一直以来就是研究者开发驱动器灵感的来源。人类肌肉由许多束肌纤维(直径为 $10\sim100\mu\text{m}$)组成。而这些纤维由直径更小的肌原纤维(myofibril)组成。在肌原纤维中,肌动蛋白丝和肌球蛋白丝平行排列,在横向保持一定距离并相互穿插,即组成所谓的横桥结构。当肌纤维受到外界刺激(例如神经脉冲)时,两种肌丝通过相互之间的滑行使重叠部分增加从而引起肌纤维的整体收缩。肌肉的特点是刺激频率越高,产生的收缩力越大。人体的肌肉驱动方式如图 5.15 所示。

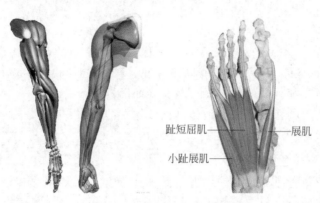

趾短屈肌——　——展肌

小趾展肌——

图 5.15　人体的肌肉驱动方式

肌肉在接收神经刺激后,会产生收缩从而引起骨骼的运动。由于肌肉只能"拉"而不能"推",因此,需要一对肌肉一伸一缩来引起运动,肌肉对被互称为拮抗肌。

5.3　伺服电动机驱动器

伺服电动机又称为执行电动机,在自动控制系统中作为执行元件,可将输入的电压信号变换成转轴的角位移或角速度而输出。常见的伺服电动机的功率多为中容量(4000W 以下,三相供电电压)和小容量(750W 以下,单相供电电压)。伺服电动机按其使用的电源性质不同,可分为直流伺服电动机和交流伺服电动机两大类。

伺服电动机的种类多,用途也很广泛,运动控制系统对伺服电动机的基本要求如下。

(1) 宽广的调速范围。伺服电动机的转速随着控制电压的改变能在宽广的范围内连续调节。

(2) 机械特性和调节特性均为线性。伺服电动机的机械特性是指控制电压一定时,转速随转矩的变化关系;调节特性是指电动机转矩一定时,转速随控制电压的变化关系。线性的机械特性和调节特性有利于提高自动控制系统的动态精度。

(3) 无"自转"现象。伺服电动机在控制电压为零时能立刻自行停转。

(4) 快速响应。电动机的机电时间常数要小,相应的伺服电动机要有较大的堵转转矩(电动机在额定电压、额定频率和转子堵住时测得的最小转矩)和较小的转动惯量。

5.3.1 直流伺服电动机结构

直流电动机是指输入为直流电能的旋转电动机,能实现直流电能和机械能互相转换。直流电动机的结构由定子和转子两部分组成。直流电动机运行时静止不动的部分称为定子,定子的主要作用是产生磁场,由机座、主磁极、换向极、端盖、轴承和电刷装置等组成。运行时转动的部分称为转子,其主要作用是产生电磁转矩和感应电动势,是直流电动机进行能量转换的枢纽,所以通常又称为电枢,由转轴、电枢铁芯、电枢绕组和换向器等组成。直流伺服电动机是指使用直流电源驱动的伺服电动机,其组成及典型的转子结构如图 5.16 和图 5.17 所示。

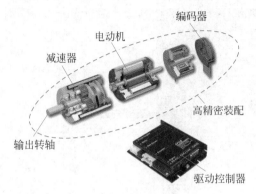

图 5.16　直流伺服电动机组成示例　　　　图 5.17　典型的转子结构

根据有无换向电刷可分为直流有刷电动机和直流无刷电动机。

根据励磁方式可分为以下几种。

(1) 他励直流电动机励磁方式。励磁绕组与电枢绕组无连接关系,而由其他直流电源对励磁绕组供电的直流电动机称为他励直流电动机。永磁直流电动机也可看作他励直流电动机。

(2) 并励直流电动机励磁方式。并励直流电动机的励磁绕组与电枢绕组并联。作为并励发电机来说,是电动机本身发出来的端电压为励磁绕组供电。作为并励电动机来说,励磁绕组与电枢共用同一电源,从性能上讲与他励直流电动机相同。

(3) 串励直流电动机励磁方式。串励直流电动机的励磁绕组与电枢绕组串联后,再接于直流电源。这种直流电动机的励磁电流就是电枢电流。

(4) 复励直流电动机励磁方式。复励直流电动机有并励和串励两个励磁绕组。若串励绕组产生的磁通势与并励绕组产生的磁通势方向相同称为积复励,若两个磁通势方向相反,则称为差复励。

直流伺服电动机实际上就是一台他励式直流电动机。直流伺服电动机的结构可分为传统型和低惯量型两类。传统型直流伺服电动机由定子、转子两部分组成,其容量与体积较小。按照励磁方式的不同,又可以分为永磁式和电磁式两种。永磁式直流伺服电动机的定子磁极由永久磁钢构成。电磁式直流伺服电动机的定子磁极通常由硅钢片铁芯和励磁绕组构成,其结构如图 5.18 所示。这两种电动机的转子结构同普通直流电动机的结构相同,其铁芯均由硅钢片冲制叠压而成,在转子冲片的外圆周上开有均布的齿槽,在槽中放置电枢绕组,并通过换向器和电刷与外部电路连接。

随着系统对电动机快速响应的要求越来越高,各种低惯量的伺服电动机相继出现,例如盘形电枢直流电动机、空心杯电枢直流电动机和电枢绕组直接绕在铁芯上的无槽电枢直流电动机等。随着电子技术的发展,又出现了采用电子器件换向的新型直流伺服电动机,无传统直流电动机上的电刷和换向器,故称为无刷直流伺服电动机。此外,为了适应高精度低速伺服系统的需要,出现了直流力矩电动机,取消了减速机构而直接驱动负载。

与传统的直流伺服电动机相比,低惯量型直流伺服电动机具有时间常数小、响应速度快的特点。目前低惯量型直流伺服电动机的主要形式有杯形电枢直流伺服电动机、盘形电枢直流伺服电动机和无槽电枢直流伺服电动机。

1) 杯形电枢直流伺服电动机

图 5.19 为杯形电枢永磁式直流伺服电动机的结构简图,有一个外定子和一个内定子。

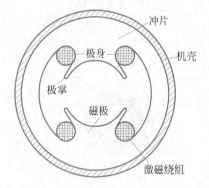 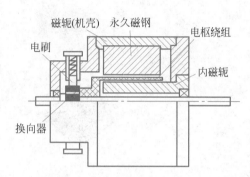

图 5.18　电磁式直流伺服电动机定子结构简图　　图 5.19　杯形电枢永磁式直流伺服电动机的结构简图

通常外定子由两个半圆形的永久磁钢组成,而内定子则由圆柱形的软磁材料做成,仅作为磁路的一部分,以减小磁路磁阻。但也有内定子由永久磁钢做成,外定子采用软磁材料的结构形式。杯形电枢直接装在电动机轴上,在内、外定子间的气隙中旋转。电枢绕组接到换向器上,由电刷引出。

杯形电枢直流伺服电动机的制造成本较高,大多用于高精度的自动控制系统及测量装置等设备中,如电视摄像机、录音机、X-Y 函数记录仪、机床控制系统等方面。

2) 盘形电枢直流伺服电动机

盘形直流伺服电动机以盘形永磁直流伺服电动机为主。电动机结构成扁平状,其定子是由永久磁钢和前后磁轭构成。电动机的气隙位于圆盘两边,永久磁铁为轴向磁化,在气隙中产生多极轴向磁场。圆盘上有电枢绕组。图 5.20 为印制绕组盘形电枢直流伺服电动机的结构简图。此种电动机常用电枢绕组有效部分的裸导体表面兼作换向器,但导体表面需另外镀一层耐磨材料,以延长使用寿命。图 5.21 为绕线式盘形电枢直流伺服电动机的结构简图。绕线式绕组则是先绕制成单个线圈,然后将绕好的全部线圈沿径向圆周排列起来,再用环氧树脂浇注成圆盘形。盘形电枢上电枢绕组中的电流是沿径向流过圆盘表面,并与轴向磁通相互作用而产生转矩。因此,绕组的径向段为有效部分,弯曲段为端接部分。

盘形电枢直流伺服电动机适用于低速相起动、反转频繁、要求薄形安装尺寸的系统中。目前它的输出功率一般在几瓦到几千瓦之间,其中功率较大的电动机主要用于数控机床、工业机器人、雷达天线驱动和其他伺服系统。

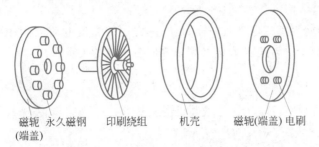

磁轭 永久磁钢 印刷绕组   机壳   磁轭(端盖) 电刷
(端盖)

图 5.20 印制绕组盘形电枢直流伺服电动机的结构简图

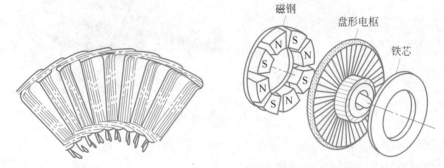

图 5.21 绕线式盘形电枢直流伺服电动机的结构简图

3)无槽电枢直流伺服电动机

无槽电枢直流伺服电动机的结构同普通直流电动机的差别仅在于其电枢铁芯是光滑、无槽的圆柱体,电枢绕组直接排列在铁芯表面,再用环氧树脂把它与电枢铁芯固化成一个整体,如图 5.22 所示。定子磁极可以用永久磁钢做成,也可以采用电磁式结构。这种电动机的转动惯量和电枢绕组的电感比前面介绍的两种无铁芯转子的电动机要大些,因而其动态性能较差。

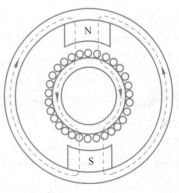

图 5.22 无槽电枢直流伺服
电动机的结构简图

直流伺服电动机能用在功率稍大的系统中。其输出功率为 1~600W,最高可达数千瓦。常用的直流伺服电动机输出功率为 0.1~100W,其中最常用的在 30W以下。

5.3.2 交流伺服电动机结构

交流电动机是用于实现机械能和交流电能相互转换的机械。交流伺服电动机通常采用笼型转子两相伺服电动机和空心杯转子两相伺服电动机,所以常把交流伺服电动机称为两相伺服电动机。由于交流电力系统的巨大发展,交流电动机已成为最常用的电动机。交流电动机与直流电动机相比,由于没有换向器和整流器,因此结构简单,制造方便,比较牢固,容易做成高转速、高电压、大电流、大容量的电动机。交流电动机功率的覆盖范围很大,从几瓦到几十万千瓦,甚至上百万千瓦。

1. 同步电动机结构

同步电动机结构与感应电动机一样,是一种常用的交流电动机,如图 5.23 所示。其特点是稳态运行时,转子的转速 n 和电网频率之间有不变的关系:

$$n = n_s = \frac{60f}{p} \tag{5.1}$$

式中,f 为定子电流频率(Hz);p 为电动机的极对数;n_s 为同步转速(r/min)。

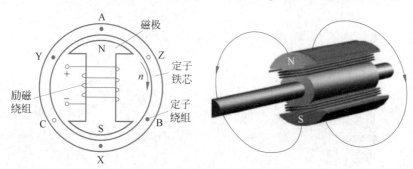

图 5.23 同步电动机结构模型

若电网的频率不变,则稳态时同步电动机的转速恒为常数而与负载的大小无关。同步电动机分为同步发电机和同步电动机。

现代发电厂中的交流机以同步电动机为主。励磁绕组通以直流励磁电流,建立极性相间的励磁磁场,即建立起主磁场。三相对称的电枢绕组充当功率绕组,成为感应电势或者感应电流的载体。原动机拖动转子旋转(给电动机输入机械能),极性相间的励磁磁场随轴一起旋转并顺次切割定子各相绕组(相当于绕组的导体反向切割励磁磁场)。由于电枢绕组与主磁场之间的相对切割运动,电枢绕组中将会感应出大小和方向按周期变化的三相对称交变电势。通过引出线,即可提供交流电源。

永磁同步电动机分类方法比较多。按工作主磁场方向不同,可分为径向磁场式和轴向磁场式;按电枢绕组位置不同,可分为内转子式(常规式)和外转子式;按转子上有无起动绕组,可分为无起动绕组的电动机(常称为调速永磁同步电动机)和有起动绕组的电动机(常称为异步起动永磁同步电动机);按供电电流波形不同,可分为矩形波永磁同步电动机和正弦波永磁同步电动机(简称为永磁同步电动机)。异步起动永磁同步电动机用于频率可调的传动系统时,称为具有阻尼(起动)绕组的调速永磁同步电动机。

永磁同步伺服电动机由定子、转子和端盖等部件组成。永磁同步伺服电动机的定子与异步伺服电动机定子结构相似,主要是由硅钢片、三相对称绕组、固定铁芯的机壳及端盖部分组成。对其三相对称绕组输入三相对称的空间电流可以得到一个圆形旋转磁场,旋转磁场的转速称为同步转速。

永磁同步伺服电动机的转子采用磁性材料(例如钕铁硼等永磁稀土材料)组成,不再需要额外的直流励磁电路。永磁稀土材料具有很高的剩余磁通密度和很大的矫顽力,加上它的磁导率与空气磁导率相仿,对于径向结构的电动机交轴和直轴磁路磁阻都很大,可以在很大程度上减少电枢反应。永磁同步伺服电动机转子按其形状可分为两类:凸极式永磁同步伺服电动机和隐极式永磁同步伺服电动机。凸极式是将永久磁铁安装在转子轴的表面,因为永磁材料的磁导率很接近空气磁导率,所以在交轴和直轴上的电感基本相同。隐极式转子则是将永久磁铁嵌入转子轴的内部,因此交轴电感大于直轴电感,且除了电磁转矩外,还存在磁阻转矩。

为了使得永磁同步伺服电动机具有正弦波感应电动势波形,其转子磁钢形状呈抛物线状,使其气隙中产生的磁通密度尽量呈正弦分布。定子电枢采用短距分布式绕组,能最大限度地消除谐波磁动势。

转子磁路结构是永磁同步伺服电动机与其他电动机最主要的区别。转子磁路结构不同,电动机的运行性能、控制系统、制造工艺和适用场合也不同。按照永磁体在转子上位置的不同,永磁同步伺服电动机的转子磁路结构一般可分为表面式、内置式和爪极式。永磁体通常呈瓦片形,并位于转子铁芯的外表面上,永磁体提供磁通的方向为径向,且永磁体外表面与定子铁芯内圆之间一般仅套上一个起保护作用的非磁性圆筒,或在永磁磁极表面包以无纬玻璃丝带作保护层。有的调速永磁同步伺服电动机的永磁磁极用许多矩形小条拼装成瓦片形,能降低电动机的制造成本。

表面式转子磁路结构又分为凸出式和侵入式两种,如图5.24所示。对采用稀土永磁的电动机来说,永磁材料的相对回复磁导率接近1,所以表面凸出式转子在电磁性能上属于隐极转子结构;而在表面侵入式转子的相邻两永磁磁极间有着磁导率很大的铁磁材料,故在电磁性能上属于凸极转子结构。

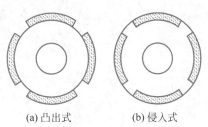

(a) 凸出式　(b) 侵入式

图5.24 表面式转子磁路结构

表面式转子磁路结构的制造工艺简单,成本低,应用较为广泛,尤其适于矩形波永磁同步电动机。但因转子表面无法安放起动绕组,无异步起动能力,故不能用于异步起动永磁同步电动机。永磁体位于转子内部,永磁体外表面与定子铁芯内圆之间有铁磁物质制成的极靴,极靴中可以放置铸铝笼或铜条笼,起阻尼或(和)起动作用,动、稳态性能好,广泛用于要求有异步起动能力或动态性能高的永磁同步电动机。内置式转子内的永磁体受到极靴的保护,其转子磁路结构的不对称性所产生的磁阻转矩,有助于提高电动机的过载能力和功率密度,而且易于"弱磁"扩速,按永磁体磁化方向与转子旋转方向的相互关系,内置式转子磁路结构又可分为径向式、切向式和混合式3种。

1) 径向式结构

如图5.25所示,径向式结构的优点是漏磁系数小,轴上不需采取隔磁措施,极弧系数易于控制,转子冲片机械强度高,安装永磁体后转子不易变形。图5.25(a)是早期采用转子磁路结构,现已较少采用。图5.25(b)和图5.25(c)中,永磁体轴向插入永磁体槽并通过隔磁磁桥限制漏磁通,结构简单可靠,转子机械强度高,因而近年来应用较为广泛。图5.25(c)比图5.25(b)提供更大的永磁空间。

2) 切向式结构

如图5.26所示,切向式结构漏磁系数较大,并且需采用相应的隔磁措施,电动机的制造工艺和制造成本较径向式结构有所增加。其优点在于一个极距下的磁通由相邻两个磁极并联提供,每极可得到更大的磁通,尤其当电动机极数较多、径向式结构不能提供足够的每极磁通时,这种结构的优势更为突出。此外,采用切向式转子结构的永磁同步电动机磁阻转矩在电动机总电磁转矩中的比例可达40%,这对充分利用磁阻转矩,提高电动机功率密度和

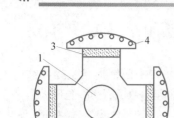
(a) 结构1

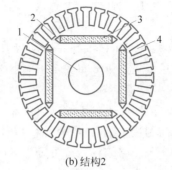
(b) 结构2

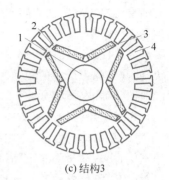
(c) 结构3

1—转轴；2—永磁体槽；3—永磁体；4—起动笼。

图 5.25　内置径向式转子磁路结构

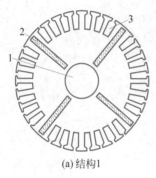
(a) 结构1

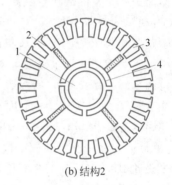
(b) 结构2

1—转轴；2—永磁体；3—起动笼；4—空气隔磁槽。

图 5.26　内置切向式转子磁路结构

扩展电动机的恒功率运行范围很有利。

3) 混合式结构

如图 5.27 所示,混合式结构集中了径向式和切向式转子结构的优点,但其结构和制造工艺较复杂,制造成本也比较高。图 5.27(a)需采用非磁性轴或采用隔磁铜套,主要应用于采用剩磁密度较低的铁氧体等永磁材料的永磁同步电动机。图 5.27(b)所示的结构采用隔磁磁桥隔磁,径向部分永磁体磁化方向长度约为切向部分永磁体磁化方向长度的一半。图 5.27(c)是由图 5.25(b)和图 5.25(c)的径向式结构衍生来的一种混合式转子磁路结构,其中,永磁体的径向部分与切向部分的磁化方向长度相等,也采取隔磁磁桥隔磁。

在选择转子磁路结构时还应考虑到不同转子磁路结构电动机的直、交轴同步电抗 X_d、X_q 及其比例关系 X_q/X_d(称为凸极率)也不同。在相同条件下,上述 3 类转子磁路结构电动机的直轴同步电抗 X_d 相差不大,但交轴同步电抗 X_q 却相差较大。切向式转子结构电动机的 X_q 最大,径向式转子结构电动机的 X_q 次之。

爪极式永磁转子结构通常由两个带爪的法兰盘和一个圆环形的永磁体构成,图 5.28 为其结构示意图。左右法兰盘的爪数相同,且两者的爪极互相错开,沿圆周均匀分布,永磁体轴向充磁,因而左右法兰盘的爪极形成极性相异、相互错开的永磁同步电动机的磁极。爪极式转子结构永磁同步电动机的性能较低,又不具备异步起动能力,但结构和工艺较为简单。

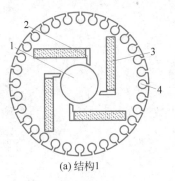
(a) 结构1

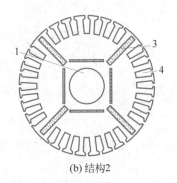
(b) 结构2

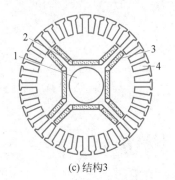
(c) 结构3

1—转轴；2—永磁体槽；3—永磁体；4—起动笼。

图 5.27　内置混合式转子磁路结构

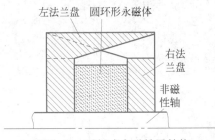

图 5.28　爪极式永磁转子结构

如前所述，为不使电动机中永磁体的漏磁系数过大而导致永磁材料利用率偏低，应注意各种转子结构的隔磁措施。如图 5.29 所示为 3 种典型的隔磁措施。图中标注尺寸 b 的冲片部位称为隔磁磁桥，通过磁桥部位磁通达到饱和来起限制漏磁的作用。

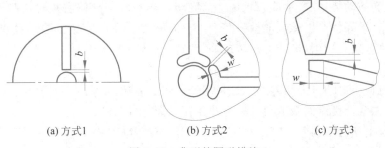

(a) 方式1　　　　　　　(b) 方式2　　　　　　　(c) 方式3

图 5.29　典型的隔磁措施

切向式转子结构的隔磁措施一般采用非磁性铂或在轴上加隔磁铜套，这使得电动机的制造成本增加，制造工艺变得复杂。图 5.29(b)所示为采用空气隔磁加隔磁磁桥的新技术，但当电动机容量较大时，这种结构使得转子的机械强度显得不足，电动机可靠性下降。

三相永磁同步电动机(permanent magnet synchronous motor，PMSM)是目前比较常用的交流同步电动机。PMSM 位置伺服系统具有位置环、速度环和电流环三闭环结构，电流环和速度环作为系统的内环，位置环为系统外环。PMSM 的结构如图 5.30 所示。

通常采用三相 Y 接 PMSM。PMSM 转子可以分为凸装式、嵌入式和内埋式 3 种，其结构如图 5.31 所示。

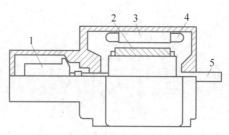

1—检测器；2—永磁体；3—电枢铁芯；4—三相电枢绕组；5—输出轴。

图 5.30 PMSM 的结构图

(a) 凸装式　　　　(b) 嵌入式　　　　(c) 内埋式

图 5.31 PMSM 转子的 3 种结构

2. 异步电动机结构

若电动机的转速(转子转速)小于旋转磁场的转速,则称为异步电动机。异步电动机和感应电动机基本上是相同的。异步电动机的发展迅速,最早的笼型异步电动机出现于 1889年。异步电动机的优点是结构简单,制造方便,价格便宜,运行方便;缺点是功率因数滞后,轻载功率因数低,调速性能稍差。

当三相异步电动机接入三相交流电源时,三相定子绕组流过三相对称电流,产生三相磁动势(定子旋转磁动势)并产生旋转磁场。该旋转磁场与转子导体有相对切割运动,根据电磁感应原理,转子导体产生感应电动势并产生感应电流。根据电磁力定律,载流的转子导体在磁场中受到电磁力作用,形成电磁转矩,驱动转子旋转,当电动机轴上带机械负载时,便向外输出机械能。

传统交流伺服电动机的结构通常是采用笼型转子两相伺服电动机及空心杯转子两相伺服电动机,所以常把交流伺服电动机称为两相异步伺服电动机。

异步伺服电动机结构分为定子和转子两部分。定子铁芯中安放着空间互成 90°电角度的两相绕组,其中一相作为励磁绕组,运行时接至交流电源上;另一相作为控制绕组,输入控制电压;励磁电压与控制电压的频率相同。异步伺服电动机的转子通常有 3 种结构形式:高电阻率导条的笼型转子、非磁性空心杯转子和铁磁性空心转子。应用较多的是前两种结构。

1) 高电阻率导条的笼型转子结构

与普通笼型异步电动机类似,但是为了减小转子的转动惯量,将转子做得细而长。转子笼条和端环既可采用高电阻率的导电材料制造,也可采用铸铝转子,其结构示意如图 5.32 所示。

2) 非磁性空心杯转子结构

如图 5.33 所示,定子分外定子铁芯和内定子铁芯两部分,由硅钢片冲制后叠压而成。外定子铁芯槽中放置空间相距 90°电角度的两相分布绕组。内定子铁芯中不放绕组,仅作为磁路的一部分,以减小主磁通磁路的磁阻。空心杯转子用非磁性铝或铝合金制成,放在内、外定子铁芯之间,并固定在转轴上。

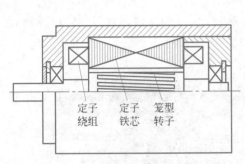

图 5.32　笼型转子异步伺服电动机

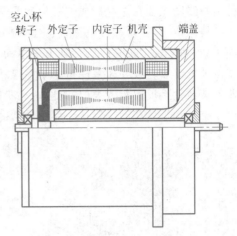

图 5.33　非磁性空心杯转子异步伺服电动机

非磁性空心杯转子的壁很薄,一般在 0.3mm 左右,因而具有较大的转子电阻和很小的转动惯量。其转子上无齿槽,故运行平稳,噪声小。这种结构的电动机空气隙较大,内外定子铁芯之间的气隙为 0.5～1.5mm。因此,电动机的励磁电流较大,为额定电流的80%～90%,致使电动机的功率因数较低,效率也较低,体积和质量都要比同容量的笼型伺服电动机大得多。同样体积下,空心杯转子伺服电动机的堵转转矩要比笼型的小得多,因此采用空心杯转子大大减小了转动惯量,但快速响应性能并不一定优于笼型结构。因笼型伺服电动机在低速运行时有抖动现象,而非磁性空心杯转子异步伺服电动机可克服这一缺点,常被用于要求低速平滑运行的系统中。

3) 铁磁性空心转子结构

电动机结构比较简单,转子采用铁磁材料制成,转子本身既是主磁通的磁路,又作为转子绕组,因此不需要内定子铁芯。其转子结构有两种形式,如图 5.34 所示。为了使转子中的磁通密度不至于过高,铁磁性空心转子的壁厚也相应增加,为 0.5～3mm,因而其转动惯量较非磁性空心杯转子要大得多,快速响应性能也较差。当定、转子气隙稍有不均匀时,转子就容易因单边磁拉力而被"吸住",所以目前应用得较少。

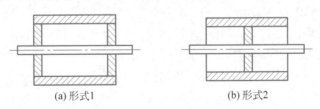

(a) 形式1　　　　　　　　　(b) 形式2

图 5.34　铁磁性空心转子

交流伺服电动机按相数可分为单相、两相、三相和多相。

5.3.3　直线电动机结构

直线电动机也称为线性电动机或推杆电动机等。最常用的直线电动机类型是平板式、

U形槽式和管式。线圈的典型组成是三相的,用霍尔元件实现无刷换相。

　　直线电动机与旋转电动机工作原理相同,对比如图5.35所示。动子(rotor)常由环氧材料把线圈压缩在一起制成。磁轨通常是高能量的稀土磁铁固定在钢轨上。电动机的动子包括线圈绕组、霍尔元件电路板、电热调节器(温度传感器监控温度)和电子接口。在旋转电动机中,动子和定子需要旋转轴承支撑动子以保证相对运动部分的气隙(air gap)。同样,直线电动机需要直线导轨来保持动子在磁轨产生的磁场中的位置。和旋转伺服电动机的编码器安装在轴上反馈位置类似,直线电动机需要反馈直线位置的反馈装置,例如直线编码器,可以直接测量负载的位置从而提高负载的位置精度。

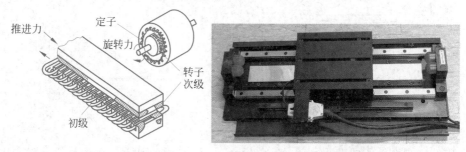

图5.35　直线电动机与旋转电动机的对比及直线电动机示例

　　直线电动机的控制和旋转电动机一样,像无刷旋转电动机,动子和定子无机械连接(无刷)。但与旋转电动机不同的是动子旋转和定子位置保持固定。直线电动机系统可以是磁轨动或推力线圈动(大部分定位系统应用是磁轨固定,推力线圈动)。用推力线圈运动的电动机,推力线圈的重量和负载比很小,还需要高柔性线缆及其管理系统。用磁轨运动的电动机,不仅要承受负载,还要承受磁轨质量,但无须线缆管理系统。

　　相同的电磁力在旋转电动机上产生力矩,在直线电动机上产生直线推力作用。因此,直线电动机使用和旋转电动机相同的控制和编程装置。

5.3.4　电动机的驱动放大器

　　由于控制器输出的控制信号是弱电信号,需转换成可以驱动电动机带动负载运动的强电,因此,控制电动机转动的控制器与电动机之间需通过驱动放大器连接。驱动器的功能就是根据电动机的控制方式,将控制信号转变成可控制电动机位置、转速和力矩的驱动信号,例如电流变化、电压变化、频率变化、相位变化等。此部分涉及电力电子和电路方面的知识。

　　伺服放大器也叫伺服驱动器,是用来控制伺服电动机的一种控制器。目前主流的伺服放大器均采用数字信号处理器(digital signal processors,DSP)作为控制核心,可以实现比较复杂的控制算法,实现数字化、网络化和智能化。伺服驱动器主要包括功率驱动单元和伺服控制单元,伺服控制单元是整个伺服系统的核心,实现系统位置控制、速度控制、转矩和电流控制器。功率器件普遍采用以智能功率模块(intelligent power module,IPM)为核心设计的驱动电路,IPM内部集成了驱动电路,同时具有过电压、过电流、过热、欠压等故障检测保护电路,在主回路中还加入软起动电路,以减小起动过程对驱动器的冲击。以三相永磁式同步交流伺服电动机驱动器为例,功率驱动单元首先通过三相全桥整流电路对输入的三相电或者市电进行整流,得到相应的直流电。经过整流好的三相电或市电,再通过三相正弦

PWM 电压型逆变器变频来驱动三相永磁式同步交流伺服电动机。功率驱动单元的整个工作过程可以归纳为 AC→DC→AC 的过程。

5.4 液压驱动器

液压传动以油液作为工作介质,依靠密封容积的变化来传递运动,依靠油液内部的压力来传递动力。传统的液压系统的组成如下。

(1) 动力部分——液压泵(将机械能转化成压力能)。

(2) 执行部分——液压缸(将压力能转化成机械能)。

(3) 控制部分——控制阀(控制方向、压力及流量)。

(4) 辅助部分——油箱、油管、滤油器。

(5) 工作介质——液压油。液压系统的工作原理和常见的液压元器件如图 5.36 所示。

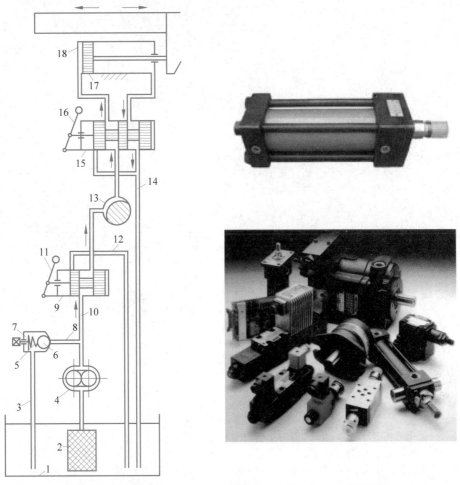

1—油箱;2—滤油箱;3、8、10、12、14—油管;4—液压泵;5、6、7—溢流阀;
9、11—开停阀;13—节流阀;15、16—换向阀;17、18—液压缸。

图 5.36 液压系统的工作原理和常见的液压元器件示例

5.5　气压驱动器

　　气压传动以压缩空气为工作介质进行能量和信号的传递,以实现生产自动化。气压传动系统包含:气源装置——获得压缩空气的设备、空气净化设备,例如空压机、空气干燥机等;执行元件——将气体的压力能转换成机械能的装置,也是系统能量输出的装置,例如汽缸、气电动机等;控制元件——用于控制压缩空气的压力、流量、流动方向以及系统执行元件工作程序的元件,例如压力阀、流量阀、方向阀和逻辑元件等;辅助元件——起辅助作用,例如过滤器、油雾器、消声器、散热器、冷却器、放大器及管件等。典型的气压伺服控制系统原理图如图 5.37 所示。

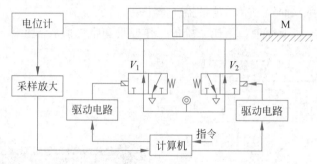

图 5.37　典型的气压伺服控制系统原理图

　　由于气压技术的快速性和清洁性,气压驱动得到了广泛应用,如图 5.38 和图 5.39 所示。

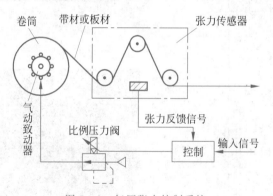

图 5.38　气压张力控制系统

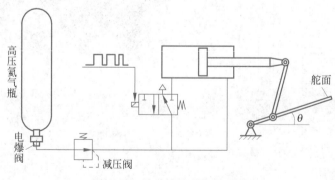

图 5.39　导弹舵机系统原理图

5.6　压电陶瓷驱动器

压电效应及其驱动器如图 5.40 所示。压电效应已经被科学家应用在与人们生活密切相关的许多领域,以实现能量转换、传感、驱动、频率控制等功能。在能量转换方面,利用压电陶瓷将机械能转换成电能的特性,可以制造出压电点火器、移动 X 光电源、炮弹引爆装置。电子打火机中就有压电陶瓷制作的火石,打火次数可在 100 万次以上。用压电陶瓷把电能转换成超声振动,可以用来探寻水下鱼群的位置和形状,对金属进行无损探伤,以及超声清洗、超声医疗,还可以做成各种超声切割器、焊接装置及烙铁,对塑料甚至金属进行加工。

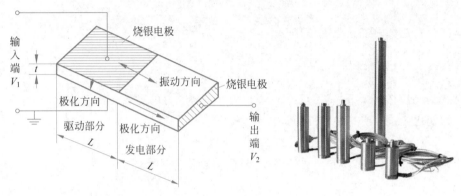

图 5.40　压电效应及其驱动器示例

5.7　形状记忆合金驱动器

5.7.1　形状记忆合金驱动器模型

由于形状记忆合金(shape memory alloy,SMA)在各领域的特效应用,被誉为"神奇的功能材料"。各种驱动器负重能力对比如图 5.41 所示。

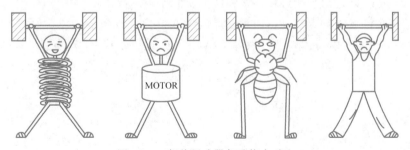

图 5.41　各种驱动器负重能力对比

SMA 是一种热敏性功能材料。在发生塑性变形后,SMA 丝加热到某一温度时,能够恢复到记忆中变形前的状态。形状记忆效应的本质是合金材料的晶体结构在马氏体和奥氏体之间的循环相变。SMA 一维本构方程的增量表达式为

$$d\sigma = -D_s d\varepsilon_{SMA} + \Omega d\xi + \Theta dT \qquad (5.2)$$

式中,σ 为 SMA 丝所受到的外拉力(N);D_s 为材料的拉伸弹性模量系数;Ω 为材料的相变

模量系数；Θ 为材料的热弹性模量系数；ξ 为马氏体体积百分数；T 为 SMA 丝温度(℃)；ε_{SMA} 为 SMA 丝加热后的收缩率。

$\varepsilon_{SMA} \geqslant 0$，定义为

$$\varepsilon_{SMA} = \frac{l_0 - l}{l_0} \tag{5.3}$$

式中，l_0 为 SMA 丝在外拉力 σ 作用下伸长后的长度(m)；l 是单根 SMA 丝的初始长度(m)。

采用余弦型马氏体相变动力学模型，降温过程中，即奥氏体向马氏体转变过程中，马氏体体积百分数为

$$\xi = \frac{1}{2}\{\cos[a_M(T - M_f) + b_M\sigma] + 1\} \tag{5.4}$$

式中，M_f 为马氏体转变结束温度(℃)

$$a_M = \pi/(M_s - M_f)$$
$$b_M = -a_M/C_M$$

式中，M_s 为马氏体转变开始温度(℃)；C_M 为 M_s 与应力的等效转换系数。

T 的变化应该在 $[M_f, M_s]$ 区间内，且

$$M_f < M_s$$

升温过程中，即马氏体向奥氏体转变过程中，马氏体体积百分数为

$$\xi = \frac{1}{2}\{\cos[a_A(T - A_s) + b_A\sigma] + 1\} \tag{5.5}$$

式中，A_s 为奥氏体转变开始温度(℃)

$$a_A = \pi/(A_f - A_s)$$
$$b_A = -a_A/C_A$$

式中，A_f 为奥氏体转变结束温度(℃)；C_A 为 A_s 与应力的等效转换系数。

T 的变化应该在 $[A_s, A_f]$ 区间内，且

$$M_s < A_s < A_f$$

在 T 小于 A_s 时，SMA 丝可在一定预应力 σ 的作用下被拉长，产生塑性变形。SMA 加热恢复到变形前的状态是由马氏体向奥氏体的转变过程。设整个过程 σ 保持不变，且小于 SMA 最大恢复力，将式(5.5)对温度求导可得

$$\frac{d\xi}{dT} = -\frac{1}{2}\sin[a_A(T - A_s) + b_A\sigma]a_A \tag{5.6}$$

联立式(5.6)和式(5.2)可得

$$D_s\frac{d\varepsilon_{SMA}}{dT} = -\frac{\Omega}{2}\sin[a_A(T - A_s) + b_A\sigma]a_A + \Theta \tag{5.7}$$

针对升温过程，$T \in \left[A_s + \dfrac{\sigma}{C_A}, A_f\right]$，$\dfrac{\sigma}{C_A}$ 是由于外拉力 σ 引起的 A_s 变化. 积分式(5.7)可得

$$\varepsilon_{SMA} = -\frac{\varepsilon_L}{2}\{\cos[a_A(T - A_s) + b_A\sigma] - 1\} + \frac{\Theta}{D_s}\left(T - A_s - \frac{\sigma}{C_A}\right) \tag{5.8}$$

其中

$$\varepsilon_{\mathrm{L}} = -\frac{\Omega}{D_{\mathrm{s}}}$$

ε_{L} 为合金丝不发生不可恢复变形情况下的最大收缩率。由于实际应用中 σ 对 SMA 的收缩率影响较小,Θ 相比 D_{s} 也很小,所以式(5.8)可简化为

$$\varepsilon_{\mathrm{SMA}} = -\frac{\varepsilon_{\mathrm{L}}}{2}\{\cos[a_{\mathrm{A}}(T-A_{\mathrm{s}})]-1\} \tag{5.9}$$

从式(5.9)可知,升温中,当 T 大于 A_{s} 时,SMA 体转变,长度开始缩短,$\varepsilon_{\mathrm{SMA}}$ 开始增加;当 T 等于 A_{f} 时,马氏体体积百分数 $\xi=0$,奥氏体体积百分数为 100%,同时 $\varepsilon_{\mathrm{SMA}}$ 达到最大,则 SMA 丝恢复到变形前状态。

降温时,SMA 由奥氏体向马氏体转变。同样设整个过程 σ 保持不变,且小于 SMA 最大恢复力,将式(5.4)对温度求导可得

$$\frac{\mathrm{d}\xi}{\mathrm{d}T} = -\frac{1}{2}\sin[a_{\mathrm{M}}(T-M_{\mathrm{f}})+b_{\mathrm{M}}\sigma]a_{\mathrm{M}} \tag{5.10}$$

联立式(5.10)和式(5.2)可得

$$D_{\mathrm{s}}\frac{\mathrm{d}\varepsilon_{\mathrm{SMA}}}{\mathrm{d}T} = -\frac{\Omega}{2}\sin[a_{\mathrm{M}}(T-M_{\mathrm{f}})+b_{\mathrm{M}}\sigma]a_{\mathrm{M}}+\Theta \tag{5.11}$$

针对降温过程,$T\in\left[M_{\mathrm{f}}+\dfrac{\sigma}{C_{\mathrm{M}}},M_{\mathrm{s}}\right]$,$\dfrac{\sigma}{C_{\mathrm{M}}}$ 是由于外拉力 σ 引起的 M_{f} 变化,积分式(5.11),并采用与式(5.8)同样的简化方法,可得

$$\varepsilon_{\mathrm{SMA}} = -\frac{\varepsilon_{\mathrm{L}}}{2}\{\cos[a_{\mathrm{M}}(T-M_{\mathrm{f}})]-1\} \tag{5.12}$$

从式(5.12)可知降温中,当 T 小于 M_{s} 时,SMA 开始从奥氏体向马氏体转变,长度开始变长,$\varepsilon_{\mathrm{SMA}}$ 开始减小;当 T 等于 M_{f} 时,马氏体体积百分数 $\xi=100\%$,奥氏体体积百分数为 0,同时 $\varepsilon_{\mathrm{SMA}}$ 变成 0,则 SMA 丝再次被动拉伸到最长。

当 T 在 M_{s} 到 A_{s} 之间变化时,$\varepsilon_{\mathrm{SMA}}$ 基本保持不变。

例 5.1 绘图分析 TiNi-SMA 的温度与收缩率之间的关系。

考虑到 TiNi 合金丝的使用寿命,TiNi 合金丝收缩率 $\varepsilon_{\mathrm{L}}\leqslant 8\%$。

用 MATLAB 对 SMA 模型进行仿真和分析。开始时 SMA 丝在一定预应力的作用下被拉长。仿真得到的 SMA 丝收缩率和温度关系如图 5.42 所示。

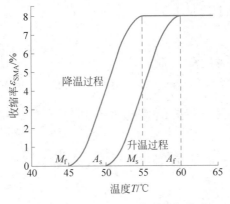

图 5.42 SMA 丝收缩率和温度关系

从图 5.42 可知,升温和降温过程曲线不重合,SMA 存在明显的滞后,称为迟滞性,对控制影响较大。

5.7.2　形状记忆合金丝的应用

形状记忆合金驱动器适合多种应用,例如锁闭释放机械装置、叶片定位、机器人动作等。驱动单元由一系列镍-钛(Nickel-Titanium)导线组成,其受热时将缩短。图 5.43 所示为一种形状记忆合金丝驱动器,动作时间依赖于输入功率的大小,大约在 25ms,还取决于不同的电流和负载因素。

图 5.43　形状记忆合金驱动器示例

记忆合金在日常生活应用也较多。利用形状记忆合金弹簧可以控制浴室水管的水温,在热水温度过高时通过"记忆"功能,调节或关闭供水管道,避免烫伤,如图 5.44 所示。

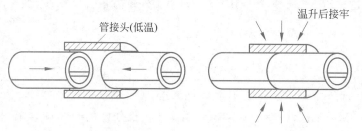

图 5.44　形状记忆合金接头

作为一类新兴的功能材料,记忆合金的很多新用途正不断被开发,例如用记忆合金制作的眼镜架,被碰弯曲后,只要将其放在热水中加热,就可以恢复原状。

记忆合金在航空航天领域内的应用有很多成功的范例,如图 5.45 所示。人造卫星上庞大的天线可以用记忆合金制作。发射人造卫星之前,将抛物面天线折叠起来装进卫星体内,火箭升空把人造卫星送到预定轨道后,只需加温,折叠的卫星天线因具有"记忆"功能而自然展开,恢复抛物面形状。

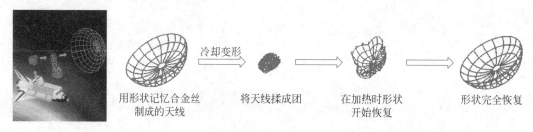

图 5.45　记忆合金太空天线

记忆合金在临床医疗领域内有着广泛的应用,例如人造骨骼、伤骨固定加压器、牙科正畸器、各类腔内支架、栓塞器、心脏修补器、血栓过滤器、介入导丝和手术缝合线等,记忆合金在现代医疗中正扮演着不可替代的角色。SMA 也可用于开发灵巧的机械手指。

用溅射法形成的形状记忆合金薄膜拥有以往压电元件 15 倍以上的驱动力、50 倍以上的位移量,可作为带动数毫米微小机械的驱动元件。形状记忆合金薄膜也可用于研制仿生机器人的翅膀。

5.8　人工肌肉驱动器

5.8.1　气动肌肉

气动肌肉出现于 20 世纪 50 年代,最初用于帮助残疾人进行上肢的辅助和康复运动。气动肌肉充气时,气动肌肉收缩,输出轴向拉力,带动关节转动,有优良的柔顺性。由于气动肌肉只可单向输出拉力,为使关节双向(bidirectional)转动,通常采用拮抗(antagonistically)安装的气动肌肉驱动仿生关节。气动肌肉可以提供很大的力量,而重量却比较小。多个气动肌肉可以按任意方向、位置组合,不需要整齐的排列。典型的气动肌肉如图 5.46～图 5.49 所示。

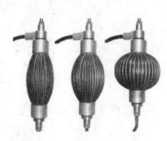

图 5.46　气动肌肉示例

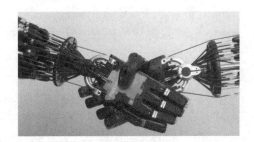

图 5.47　气动肌肉机器人灵巧手示例

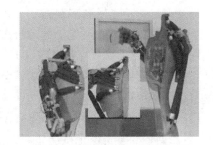

图 5.48　气动肌肉仿人手臂示例

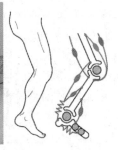

图 5.49　气动肌肉仿生腿示例

由于气体的可压缩性等原因,气动人工肌肉位置精度不高。气动肌肉与生物肌肉在驱动特性上还有差距,尤其是特性相对固定,不可进行调节。

5.8.2　电活性聚合物人工肌肉

电子型人工肌肉包括电介质弹性体、压电聚合物、铁电体聚合物、电致伸缩弹性体、液晶弹性体等。

电活性聚合物(electroactive polymer,EAP)可产生的应变比电活性陶瓷大两个数量级,并且较形状记忆合金响应速度快、密度小、回弹力大,另外具有类似生物肌肉的高抗撕裂强度及固有的振动阻尼性能等。电活性聚合物驱动材料是指能够在电流、电压或电场作用下产生物理形变的聚合物材料,其显著特征是能够将电能转化为机械能。根据形变产生的机制,电活性聚合物人工肌肉材料可以分为电子型和离子型两大类。电子型 EAP 通过分子尺寸上的静电力,或称库仑(Coulomb)力作用使聚合物分子链重新排列以实现体积上各个维度的膨胀和收缩。这种电动机械转化是一种物理过程,包括两种机制:电致伸缩效应和 Maxwell 效应。

电活性陶瓷是人工肌肉的另一个备选材料,其响应速度较形状记忆合金快,但是脆性大,只能获得小于 1% 的应变。

5.8.3　离子交换膜金属复合材料

离子肌肉种类繁多,但总体说来离子能量效率相对较低,即便是在最佳条件下还不到 30%,而一些电子肌肉却可以达到 80%。尽管如此,离子肌肉却有其不可替代的优势:响应电压可以低至 $1\sim7V$,电子肌肉则每微米厚需要数十甚至上百伏特的电压;离子肌肉能产生弯曲运动,而不仅仅是伸展或收缩。离子型人工肌肉产生驱动的方式是体系中离子的移动。施加电场促使离子和溶剂移动,离子进入和离开的聚合物区域便发生膨胀和收缩。当然离子运动的前提是必须处于电离状态,所以一般须使体系保持液体状态。但是,随着技术的发展,离子人工肌肉开始脱离液体环境工作。

离子型人工肌肉包括离子交换膜金属复合材料、聚合物凝胶、导电聚合物、碳纳米管复合材料、电流变液等。

离子交换膜金属复合材料(ionic polymer metal composite,IPMC)是一种新型的智能材料,致动性能非常类似于生物肌肉,是一种适合开发仿生机器人的材料。与常规材料制成的致动机构相比,IPMC 能提供很高的化学能转换为机械能的变换效率。

与常规的致动器相比,IPMC 能制成简单、轻质、低功率刮擦机构,尤其是当给定大约 $0.3Hz$ 的激励信号时,IPMC 能产生大于 $90°$ 的弯曲,其弯曲方向取决于所施加信号的极性。IPMC 可用于火星车去除灰尘,将 IPMC 刮尘器放置在观察窗的外面,使其向内移动以清洁窗口。

聚电解质(聚合物)凝胶可以随着环境(例如温度、溶剂组成、离子强度、pH 值及电场)的改变而溶胀或收缩。凝胶体积改变的本质是凝胶网络对水或其他溶剂的吸收和排出。

5.8.4　导电聚合物人工肌肉

导电聚合物是分子链中含有 π 共轭体系结构的聚合物,经化学掺杂或电化学掺杂,可在绝缘体—半导体—导体之间进行转变。导电聚合物在氧化还原掺杂过程中还会发生长度、体积、颜色和力学等性能的可逆转变,可利用这一可逆性能转变设计成一系列的功能性电化学器件,例如电致变色显示器、电化学传感器、人工肌肉等。

传导离子的聚合物凝胶是第一代人工肌肉,传导电子的导电聚合物为第二代人工肌肉。其特点是驱动电压低、响应时间长、收缩速率慢、伸缩率大、产生应力大、功率密度大、重复精度高、疲劳寿命长。导电聚合物人工肌肉的响应时间为 $1\sim50s$,远大于生物肌肉($10\sim100ms$)。

与压电材料及电致伸缩材料相比,导电聚合物驱动电压极低,几伏甚至几十毫伏就可使其尺寸发生 10% 的线性变形。而离子交换聚合物金属复合材料(IPMC)驱动电压一般为 $4\sim7V$。相对其他材料而言,导电聚合物如此低的驱动电压在人工肌肉的应用上是一大优势。导电聚合物人工肌肉能达到的最大收缩速率为每秒 4%。而相应的哺乳动物骨骼肌收缩速率可高达每秒 100%。

导电聚合物人工肌肉作为致动装置时测得的线性伸缩率为 $1\%\sim10\%$,相对天然肌肉的 $20\%\sim30\%$ 要小许多。对于双层导电聚合物膜而言,若其体积膨胀 10%,则相应产生的双层应力约 20MPa。天然肌肉的功率密度为 $40\sim1000W/g$,且随自身重量增加,功率密度下降。而导电聚合物人工肌肉接近或超过天然肌肉的功率密度,约为 $1000W/cm^3$。

导电聚合物可用于开发人脸。导电聚合物机器人脸部能按照指令完整地模仿并表达人类的 28 种面部表情,而且还会随着年龄的变化而出现皱纹,如图 5.50 所示。

图 5.50　人工肌肉机器人脸示例

5.8.5　碳纳米管人工肌肉

大多数材料在被拉往一个方向时,另一方向就会变薄,类似于橡皮筋被伸展时的表现。普通材料在拉伸时会横向收缩,这种现象可通过泊松比来量化。但“巴克纸”碳纳米管(carbon nano tube,CNT)在伸展时可增加宽度,在均匀压缩时长度和宽度均可增加,如图 5.51 和图 5.52 所示。具有这些性能的材料可用于制作复合材料、人工肌肉、密封垫圈或传感器。

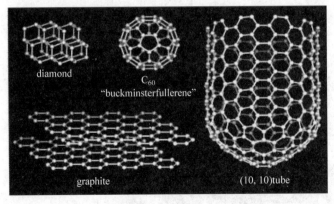

图 5.51　纳米碳管

碳纳米管是由石墨中一层或若干层碳原子卷曲而成的笼状“纤维”。管身由六边形碳环微结构单元组成,端帽部分是由五边形碳环组成的多边形结构,是一种纳米级的一维量子材料。

碳纳米管通常分单壁和多壁两种,单壁碳纳米管可以认为是单层石墨卷成柱形结构,而多壁碳纳米管可以认为是不同直径的单壁碳纳米管嵌套而成。碳纳米管具有很高的驱动应力(26MPa)和极高的拉伸强度(37GPa),并能够提供超高的工作强度和机械强度,其杨氏模

图 5.52　巴克纸中的多壁碳纳米管原子力显微图

量可达 640GPa。除此之外,在 1000℃以下碳纳米管具有高的热稳定性。通过模拟表明其应变可达 1%,极限能量密度可达 15 000J/kg。

例 5.2　举例说明碳纳米管在纳米运动中的应用。

随着科技的发展,纳米机器人成为现实。纳米机器人可在人体的血液中移动,找到病灶,治愈疾病。纳米机器人不能只随着血液流动,合适的推进方式是研究的难点。科学家发明了新型人工肌肉——鞭毛驱动技术,如图 5.53(a)所示。

用纳米碳管"纱线"旋转缠绕可制成人工肌肉,如图 5.53(b)和图 5.53(c)所示。当浸泡在电解液中时,加电后碳管会吸附电解质导致体积增大,人工肌肉麻绳就会开始旋转。这种旋转可以达到每分钟 600 转的速度。一旦停止加电,人工肌肉会把之前吸附的电解质释放出来,体积慢慢减小,反向转回原位。因此把这种人工肌肉装在纳米机器人体内,末端加上一根鞭毛,然后给人工肌肉加电、撤电、再加电,机器人就会像蝌蚪一样游动起来。

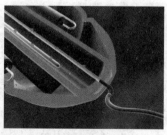

(a) 微型机器人

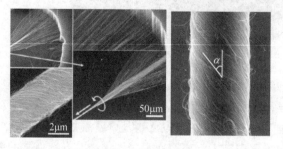

(b) 碳纳米管人工肌肉

(c) 碳纳米管原理

图 5.53　人工肌肉示意图

　　2012年,科学家发明了由石蜡填充的碳纳米管纤维制造的人工肌肉,这种人工肌肉可以驱动超过自身重量10万倍的重物,并提供超过天然骨骼肌85倍以上的机械功率。石蜡填充的碳纳米管人工肌肉由两部分组成:一部分为经过特殊编织形成的特殊结构的碳纳米管纤维;另一部分为体积能够变化的石蜡。将石蜡嵌入碳纳米管纤维中,通过直接加热、电加热,或者使用一道闪光,石蜡就会发生体积膨胀,从而使整个"肌肉"膨胀。但由于碳纳米管纤维特殊的结构,"肌肉"的长度会与此同时发生收缩,输出驱动力。

5.9　小结

　　驱动器作为运动的动力源,其原理和方式直接决定了运动控制性能。致动方式的本质是能量的传递和转换,自然科学所涉及的静电、电磁、相变、热机、压电、形状记忆、磁致伸缩、电致动、磁流体动力、电流变和磁流变以及生物肌肉都可用来开发驱动器。而后分别阐述了直流伺服电动机、交流伺服电动机、直线电动机的基本知识;液压驱动系统和气压驱动系统也是目前工业领域成熟的驱动模式;介绍了可用于特殊领域的压电陶瓷驱动、形状记忆合金驱动、气动人工肌肉驱动,以及目前还处于实验室研究阶段的电活性聚合物、离子交换膜金属复合材料、导电聚合物人工肌肉和碳纳米管等新兴人工肌肉驱动器;介绍MR阻尼器在运动调节中的应用;电动机只是驱动动力单元,需要配合减速、传动和驱动放大器工作。

习题

　　5.1　名词解释:制动器、致动器、换能器、驱动放大器。

　　5.2　三相永磁同步电动机的转子装有转子永磁体位置检测器,用途是什么? 对于控制系统有何作用?

　　5.3　对比分析形状记忆合金丝驱动器、气动肌肉驱动器和电动机驱动器之间的优劣。

　　5.4　对比分析液压驱动器、气压驱动器和电动机驱动器之间的优劣。

　　5.5　驱动器的刚度的含义是什么? 刚度对位置控制精度和柔顺性的影响是什么?

　　5.6　对比分析直流伺服电动机和交流伺服电动机的优缺点。

　　5.7　日常生活中常见的驱动器有哪些? 举例说明。

　　5.8　观察日常生活中的运动控制或其他调节系统,发现身边可见的致动效应。

　　5.9　分析哪些致动效应是双向的,即具有正效应和逆效应,从而既可以作驱动器,也可以作传感器。

　　5.10　填空题。

　　(1) 交流伺服电动机主要由_____和_____组成。

　　(2) PMSM电动机的全称是_____。

　　(3) PMSM电动机主要由_____、_____、_____、_____和_____组成。

　　(4) PMSM电动机转子有_____、_____和_____ 3种。

　　(5) 一台500r/min、50Hz的同步电动机,其极对数是_____。

第 6 章

CHAPTER 6

伺服电动机模型及控制策略

素质目标

(1) 培养学生具有关心国内外电动机前沿技术发展的素质。

(2) 培养学生具有将控制理论应用于实际工程的素质。

(3) 培养学生具有跟踪最新技术发展的素质。

(4) 培养学生为民族振兴和国家富强作贡献的愿望和意识。

6.1 伺服电动机控制系统概述

从信息输出到执行元件的一系列装置称为伺服系统。运动伺服系统是以机械位移为直接控制目标的自动控制系统,所以又称为位置随动系统。伺服系统的作用是将经过处理后输出的位移信息转换成被控对象的运动。伺服电动机控制系统是用来精确地跟随或复现给定的运动过程的反馈控制系统。因为伺服电动机控制系统所要实现的运动目标是随时间变化的,所以也称为随动系统。在很多情况下,运动伺服系统专指被控制量(系统的输出量)是运动机构的位移或位移速度、加速度的反馈控制系统,其作用是使输出的位移(或转角)准确地跟踪输入的位移(或转角)。典型的伺服电动机系统装置包括伺服电动机和控制系统,如图 6.1 所示。

图 6.1 伺服电动机及其驱动控制器示例

运动伺服系统的发展与伺服电动机的发展是紧密地联系在一起的。伺服电动机在自动控制系统中主要用作执行元件,例如在随动系统、遥测和遥控系统以及各种增量系统(例如磁带机的主动轮、计算机和打印机的纸带、磁盘存储器的磁头等)中通常用伺服电动机作驱动,执行各种动作。

在 20 世纪 60 年代以前,运动伺服系统的驱动是以步进电动机驱动的液压伺服电动机,或者以功率步进电动机(step motor)直接驱动为主,位置控制常为开环控制(open-loop control),例如采用双回路液压伺服系统的紧凑型挖掘机和采用比例液压伺服系统的弯管机等。液压伺服系统具有传递大转矩、控制简单、可靠性高、可保持恒定的力矩输出等特点,主要应用于重型设备。但液压伺服系统存在发热大、效率低、易污染环境、不易维修等缺点。

20世纪六七十年代是直流伺服电动机(DC servo motor)诞生和全盛发展的时代。由于直流电动机的原理比交流电动机(AC motor)简单,且便于控制,直流运动伺服系统在工业及相关领域获得了广泛的应用。伺服系统的位置控制也由开环控制发展成闭环控制。由于采用位置闭环控制,直流伺服电动机的位置精度较高。例如在全自动三坐标测量机(three-coordinate measuring machine)中常采用直流伺服电动机作为运动驱动器,如图6.2所示。

图6.2 全自动三坐标测量机示例

数控机床领域常采用永磁式直流电动机,其控制电路简单、无励磁损耗、低速性能好。数控机床要求伺服执行部件准确、快速地跟随插补输出信息执行机械运动。这样数控机床才能加工出高精度的工件。数控机床常用的伺服驱动部件有步进电动机、宽调速直流伺服电动机和交流伺服电动机等。

20世纪80年代,随着伺服电动机结构及永磁材料、半导体功率器件技术、控制技术及计算机技术的突破性进展,出现了无刷直流伺服电动机(方波驱动)、交流伺服电动机(正弦波驱动)、矢量控制(vector control)的感应电动机和开关磁阻电动机等新型电动机。尤其是矢量控制技术的不断成熟,大大推动了交流伺服驱动技术的发展,使交流伺服系统性能不断提高,与其相应的伺服传动装置也经历了模拟式、数模混合式和全数字化的发展历程。

20世纪90年代,交流伺服电动机在工业机器人手臂中得到了很好的应用,汽车制造业开始大量使用交流伺服电动机驱动的工业机器人,如焊接机器人、喷涂机器人和装配机器人等。

各种伺服电动机的应用范围与自动控制系统的特性、控制目的、工作条件和对电动机的要求有关。进入21世纪以来,直流和交流伺服电动机的性能都有所提高,应用面越来越广泛。直流电动机在精密测量系统、智能运动系统等领域应用较多,例如军舰的自动驾驶、飞机航向的控制、自主机器人和火星探测机器人、月球车的运动控制等。交流伺服电动机在工业自动化领域也得到了广泛的应用。

6.2 直流伺服电动机的稳态特性和控制方式

6.2.1 直流伺服电动机的工作原理

视频讲解

直流伺服电动机的工作原理与一般的他励式直流电动机相同,其转速控制方式可分为两种:改变电枢电压的电枢控制法和改变磁通的励磁控制法。电枢控制具有机械特性和控制特性线性度好、特性曲线为一组平行线、空载损耗较小、控制回路电感小、响应速度快等优点,所以伺服运动控制系统中多采用电枢控制法。电枢控制法以电枢绕组为控制绕组,在负载转矩一定时,保持励磁电压恒定,通过改变电枢电压来改变电动机的转速;电枢电压增加转速增大,电枢电压减小转速降低;若电枢电压为0,则电动机停转;当电枢电压极性改变时,电动机的转向也随之改变。因此,将电枢电压作为控制信号就可以实现对电动机的转速控制。

励磁控制法在低速时受磁饱和的限制,在高速时受换向火花和换向结构强度的限制,且励磁线圈电感较大,动态响应较差。因此励磁控制方法只适用于小功率电动机,应用较少。

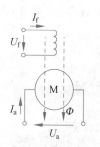

图 6.3 电枢控制时直流伺服电动机的工作原理图

直流伺服电动机根据励磁方式的不同,又可分为电磁式直流伺服电动机和永磁式直流伺服电动机。对于电磁式直流伺服电动机采用电枢控制时,其励磁绕组由外施恒压的直流电源励磁;而永磁式直流伺服电动机由永磁磁极励磁。

电枢控制时直流伺服电动机的工作原理如图 6.3 所示。

为分析简便,假设电动机的磁路不饱和,且电刷位于几何中心线。因此可认为,负载时电枢反应磁势的影响可忽略,电动机的每极气隙磁通保持恒定。此时,直流电动机电枢回路的电压平衡方程式为

$$U_a = E_a + I_a R_a \tag{6.1}$$

式中,U_a 为电枢绕组两端的电压(V);E_a 为电枢回路的电动势(V);I_a 为电枢回路的电流(A);R_a 为电枢回路的总电阻(包括电刷的接触电阻)(Ω)。

当磁通 Φ 恒定时,电枢绕组的感应电动势将与转速成正比

$$E_a = C_e \Phi n = K_e n \tag{6.2}$$

式中,C_e 为电动势常数;n 为转速(r/min);K_e 为电动势系数,表示单位转速时所产生的电动势。

电动机的电磁转矩为

$$T = C_t \Phi I_a = K_t I_a \tag{6.3}$$

式中,C_t 为转矩常数;$C_t = \dfrac{60}{2\pi} \cdot C_e$;$K_t$ 为转矩系数,表示单位电枢电流所产生的转矩。

若忽略电动机的空载损耗和转轴机械损耗等,则电磁转矩等于负载转矩。

将式(6.1)、式(6.2)和式(6.3)联立求解,可得直流伺服电动机的转速公式为

$$n = \frac{U_a}{K_e} - \frac{R_a}{K_e K_t} T \tag{6.4}$$

6.2.2 直流伺服电动机的稳态特性

直流伺服电动机的稳态特性主要指机械特性和调节特性,且与转速控制方式有关。下面以电枢控制的直流伺服电动机为例阐述电动机的稳态特性。由式(6.4)便可得到直流伺服电动机的机械特性和调节特性。

1. 直流电动机机械特性

机械特性是指控制电压恒定时,电动机的转速随转矩变化的关系,即 $U_a = C$ 为常数时,$n = f(T)$。由式(6.4)可得

$$n = \frac{U_a}{K_e} - \frac{R_a}{K_e K_t} T = n_0 - kT \tag{6.5}$$

由式(6.5)可画出直流伺服电动机的机械特性,如图 6.4 所示。

从图 6.4 中可以看出,机械特性是以 U_a 为参变量的一组平行直线。这些特性曲线与纵轴的交点为电磁转矩等于 0 时电动机的理想空载转速 n_0,即

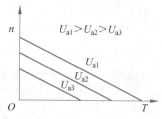

图 6.4 直流伺服电动机的机械特性

$$n_0 = \frac{U_a}{K_e} \tag{6.6}$$

实际上,当电动机轴上不带负载时,由于其自身的空载损耗和转轴的机械损耗,电磁转矩并不为 0。因此,转速 n_0 是指在理想空载时的电动机转速,故称理想空载转速。

当 $n=0$ 时,机械特性曲线与横轴的交点为电动机堵转时的转矩,即电动机的堵转转矩 T_d 为

$$T_d = \frac{U_a K_t}{R_a} \tag{6.7}$$

在图 6.4 中,机械特性曲线的斜率 k 为

$$k = \frac{n_0}{T_d} = \frac{R_a}{K_e K_t} \tag{6.8}$$

机械特性的斜率表示了电动机机械特性的硬度(刚度),即电动机电磁转矩的变化所引起的转速变化的程度。

由式(6.5)或图 6.4 可见,随着控制电压 U_a 增大,理想空载转速 n_0 和堵转转矩 T_d 同时增大,但斜率 k 保持不变,电动机的机械特性曲线平行地向转速和转矩增加的方向移动。斜率 k 的大小只正比于电枢电阻 R_a,而与 U_a 无关。电枢电阻 R_a 越大,斜率 k 也越大,机械特性就越软;反之,电枢电阻 R_a 变小,斜率 k 也变小,机械特性就变硬。因此,理论上电枢电阻 R_a 数值越小,电动机的机械特性越硬。

注意:在实际应用中,电动机的电枢电压 U_a 通常由系统中的驱动放大器提供,因此还要考虑放大器的内阻,此时式(6.8)中的 R_a 应为电动机电枢电阻与驱动放大器内阻之和。

2. 直流调节特性

调节特性是指电磁转矩恒定时,电动机的转速随控制电压变化的关系,即 $n = f(U_a)|_{T=C}$。调节特性曲线如图 6.5 所示。

电动机的调节特性是以 T 为参变量的一组平行直线。当 $n=0$ 时,调节特性曲线与横轴的交点就表示在某一电磁转矩(若略去电动机的空载损耗和机械损耗,则为负载转矩值)时电动机的始动电压

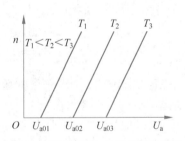

图 6.5 直流伺服电动机的调节特性

$$U_{a0} = \frac{R_a}{K_t} T \tag{6.9}$$

当电磁转矩一定时,电动机的控制电压大于相应的始动电压,电动机便能起动起来并达到某一转速;反之,当控制电压小于相应的始动电压时,电动机所能产生的最大电磁转矩仍小于所要求的负载转矩值,电动机就不能起动。所以,在调节特性曲线上从原点到始动电压点的这一段横坐标所示的范围,称为在某一电磁转矩值时伺服电动机的死区。显然,死区的大小与电磁转矩的大小成正比,负载转矩越大,要想使直流伺服电动机运转起来,电枢绕组需要加的控制电压也要相应增大。

由以上分析可知,电枢控制时直流伺服电动机的机械特性和调节特性都是一组平行的直线。这是直流伺服电动机的优点,也是两相交流伺服电动机所不及的。但是上述结论是在所作假设的前提下才得到的,而实际的直流伺服电动机的特性曲线仅是一组接近直线的曲线。当电动机的特性曲线越接近直线,此电动机的特性越好,越利于控制。

6.2.3　直流伺服电动机的调速方法

直流伺服电动机的控制方式有很多种。随着计算机技术的发展以及新型的电力电子功率器件的不断出现,采用全控型开关功率元件进行脉宽调制(pulse-width modulation, PWM)的控制方式已经成为主流。

1. PWM调速原理

直流伺服电动机的转速控制方法可以分为两类,即对磁通 Φ 进行控制的励磁控制和对电枢电压 U_a 进行控制的电枢电压控制。绝大多数直流伺服电动机采用开关驱动方式,现以电枢电压控制方式的直流伺服电动机为分析对象,阐述通过 PWM 来控制电枢电压实现调速的方法。

如图 6.6 所示是利用开关管对直流电动机进行 PWM 调速控制的原理图和输入输出电压波形图。

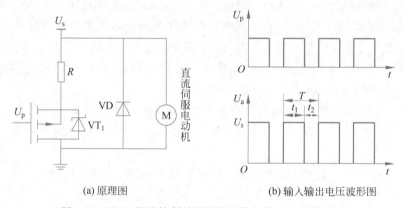

(a) 原理图　　　　　　　(b) 输入输出电压波形图

图 6.6　PWM 调速控制的原理图和输入输出电压波形图

在图 6.6(a)中,当开关管的栅极信号——输入信号 U_p 为高电平时,开关管导通,直流伺服电动机的电枢绕组两端电压 $U_a=U_s$;经历 t_1 时间后,栅极输入信号 U_p 变为低电平,开关管截止,电动机电枢两端电压为 0;经历 t_2 时间后,栅极输入重新变为高电平,开关管的动作重复以上过程。在一个周期时间 $T=t_1+t_2$ 内,直流伺服电动机电枢绕组两端的电压平均值 U_a 为

$$U_a = \frac{t_1 U_s + t_2 \cdot 0}{t_1 + t_2} = \frac{t_1 U_s}{T} = a U_s \tag{6.10}$$

$$a = \frac{t_1}{T} \tag{6.11}$$

式中,a 为占空比,表示在一个周期 T 里,功率开关管导通时间与周期的比值。

a 的变化范围为 $0 \leqslant a \leqslant 1$。因此,当电源电压 U_s 不变时,电枢绕组两端电压平均值 U_a 取决于占空比 a 的大小。改变 a 的值,就可以改变 U_a 的平均值,从而达到调速的目的。

在 PWM 调速中,占空比是一个重要的参数,改变占空比值的方法如下。

(1) 定宽调频法。该方法保持 t_1 不变,只改变 t_2 的值,这样周期 T 或斩波频率随之发生改变。

(2) 调宽调频法。该方法保持 t_2 不变,只改变 t_1 的值,这样周期 T 或斩波频率随之发生改变。

(3) 定频调宽法。该方法同时改变 t_1 和 t_2，而保持周期 T 或斩波频率不变。

前两种方法在调速过程中改变了斩波频率，当斩波频率与系统固有频率接近时，会引起振荡。因此，前两种方法应用较少。第 3 种调速方法，即定频调宽法，目前应用较多。

在电动机的 PWM 调速中，PWM 波的周期一般为毫秒级，例如舵机的 PWM 调速周期常见为 20ms。

2. 单极性可逆调速系统

可逆 PWM 系统可以使直流伺服电动机工作在正反转的场合。可逆 PWM 系统可分为单极性驱动和双极性驱动两种。

单极性驱动是指在一个 PWM 周期里，电动机电枢的电压极性呈单一性变化。

单极性驱动电路有两种：T 型和 H 型。T 型驱动电路由两个开关管组成，需要采用正负电源，相当于两个不可逆系统的组合，因其电路形状像"T"字，故称为 T 型。T 型单极性驱动系统的电流不能反向，并且两个开关管正反转切换的工作条件是电枢电流为 0。因此，T 型单极性驱动的电动机动态性能较差。

H 型驱动电路也称为桥式电路，驱动的电动机动态性能较好，因此在各种控制系统中被广泛采用。如图 6.7 所示为 H 型单极性 PWM 驱动系统示意图。

H 型单极性 PWM 驱动系统由 4 个开关管和 4 个续流二极管组成，单电源供电。图 6.7 中 $U_{P_1}\sim U_{P_4}$ 分别为开关管 $VT_1\sim VT_4$ 的触发脉冲。若在 $t_0\sim t_1$ 时刻，VT_1 开关管根据 PWM 控制信号同步导通，VT_2 开关管则受 PWM 反相控制信号控制关断，VT_3 触发信号保持为低电平，VT_4 触发信号保持为高电平，则 4 个触发信号波形如图 6.8 所示，此时电动机正转。若在 $t_0\sim t_1$ 时刻，VT_3 开关管根据 PWM 控制信号同步导通，VT_4 开关管则受 PWM 反相控制信号控制关断，VT_1 触发信号保持为 0，VT_2 触发信号保持为 1，此时电动机反转。

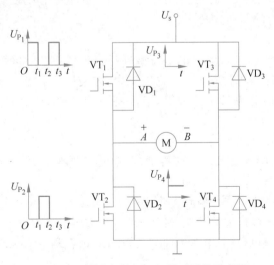

图 6.7 H 型单极性 PWM 驱动系统示意图

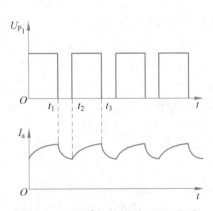

图 6.8 H 型单极性可逆 PWM 驱动
正转运行电流波形图

直流伺服电动机不同工况下单极性 PWM 驱动情况如表 6.1 所示。

表 6.1　不同工况下单极性 PWM 驱动情况

工　　况	要求电动机在较大负载下加速运行	电动机在减速运行	电动机轻载或空载运行
电枢平均电压与感应电动势	$U_a > E_a$	$U_a < E_a$	$U_a \approx E_a$
在每个 PWM 周期的 $0 \sim t_1$ 区间	VT_1 截止，VT_2 导通，电流 I_a 经 VT_1、VT_4 从 A 到 B 流过电枢绕组	在感应电动势和自感电动势的共同作用下，电流经续流二极管 VD_4、VD_1 流向电源，方向从 B 到 A，电动机处于再生制动状态	VT_2 截止，电流先经续流二极管 VD_4、VD_1 流向电源，方向从 B 到 A，电动机工作于再生制动状态。当电流减小到 0 后，VT_1 导通，电流改变方向，从 A 到 B 经 VT_4 回到地，电动机工作于电动状态
在每个 PWM 周期的 $t_1 \sim t_2$ 区间	VT_1 截止，电源断开，在自感电动势的作用下，经二极管 VD_2 和开关管 VT_4 进行续流，使电枢仍然有电流流过，方向仍然从 A 到 B。此时，由于二极管的箝位作用，虽然 U_{P_2} 为高电平，VT_2 实际不导通	VT_2 导通，VT_1 截止，在感应电动势的作用下，电流经续流二极管 VD_4 和开关管 VT_2，方向仍然从 B 到 A 流过绕组，电动机处于能耗制动状态	VT_1 截止，电流先经过二极管 VD_2 和开关管 VT_4 进行续流，电动机工作在续流电动状态。当电流减小到 0 后，VT_2 导通，在感应电动势的作用下电流变向，流过二极管 VD_4 和开关管 VT_2，工作在能耗制动状态

由上述分析可见，当电动机轻载或空载运行时，在每个 PWM 周期中，电流交替呈现再生制动、电动、续流电动和能耗制动 4 种状态，电流围绕横轴上下波动。

单极性可逆 PWM 驱动的特点是驱动脉冲仅需两路，电路较简单，驱动的电流波动较小，可以实现 4 象限运行，是一种应用广泛的驱动方式。

3. 双极性可逆调速系统

双极性驱动是指在一个 PWM 周期内，电动机电枢的电压极性呈正负变化。与单极性一样，双极性驱动电路也分为 T 型和 H 型。由于在 T 型驱动电路中，开关管要承受较高的反向电压，因此使其在功率稍大的伺服电动机系统中的应用受到限制。H 型驱动电路不存在这个问题，因此得到了较广泛的应用。

H 型双极性可逆 PWM 驱动系统如图 6.9 所示。4 个开关管 $VT_1 \sim VT_4$ 分为两组，VT_1、VT_3 为一组，VT_2、VT_4 为另一组。同组开关管同步导通或截止，不同组的开关管与另一组的开关管状态相反。

在每个 PWM 周期，当控制信号 U_{P_1}、U_{P_4} 为高电平时，U_{P_2}、U_{P_3} 为低电平，开关管 VT_1、VT_4 导通，VT_2、VT_3 截止，电枢绕组电压方向从 A 到 B；当 U_{P_1} 为低电平时，U_{P_2} 为高电平，VT_2、VT_3 导通，VT_1、VT_4 截止，电枢绕组电压方向从 B 到 A。即在每个 PWM 周期，电压方向有两个，所以称为"双极性"。

在一个 PWM 周期中电枢电压经历了正反两次变化，因此其平均电压 U_a 的计算公式为

$$U_a = \left(\frac{t_1}{T} - \frac{T - t_1}{T} \right) U_s = (2a - 1) U_a \tag{6.12}$$

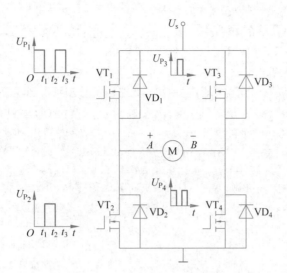

图 6.9 H 型双极性可逆 PWM 驱动系统示意图

例 **6.1** 分析不同占空比下的电动机运动情况。

由式(6.12)可见,双极性 PWM 驱动时,电枢绕组承受的电压取决于占空比 a 的大小。

(1) 当 $a=0$ 时,$U_a=-U_s$,电动机反转,且转速最高。

(2) 当 $a=1$ 时,$U_a=U_s$,电动机正转,转速最高。

(3) 当 $a=1/2$ 时,$U_a=0$,电动机停转,但电枢绕组中仍有交变电流流过,使电动机产生高频振荡。该振荡有利于克服电动机负载的静摩擦,提高电动机的动态特性。

如图 6.10 所示为电动机在正转、反转和轻载 3 种情况下电枢绕组中电流的波形图。

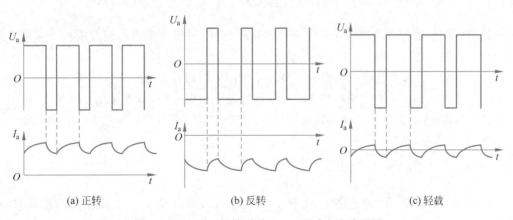

| (a) 正转 | (b) 反转 | (c) 轻载 |

图 6.10 H 型双极性可逆 PWM 驱动电流波形图

不同工况下双极性 PWM 驱动情况如表 6.2 所示。

当要求电动机在较大负载下正转运行时,虽然绕组两端加反向电压,但由于绕组负载电流较大,电流方向不会改变,电流幅值的下降速度比单极性系统要大,因此电流波动较大。

表 6.2 不同工况下双级性 PWM 驱动情况

工　况	要求电动机在较大负载下正转运行	要求电动机在较大负载下反转运行	电动机轻载下正转运行
电枢平均电压与感应电动势	$U_a > E_a$	$U_a < E_a$	$U_a \approx E_a$
在每个 PWM 周期的 $0 \sim t_1$ 区间	VT_1、VT_4 导通，VT_2、VT_3 截止，电流 I_a 方向从 A 到 B	与要求电动机在较大负载下正转运行情况相反	VT_2、VT_3 截止，初始时刻，由于电感电势的作用，电枢中的电流保持原方向，即从 B 到 A，经 VD_4、VD_1 到电源，电动机处于再生制动状态。由于 VD_4、VD_1 的箝位作用，VT_1、VT_4 不能导通。当电流衰减到 0 后，在电源电压的作用下，VT_1、VT_4 开始导通，电流经 VT_1、VT_4 形成回路，此时电流方向从 A 到 B，电动机处于电动状态
在每个 PWM 周期的 $t_1 \sim t_2$ 区间	VT_2、VT_3 导通，VT_1、VT_4 截止，绕组两端加反向电压	与要求电动机在较大负载下正转运行情况相反	VT_1、VT_4 截止，电流从电源流经 VT_3 后，从 B 到 A 经 VT_2 回到地，电动机处于能耗制动状态

在轻载或空载运行时，电动机的工作状态呈现电动和制动交替变化。

双极性驱动时，电动机可以在 4 个象限上运行。低速时的高频振荡有利于消除负载的静摩擦，低速平稳性好。但运行过程中，由于 4 个开关管都处于开关状态，功率损耗较大。因此双极性驱动只使用于中小型直流电动机，使用时要加"死区"，防止同一桥路下开关管直通。

6.2.4　调速系统性能指标

运动控制系统稳定运行的性能指标称为稳态性能指标，又称静态性能指标。在调速系统的稳态性能中，主要有以下 3 个要求。

(1) 调速。要求系统能够在指定的转速范围内分挡或者平滑地调节转速。

(2) 稳速。要求系统以一定的精度在所需转速上稳定运行，不能有过大的转速波动。

(3) 加、减速。对频繁起动和制动的设备，要求加减速尽量快；对不宜经受剧烈速度变化的机械，要求起动和制动尽量平稳。

为了定量分析调速系统，针对前两项要求定义两个稳态性能指标：调速范围和静差率。

1. 调速范围

生产机械要求电动机能达到的最高转速 n_{max} 和最低转速 n_{min} 之比称为调速范围，常用字母 D 表示，即

$$D = \frac{n_{max}}{n_{min}} \tag{6.13}$$

n_{max} 和 n_{min} 一般指额定负载时的转速，对于少数负载很轻的机械，也可定义为实际负载时的转速。对于基速(额定转速)以下的调速系统，最高转速 n_{max} 等于其额定转速 n_N。

2. 静差率

当系统在某一转速下运行时,负载由理想空载变到额定负载所对应的转速降落 Δn_N 与理想空载转速 n_0 之比称为静差率,常用字母 S 表示,即

$$S = \frac{\Delta n_N}{n_0} \tag{6.14}$$

或用百分数表示为

$$S = \frac{\Delta n_N}{n_0} \times 100\% \tag{6.15}$$

静差率是用来衡量调速系统在负载变化下转速的稳定程度。静差率与机械特性的硬度有关,特性越硬,静差率越小,转速的稳定程度就越高。然而,静差率和机械特性的硬度既有联系又有区别。硬度是指机械特性的斜率,对于同样硬度的机械特性,随着理想空载转速的降低,其静差率就会增大,转速的稳定程度也会随之降低。

3. 调速范围与静差率的关系

调速范围和静差率这两项指标并非彼此孤立的,必须同时考虑才有意义。在调速过程中,若额定降速相同,则转速降低时,静差率越大。因此,调速系统的静差率指标应以最低速时所能达到的数值为准,其调速范围是指在最低转速时还能满足静差率要求的转速变化范围。

在直流电动机调速系统中,若额定负载时的转速降落为 Δn_N,则系统的静差率为最低转速时的静差率,即

$$S = \frac{\Delta n_N}{n_0} = \frac{\Delta n_N}{n_{min} + \Delta n_N} \tag{6.16}$$

由式(6.16)可以得到最低转速为

$$n_{min} = \frac{\Delta n_N}{S} - \Delta n_N = \frac{(1-S)\Delta n_N}{S} \tag{6.17}$$

而调速范围为

$$D = \frac{n_{max}}{n_{min}} = \frac{n_N}{n_{min}} \tag{6.18}$$

结合式(6.17)和式(6.18)得

$$D = \frac{n_N S}{\Delta n_N (1-S)} \tag{6.19}$$

对某一确定的电动机,其 n_N 和 Δn_N 都是常数,由式(6.19)可知,对系统的调速精度要求越高,即要求 S 越小,即可达到的调速范围 D 越小;反之亦然。因此,调速范围 D 和静差率 S 是一对矛盾的指标。

6.2.5　转速闭环直流调速系统

由于自身的缺点,开环调速系统不能满足人们期望的性能指标。为了提高系统的控制质量,通常采用带有负反馈的闭环系统。转速闭环控制是直流电动机调速系统的基本控制方式。

1. 转速闭环直流调速系统的组成、工作原理及其静特征

闭环调速系统框图如图 6.11 所示。在调节器、被控对象及检测装置构成的闭环系统

中,检测装置将系统的反馈量与输入量进行比较,从而得到偏差信号。调节器将偏差信号变换成控制信号,进而对被控对象进行控制。

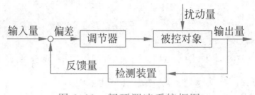

图 6.11　闭环调速系统框图

1) 系统组成及工作原理

如图 6.12 所示为一个具有转速负反馈的闭环调速系统。在电动机轴上安装一台测速发电机 TG,在其两端得到与电动机 M 转速成正比的负反馈电压 U_n,该电压按比例分压后与给定电压 U_n^* 进行比较,得到转速偏差电压 ΔU_n,经过比例放大器 A,产生触发装置 GT 所需的控制电压 U_c,改变可控整流器输出平均整流电压 U_d,调节晶闸管的触发导通角,进而控制电动机的转速,从而组成了反馈控制的闭环调速系统。

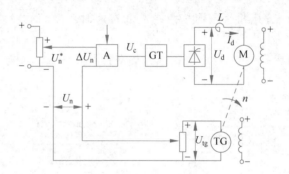

图 6.12　一个具有转速负反馈的闭环调速系统

为了简化分析,在进行转速闭环直流调速系统的静特性分析时,首先给出如下假设。

(1) 忽略各种非线性因素,各环节的输入输出关系都是线性的。

(2) 开环机械特征都是连续的。

(3) 忽略直流电源和电位器的内阻。

(4) 电动机的磁场不变。

进而可以得到如图 6.12 所示的转速闭环调速系统中各环节的静态关系如下。

电压比较环节

$$\Delta U_n = U_n^* - U_n \tag{6.20}$$

放大器

$$U_c = K_p \Delta U_n \tag{6.21}$$

触发器与晶闸管整流装置

$$U_{d0} = K_s U_c \tag{6.22}$$

测速反馈环节

$$U_n = \alpha n \tag{6.23}$$

系统开环机械特性

$$n = \frac{U_{d0} - I_d R}{K_e} \tag{6.24}$$

以上各关系式中，K_p 为放大器电压放大系数；K_s 为触发器和晶闸管整流装置的电压放大倍数；α 为测速反馈系数($V \cdot min/r$)；U_{d0} 为理想空载整流电压的平均数(V)；I_d 为电枢回路的平均电流(A)；R 为主电路总的等效电阻(Ω)，包括整流装置内阻 R_{rec}(Ω)、电动机电枢电阻 R_a(Ω)和平波电抗器内阻 R_L(Ω)。

图 6.13 为图 6.12 对应的转速负反馈闭环调速系统静态结构图。

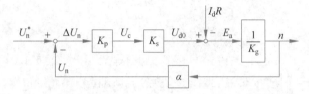

图 6.13　转速负反馈闭环调速系统静态结构图

结合式(6.20)～式(6.24)，得到转速负反馈闭环直流调速系统的静特性方程式为

$$n = \frac{K_p K_s U_n^* - I_d R}{K_e(1 + K_p K_s \alpha / K_e)} = \frac{K_p K_s U_n^*}{K_e(1 + K)} - \frac{I_d R}{K_e(1 + K)} \tag{6.25}$$

式中，$K = K_p K_s \alpha / K_e$，为闭环系统的开环放大系数，即各环节放大系数的乘积，其中电动机环节的放大系数为 $1/K_e$。

2）系统静特性分析

为了更直观地证明闭环系统的优越性，接下来给出开环系统机械特性和闭环系统静特性的比较。比例控制闭环直流调速系统静特性可以写为

$$n = \frac{K_p K_s U_n^*}{K_e(1 + K)} - \frac{I_d R}{K_e(1 + K)} = n_{0cl} - \Delta n_{cl} \tag{6.26}$$

在系统参数不变的条件下，断开图 6.13 所示的反馈回路，得到上述系统的开环机械特性为

$$n = \frac{K_p K_s U_n^*}{K_e} - \frac{I_d R}{K_e} = n_{0op} - \Delta n_{op} \tag{6.27}$$

式中，n_{0cl} 和 n_{0op} 分别表示闭环系统和开环系统的理想空载转速；Δn_{cl} 和 Δn_{op} 分别表示闭环系统和开环系统的稳态降速。

比较式(6.26)和式(6.27)，可以得到如下结论。

(1) 当负载扰动相同时，闭环系统的负载降落仅为开环系统转速降落的 $1/(1+K)$。

结合式(6.26)和式(6.27)，得到

$$\Delta n_{cl} = \frac{\Delta n_{op}}{1 + K} \tag{6.28}$$

显然，当开环放大系数 K 很大时，Δn_{cl} 要比 Δn_{op} 小得多，即闭环系统的特性要硬得多。

(2) 当理想空载转速相同时，闭环系统的转速静差率仅为开环系统的 $1/(1+K)$。

闭环系统和开环系统的静差率分别为 $S_{cl} = \Delta n_{cl}/n_{0cl}$ 和 $S_{op} = \Delta n_{op}/n_{0op}$，由于 $n_{0op} = n_{0cl}$，结合式(6.28)，得到

$$S_{c1} = \frac{S_{op}}{1+K} \tag{6.29}$$

(3) 当静差率约束相同时,闭环系统的调速范围为开环系统的 $1+K$ 倍。

当电动机的最高转速是其额定转速 n_N,所要求的静差率为 S 时,基于式(6.19),可得开环系统的调速范围为

$$D_{op} = \frac{n_N S}{\Delta n_{op}(1-S)} \tag{6.30}$$

闭环系统调速范围为

$$D_{cl} = \frac{n_N S}{\Delta n_{cl}(1-S)} \tag{6.31}$$

结合式(6.28)、式(6.30)和式(6.31),得

$$D_{cl} = (1+K)D_{op} \tag{6.32}$$

综上所述,比例控制的闭环直流调速系统可以获得比开环系统更硬的稳态特性,在保证一定静差率的要求下,可以大大提高调速范围。为此,需设置电压放大器和转速检测装置。

调速系统产生稳态速降的根本原因是由于负载电流引起的电枢回路的电阻压降,闭环系统静态速降减少,静特性变硬,并不是闭环后能使电枢回路电阻减小,而是闭环系统具有自动调节作用。在开环系统中,当负载电流增大时,电枢压降也增大,转速只能下降。闭环系统设有反馈装置,转速稍有降落,反馈电压就能感知到。通过比较和放大过程,使系统工作在新的机械特性上,因而转速有所回升。

闭环系统机械特性与开环系统机械特性关系如图 6.14 所示。在图中设系统的初始工作点为 A,负载电流为 I_{d1},当负载电流增大到 I_{d2} 时,开环系统的转速沿机械特性 1 下降到 A' 点。而在闭环调速系统中,转速的下降必然会导致输出电压的增加,此时电压由 U_{d01} 上升到 U_{d02},对应工作点由 A 点变为机械特性 2 上的 B 点。因此,闭环系统的静特性是由多条开环机械特性上相应的工作点组成的一条特性曲线。

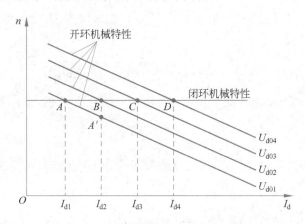

图 6.14 闭环系统机械特性与开环系统机械特性关系

由此可见,比例控制闭环直流调速系统能够减少稳态速降的实质是其自动调节作用,即能够随着负载的变化而相应地改变电枢电压,以补偿电枢回路电阻压降的变化。

2. 转速闭环直流调速系统的基本特征

转速负反馈闭环调速系统是一种基本的反馈控制系统,具有反馈控制系统的基本规律,具体特征表现如下。

1) 应用比例调节器的闭环系统是有静差的控制系统

从静特性式(6.25)可以看出,闭环系统的开环放大系数 K 值对系统的稳态性能影响很大。K 值越大,静特性就越硬,稳态降速越小,在一定静差率要求下的调速范围越宽,其稳态性能就越好。由于比例调节器 K_p 为常数,结合式(6.26)可知,稳态降速 Δn_{cl} 只能减小而不能消除,只有当 $K = \infty$ 时,才有 $\Delta n_{cl} = 0$,即实现转速的无静差控制。事实上,在实际系统中,K 值不可能也不允许为无穷大,因为过大的 K 值可能导致系统的不稳定。因此,转速闭环调速系统是有静差调速系统。这类系统正是依靠转速与理想空载转速的偏差来保证系统的正常工作的。

2) 闭环系统具有较强的抗干扰性能,同时绝对服从给定输入

除给定信号外,作用在控制系统上一切能使输出量发生变化的因素统称为扰动作用,如负载的变化、电网电压的波动、回路电阻的变化、电动机励磁变化等。所有这些扰动都会引起输出量转速的变化,都可以被转速反馈装置检测出来,再通过闭环调节作用,减少扰动对稳态转速的影响。因此,反馈控制系统能有效地抑制包围在负反馈环内的前向通道上的扰动作用。另外,在调速系统中,转速的调节是通过改变给定电压的大小进行的。对于给定电压的微小变化,都会直接引起相应的电动机转速变化,即闭环系统绝对服从给定输入。

3) 系统的精度依赖于给定和反馈检测的精度

在闭环调速系统中,如果给定电源发生波动,则输出转速也随即发生变化,反馈控制系统无法分别是给定信号的正常调节还是外界的电压波动。因此,高精度的调速系统必须有更高精度的给定稳压电源。

此外,闭环控制系统对于反馈检测元件本身的误差也是无法克服的。对于调速系统来说,如果测速发电机励磁发生变化,也会引起反馈电压 U_n 的改变,通过系统的调节作用,就会使电动机转速偏离稳定运行速度。通常而言,反馈检测元件的精度对闭环系统的稳速精度起着决定性作用。因此,高精度的调速系统还必须有高精度的检测元件作为保证。

3. 转速闭环直流调速系统的限流保护

直流电动机全电压起动时,会产生很大的冲击电流;电动机在运行过程中若遇到堵转的情况,电流也会远超过允许值。限流保护就是为了解决反馈闭环调速系统起动和堵转时电流过大的问题而采取的一种限流措施。根据反馈控制原理,要维持某物理量基本不变,可以引入该物理量的负反馈。如果在原先的转速负反馈闭环系统的基础上增加一个电流负反馈,就可以使电动机在起动和堵转时保证电流基本不变;当电动机正常运行时,取消此电流负反馈,不影响系统的调速性能。这种当电流大到一定程度时才出现的电流负反馈称为电流截止负反馈,简称截流反馈。

1) 电流截止负反馈环节

图 6.15 是电流截止负反馈环节线路图。电流反馈信号取自串入电动机主回路的采样小电阻 R_c。设 I_{dj} 为临界的截止电流,引入比较电压 U_{bj},其中,截止电流 $I_{dj} = U_{bj}/R_c$。当电流大于 I_{dj} 时,应将电流反馈信号加到放大器的输入端;而当电流小于 I_{dj} 时,应将电流反馈切断。在图 6.15(a)中,二极管起比较作用,利用独立的直流电源作比较电压,其大小

可用电位器调节,相当于调节截止电流。当电流增大到 $I_d R_c > U_{bj}$ 时,二极管导通,其差值 $U_{fi} = I_d R_c - U_{bj}$ 作为电流负反馈信号加到放大器上,此时放大器有转速给定、转速负反馈和电流负反馈 3 个信号输入;电流减小到 $I_d R_c \leqslant U_{bj}$ 时,二极管截止,U_{fi} 消失。在图 6.15(b)中,利用稳压管的击穿电压 U_ω 作为比较电压,线路简单,但不能平滑调节截止电流。

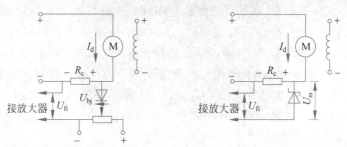

(a) 用直流电源作为比较电压   (b) 用稳压管的击穿电压作为比较电压

图 6.15 电流截止负反馈环节原理接线图

图 6.16 反映了电流截止负反馈环节的输入输出特性。在图中,当输入信号 $I_d R_c - U_{bj} > 0$ 时,输出等于输入;当输入信号 $I_d R_c - U_{bj} \leqslant 0$ 时,输出为零。因此,系统是一个非线性环节,能按照实际电流大小引入或取消电流负反馈。

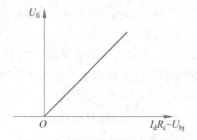

图 6.16 电流截止负反馈环节的输入输出特性

在原先的转速负反馈闭环系统的基础上增加一个电流负反馈通道,即带电流截止负反馈的转速闭环直流调速系统的稳态结构图,如图 6.17 所示。图中,U_{fi} 表示电流负反馈信号,U_{fn} 表示转速负反馈信号电压。

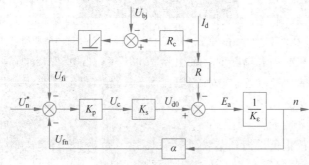

图 6.17 带电流截止负反馈的转速闭环直流调速系统的稳态结构图

2) 具有转速负反馈和电流截止负反馈闭环直流调速系统的静特性

结合图 6.17，分析具有转速负反馈和电流截止负反馈闭环直流调速系统的静特性。

当 $I_d \leqslant I_{dj}$ 时，电流负反馈被截止，此时系统即为转速负反馈调速系统，其静特性方程与式(6.25)相同，为

$$n = \frac{K_p K_s U_n^*}{K_e(1+K)} - \frac{I_d R}{K_e(1+K)} = n_0 - \Delta n_{cl} \tag{6.33}$$

当 $I_d > I_{dj}$ 时，转速负反馈和电流负反馈同时存在，应用叠加原理，得到其静特性方程为

$$n = \frac{K_p K_s U_n^*}{K_e(1+K)} - \frac{K_p K_s}{K_e(1+K)}(I_d R_c - U_{bj}) - \frac{I_d R}{K_e(1+K)}$$

$$= \frac{K_p K_s (U_n^* + U_{bj})}{K_e(1+K)} - \frac{(R + K_p K_s R_c)I_d}{K_e(1+K)}$$

$$= n_0' - \Delta n_{cl}' \tag{6.34}$$

图 6.18 给出了式(6.33)和式(6.34)所对应的静特性。图中的静特性是两段式特性，CA 段对应于电流负反馈截止时静特性方程式(6.33)，它是转速反馈闭环调速系统本身的静特性，具有较大的硬度。AB 段对应于电流负反馈起作用的静特性方程(6.34)，具有以下特点：电流负反馈的作用相当于在主电路中串入一个大电阻 $K_p K_s R_c$，因而随着负载电流的增加，电动机稳态速降极大，静特性出现明显下垂；由于比较电压 U_{bj} 和给定电压 U_n^* 同时起作用，使理想空载转速由 n_0 提高到 n_0'，DA 段的虚线反映了系统下垂段静特性的来源，实际是不存在的，并不起作用。

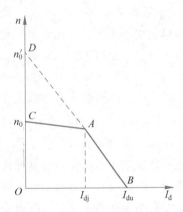

图 6.18　带电流截止负反馈转速闭环调速系统的静特性

上述带电流截止负反馈转速闭环调速系统的静特性常被称为下垂特性或"挖土机"特性。当挖掘机械、剪刚机械遇到特别坚硬的物体而过载时，最大电流等于堵转电流 I_{du}。

令 $n = 0$，结合式(6.34)可以求出堵转电流为

$$I_{du} = \frac{K_p K_s (U_n^* + U_{bj})}{R + K_p K_s R_c} \tag{6.35}$$

考虑到 $K_p K_s R_c \gg R$，因此

$$I_{du} \approx \frac{U_n^* + U_{bj}}{R_c} \tag{6.36}$$

在实际系统的设计中,对下垂特性的陡度有一定要求,通常堵转电流 I_{du} 应小于电动机最大允许电流的 $1.5\sim2$ 倍,而截止电流可略大于电动机的额定电流,一般取为额定电流的 $1.1\sim1.2$ 倍。

4. 转速闭环直流调速系统的动态分析

对于转速闭环调速系统,通过引入转速负反馈,同时保证足够大的放大倍数 K,就可以减少稳态降速,满足系统的稳态性能要求。但是,系统的开环系数太大时,可能会引起闭环系统动态性能变差,甚至导致系统不稳定,必须采取适当校正措施才能使系统正常工作,并满足各种动态性能要求。

1) 动态数学模型

一个带有储能环节的线性物理系统的动态过程可以用线性微分方程描述,微分方程的解即系统的动态过程,它包括两部分:动态响应和稳态解。在动态过程中,从施加给定输入值的时刻开始,到输入达到稳态值以前,是系统的动态响应;系统达到稳态后,即可用稳态解来描述系统的稳态特性。

前面介绍的转速反馈控制直流调速系统的静特性反映了电动机转速和负载电流的稳态关系,它是运动的稳态解。要分析调速系统的动态性能和稳定性,需求出动态响应,为此必须先建立描述系统动态物理规律的数学模型。下面针对图 6.12 所示的闭环调速系统建立各环节及系统的数学模型。

2) 晶闸管触发电路和整流装置的传递函数

由于晶闸管整流装置总离不开触发电路,因此在分析系统时常把晶闸管的整流装置和触发电路看作一个整体,当作一个环节来处理。该环节的输入量是触发电路的控制电压 U_c,输出量是晶闸管的理想空载整流电压 U_{d0}。晶闸管触发电路和整流电路涉及电子器件的特征,其输入输出关系是非线性的。为分析方便,在一定范围内将非线性特征线性化,则放大系数 K_s 可以看作一常数。这样,晶闸管触发电路和整流装置可看成一个具有纯滞后的放大环节,其滞后作用是由晶闸管整流装置的失控时间引起的。失控时间是指当某一相晶闸管被触发导通后至下一相晶闸管被触发导通之前的一段时间,也称滞后时间,用 T_s 表示。在此期间内,改变控制电压 U_c,虽然触发脉冲相位可以移动,但是必须在正处于导通的元件完成其导通周期关断后,整流电压 U_{d0} 才能与新的脉冲相位相适应,因此形成整流电压 U_{d0} 滞后于控制电压 U_c 的状况。

图 6.19 所示是单相全波纯电阻负载的整流波形,用以说明滞后作用及失控时间的大小。假设在 t_1 时刻某相晶闸管触发导通,控制角为 α_1,相应的控制电压为 U_{c1}。在 t_2 时刻,控制电压由 U_{c1} 下降为 U_{c2},由于晶闸管已触发导通,控制电压的改变并不会引起整流电压 U_{d01} 的变化,必须等到 t_3 时刻该晶闸管关断后,触发脉冲才可能控制下一相晶闸管。设控制电压 U_{c2} 对应的控制角为 α_2,则下一相晶闸管在 t_4 时刻才能导通,整流电压则变为 U_{d02}。假设平均整流电压是在自然变相点变化的,则从控制电压 U_c 发生变化到整流电压 U_{d0} 发生变化之间的时间便是失控时间。

由于控制电压 U_c 发生变化的时刻具有不确定性,故失控时间 T_s 是个随机值,其大小随 U_c 发生变化的时间而变化,最大失控时间 T_{smax} 是两个相邻自然换相点之间的时间,取决于交流电源频率和整流电路形式,由式(6.37)确定。

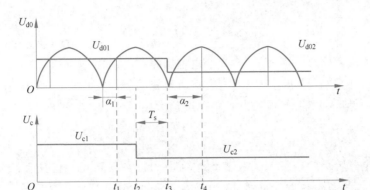

图 6.19　晶闸管触发和整流装置的失控时间

$$T_{smax} = \frac{1}{mf} \tag{6.37}$$

式中，f 表示交流电源频率(Hz)；m 表示一周内整流电压的波头数。

相对于整个系统的响应时间，失控时间 T_s 是不大的，并认为是常数，在实际计算中通常取其平均值，即 $T_s = T_{smax}/2$。不同整流电路的失控时间如表 6.3 所示。

表 6.3　不同整流电路的失控时间($f = 50\text{Hz}$)

整流电路形式	最大失控时间 T_{smax}/s	平均失控时间 T_s/s
单相半波	0.02	0.01
单相桥式、单相全波	0.01	0.005
三相半波	0.0067	0.0033
三相桥式、六相半波	0.0033	0.001 67

当滞后环节的输入为阶跃信号 $1(t)$ 时，输入要隔一定时间后才会出现相应 $1(t-T_s)$，由此可以得出晶闸管触发电路和整流装置的输入输出关系为

$$U_{d0} = K_s U_c \times 1(t - T_s)$$

经过拉普拉斯变换，晶闸管触发电路和整流装置的传递函数为

$$W_s(s) = \frac{U_{d0}(s)}{U_c(s)} = K_s e^{-T_s s} \tag{6.38}$$

式(6.38)中含有指数项，即传递函数中存在时滞环节，使系统成为非最小相位系统，给分析和设计带来麻烦。为了简化，将式(6.38)按泰勒级数展开，同时考虑到 T_s 很小，依据工程近似处理原则，可忽略其中的高次项，则得晶闸管触发电路和整流装置的传递函数为一近似的一阶惯性环节

$$W_s(s) = K_s e^{-T_s s} \approx \frac{K_s}{1 + T_s s} \tag{6.39}$$

3) 直流电动机的传递函数

图 6.20 给出了额定励磁下他励直流电动机的等效电路。假定电枢电流连续，则直流电动机动态运行时的电压平衡方程式为

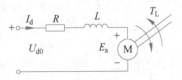

图 6.20　直流电动机的等效电路

$$U_{d0} = RI_d + L\frac{dI_d}{dt} + E_a \tag{6.40}$$

式中,R 表示电枢回路总电阻(Ω);L 表示电枢回路总电感(mH)。

电动机轴上的转矩和转速应服从电力拖动系统的运动方程式,在忽略摩擦力和弹性变形的情况下,可得转矩平衡方程式为

$$T - T_L = \frac{GD^2}{375}\frac{dn}{dt} \tag{6.41}$$

式中,T 表示电磁转矩(N·m);T_L 表示包括电动机空载转矩在内的负载转矩(N·m);GD^2 表示电力拖动系统折算到电动机轴上的飞轮惯量(N·m^2)。

定义电枢回路的电磁时间常数 T_1(s)和电力拖动系统的机电时间常数 T_m(s)为

$$T_1 = \frac{L}{R} \tag{6.42}$$

$$T_m = \frac{GD^2 R}{375 K_e K_t} \tag{6.43}$$

由式(6.2)和式(6.3)知,在额定励磁下,感应电势为 $E_a = K_e n$,电磁转矩为 $T = K_t I_d$。将式(6.42)和(6.43)代入式(6.40)和(6.41),可得

$$U_{d0} - E_a = R\left(I_d + T_1\frac{dI_d}{dt}\right) \tag{6.44}$$

$$I_d - I_{dL} = \frac{T_m}{R}\frac{dE_a}{dt} \tag{6.45}$$

式中,$I_{dL} = T_L/K_t$ 表示负载电流(A)。

在零初始条件下,对式(6.44)和式(6.45)取拉普拉斯变换,得到电压与电流、电流与电动势之间的传递函数分别为

$$\frac{I_d(s)}{U_{d0}(s) - E_a(s)} = \frac{1/R}{T_1 s + 1} \tag{6.46}$$

$$\frac{E_a(s)}{I_d(s) - I_{dL}(s)} = \frac{R}{T_m s} \tag{6.47}$$

由式(6.46)和式(6.47),可得直流电动机的传递函数为

$$W_D(s) = \frac{n(s)}{U_{d0}(s) - I_{dL}(s) \cdot R(T_1 s + 1)} = \frac{1/K_e}{T_m T_1 s^2 + T_m s + 1} \tag{6.48}$$

4) 比例放大器的传递函数

比例放大器的响应可以认为是瞬时的,因此传递函数即为其放大系数

$$K_p = \frac{U_c(s)}{\Delta U_n(s)} \tag{6.49}$$

5) 转速反馈环节的传递函数

类似于比例放大器,转速反馈环节的响应也可以认为是瞬时的,因此其传递函数为

$$\frac{U_n(s)}{n(s)} = \alpha \tag{6.50}$$

式中,n 表示转速;α 表示转速反馈环节的反馈系数。

6) 转速闭环调速系统的数学模型和传递函数

得到 4 个环节的传递函数后,根据各自在系统中的相互关系组合起来,即可画出转速闭环调速系统的动态结构图,如图 6.21 所示。由图可见,将晶闸管触发整流装置按一阶惯性环节处理后,带比例放大器的转速闭环直流调速系统可以近似看作一个三阶线性系统。

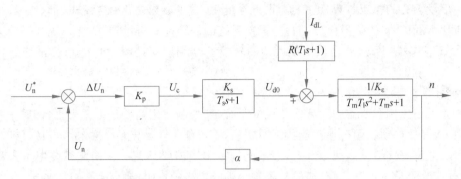

图 6.21 转速闭环调速系统的动态结构图

由图 6.21 可得,转速闭环直流调速系统的开环传递函数为

$$W(s) = \frac{K}{(T_s s + 1)(T_m T_1 s^2 + T_m s + 1)} \tag{6.51}$$

式中,$K = K_p K_s \alpha / K_e$ 表示闭环控制系统的开环放大系数。

利用结构图的计算方法,可得系统的闭环传递函数为

$$
\begin{aligned}
W_{cl}(s) = \frac{n(s)}{U_n^*(s)} &= \frac{\dfrac{K_p K_s / K_e}{(T_s s + 1)(T_m T_1 s^2 + T_m s + 1)}}{1 + \dfrac{K_p K_s \alpha / K_e}{(T_s s + 1)(T_m T_1 s^2 + T_m s + 1)}} \\
&= \frac{K_p K_s / K_e}{(T_s s + 1)(T_m T_1 s^2 + T_m s + 1) + K} \\
&= \frac{\dfrac{K_p K_s}{K_e(1 + K)}}{\dfrac{T_m T_1 T_s}{1 + K} s^3 + \dfrac{T_m (T_1 + T_s)}{1 + K} s^2 + \dfrac{T_m + T_s}{1 + K} s + 1} \tag{6.52}
\end{aligned}
$$

7) 稳定性分析

由式(6.52)可知,转速负反馈闭环直流调速系统的特征方程为

$$\frac{T_m T_1 T_s}{1 + K} s^3 + \frac{T_m (T_1 + T_s)}{1 + K} s^2 + \frac{T_m + T_s}{1 + K} s + 1 = 0 \tag{6.53}$$

由于系统中的时间常数和开环放大倍数都是正实数,因此式(6.53)的各项系数都是大于零的,根据劳斯稳定判据,系统稳定的充分必要条件为

$$\frac{T_m (T_1 + T_s)}{1 + K} \frac{T_m + T_s}{1 + K} - \frac{T_m T_1 T_s}{1 + K} > 0 \tag{6.54}$$

整理可得

$$K < \frac{T_{\mathrm{m}}(T_1 + T_{\mathrm{s}}) + T_{\mathrm{s}}^2}{T_1 T_{\mathrm{s}}} \tag{6.55}$$

式(6.55)的右边称为系统的临界放大系数 K_{cr}，当 $K \geqslant K_{\mathrm{cr}}$ 时，系统将不稳定。当系统参数确定的情况下，为了保证系统稳定和一定的稳定裕量，又要满足稳态性能指标，必须在系统中增设合适的校正装置。在实际设计系统中，由于参数变化和某些未计入因素的影响，通常应使 K 值比它的临界值更小些。根据系统的静特性分析可知，闭环系统开环放大系数 K 越大，静差率越小，这就是采用放大器的转速反馈调速系统静态性能指标与稳态性能之间的主要矛盾。

5. 无静差直流调速系统和比例积分控制规律

前面采用比例调节器的闭环直流调速系统，其控制作用需要用偏差来维持，属于有静差调速系统，因此电动机的转速只能接近给定值，不可能等于给定值。提高系统的开环放大系数或引入电流正反馈只能减小静差，而不能从根本上消除静差。在调速系统中引入积分环节，不仅能改善动态性能，而且能够从根本上消除稳态速差，实现转速无静差调节。

1) 积分调节器和积分控制规律

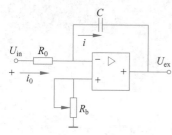

图 6.22 积分调节器

图 6.22 是采用线性集成电路运算放大器构成的积分调节器(简称 I 调节器)的原理图。根据运算放大器的工作原理，得到其输入输出关系为

$$U_{\mathrm{ex}} = \frac{1}{C}\int i\,\mathrm{d}t = \frac{1}{R_0 C}\int U_{\mathrm{in}}\,\mathrm{d}t = \frac{1}{\tau}\int U_{\mathrm{in}}\,\mathrm{d}t \tag{6.56}$$

式中，$\tau = R_0 C$ 为积分时间常数。

式(6.56)表明积分调节器的输出电压是输入电压对时间的积分。当输出电压 U_{ex} 的初始值为零，输入电压 U_{in} 为阶跃信号时，积分调节器的输入输出关系为

$$U_{\mathrm{ex}} = \frac{1}{\tau}\int_0^t U_{\mathrm{in}}\,\mathrm{d}t = \frac{U_{\mathrm{in}}t}{\tau} \tag{6.57}$$

其上升速度取决于积分时间常数 τ。

图 6.23 反映了相应的输出特性曲线，其输出随时间线性增长。在积分调节器中，只要有输入电压 U_{in} 作用，电流 $i \neq 0$，电容 C 就不断积分，在运算放大器饱和前，输出电压 U_{ex} 一直呈线性变化。

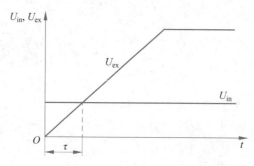

图 6.23 阶跃输入时积分调节器的输出特性

综合上述分析可知,积分调节器具有以下特点。

(1) 积累作用。就算是极其微小的信号,只要输入端有信号,积分过程就会进行,直至积分器的输出达到饱和值。当且仅当输入信号为零时,这种积累才会停止。

(2) 记忆作用。在积分调节器中,输出电压是输入电压对时间的积分,当输入信号突然为零时,其输出电压保持不变。因此,记忆作用也称为保持作用。

(3) 延缓作用。即使输入信号发生突变,其输出却不能跃变,而是保持线性渐增,输出相对于输入有明显的滞后。

积分调节器的积累作用和记忆作用是使采用积分调节器的闭环调速系统完全消除静差的根本原因,这就是积分控制规律。在采用比例调节器的调速系统中,调节器的输出是功率变换器的控制电压 $U_c = K_p \Delta U_n$。只要电动机在运行,就必须有控制电压 U_c,因而也必须有转速偏差电压 ΔU_n,这是采用比例调节器的调速系统有静差的根本原因。如果采用积分调节器,则控制电压是转速偏差电压 ΔU_n 的积分,$U_c = \int_0^t \Delta U_n \mathrm{d}t / \tau$。只要偏差电压不为零,积分过程就会进行,控制输出电压 U_c 将持续变化,系统也不会进入稳态运行。只有当偏差电压等于零,积分停止,控制输出电压 U_c 才终止变化,使系统在偏差为零时保持恒速运行,实现无静差调速。

上述分析表明,比例调节器的输出只取决于输入偏差量的现状,而积分调节器的输出包含了输入偏差量的全部历史。虽然到稳态时偏差量为零,只要历史上有过偏差,其积分有一定数值,就能产生足够的稳态运行所需要的控制电压。这就是积分控制规律和比例控制规律的根本区别。

2) 比例积分调节器和比例积分控制规律

积分调节器虽然能保证调速系统在稳态时无静差,然而由于其延缓作用,输出电压变化缓慢,使其在控制的快速性上不如比例控制。因此,如果既要稳态准,又要动态响应快,可将两种控制规律结合起来,这就是比例积分控制。比例积分调节器是在集成运算放大器的反馈回路中串入一个电阻和电容构成的,简称 PI 调节器,其原理图如图 6.24 所示。

根据运算放大器的基本原理,可以得到比例积分调节器的输入输出关系为

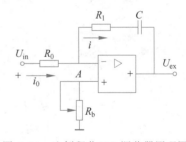

$$U_{ex} = i_1 R_1 + \frac{1}{C}\int i_1 \mathrm{d}t = \frac{R_1}{R_0} U_{in} + \frac{1}{R_0 C}\int U_{in}\mathrm{d}t$$

$$= K_p U_{in} + \frac{1}{\tau}\int U_{in}\mathrm{d}t \tag{6.58}$$

式中,$K_p = R_1/R_0$,表示比例放大系数;$\tau = R_0 C$,表示积分时间常数。

图 6.24 比例积分(PI)调节器原理图

对式(6.58)取拉普拉斯变换,得 PI 调节器的传递函数为

$$W_{PI}(s) = \frac{U_{ex}(s)}{U_{in}(s)} = \frac{K_p \tau s + 1}{\tau s} \tag{6.59}$$

式(6.58)表明,PI 调节器的输出电压由输入信号的比例和积分两部分叠加而成。在零初始状态和阶跃信号作用下,PI 调节器的输出响应如图 6.25 所示。在输入信号加入的初始瞬间,由于电容的作用,输出电压跳变到 $K_p U_{in}$,使系统立即产生控制作用。此后,随着电

容的充电,开始体现积分作用,输出电压不断线性增长直到达到运算放大器饱和。此时,电容两端电压等于输出电压 U_{ex},电阻 R_1 已不起作用,PI调节器相当于一个I调节器。因此,比例积分控制综合比例和积分控制规律的优点,又克服了各自的缺点。作为控制器,PI调节器兼顾了快速响应和消除静差两方面的要求,在调速系统中得到广泛应用。

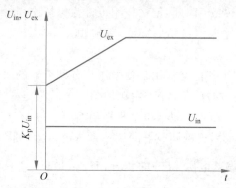

图 6.25　阶跃输入时 PI 调节器的输出特性

例 6.2　转速负反馈闭环调速系统的结构如图 6.12 所示,基本数据如下:直流电动机的额定电压 $U_n=220V$,额定电流 $I_n=60A$,额定转速 $n_N=1200r/min$,电动机电势系数 $K_e=0.12V\cdot min/r$,电枢回路总电阻 $R=1.5\Omega$。

(1) 设电动机额定降速 $\Delta n_N=125r/min$,要求静差率 $S\leqslant10\%$,求调速范围。

(2) 设电动机额定降速 $\Delta n_N=125r/min$,要求调速范围达到 5,求所能满足的静差率。

(3) 在采用比例调节器时,为了使调速范围达到 10,$S\leqslant10\%$ 的稳态性能指标,试计算比例调节器的放大系数。

求解(1)

$$D=\frac{n_N S}{\Delta n_N(1-S)}=\frac{1200\times0.1}{125\times(1-0.1)}\approx1.07$$

求解(2)

$$S=\frac{D\Delta n_N}{n_N+D\Delta n_N}=\frac{5\times125}{1200+5\times125}\approx0.342=34.2\%$$

求解(3)

额定负载时,稳态降速为

$$\Delta n_{cl}=\frac{n_N S}{D(1-S)}\leqslant\frac{1200\times0.1}{10\times(1-0.1)}r/min\approx13.3r/min$$

开环系统额定降速

$$\Delta n_{op}=\frac{I_n R}{K_e}=\frac{60\times1.5}{0.12}r/min=750r/min$$

闭环系统的开环放大系数为

$$K=\frac{\Delta n_{op}}{\Delta n_{cl}}-1\geqslant\frac{750}{13.3}-1\approx56.4$$

6.2.6 直流伺服电动机的应用案例

根据被控制对象的不同,由伺服电动机组成的伺服系统分为位置、速度和力矩(或力)3 种基本控制方式。

1. 位置控制伺服系统案例

为了保持最佳的焊接间隙(火花间隙),电火花加工机械通常都包含电动机伺服系统,被加工的工件和焊枪之间的间隙通常由他励直流伺服电动机来调整,如图 6.26 所示。

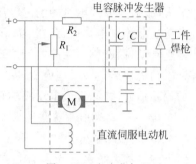

图 6.26 电火花加工

直流伺服电动机的电枢绕组接在由电阻 R_1、R_2 和火花间隙所组成的电桥对角线上。电枢旋转的速度和转向取决于电桥对角线中流过的电流大小和方向。电枢通过减速装置与焊枪相连。电枢旋转时,焊枪相对加工工件的位置也跟着移动。脉动电流由电容型脉冲发生器供给。适当地移动可调电阻 R_1 的滑动端,可预先调整好击穿电压(也就是火花间隙的大小)。当火花不跳越焊接间隙(火花间隙电阻无穷大)时,电桥对角线上就有电流流过,电流方向使电动机带动焊枪朝着被加工的工件方向移动(减小间隙)。电容器开始放电,火花间隙内电子浓度减小,并发生击穿现象。由于火花放电,工件开始被加工,若焊枪和工件直接短路,电桥对角线中的电流改变方向。因此,伺服电动机改变转向,并迅速带动焊枪离开加工工件,火花间隙中的电子浓度复原。

在此系统中,直流伺服电动机按输入量(火花间隙)的大小控制输出量(焊枪位置)的变化,是典型的位置伺服系统。

2. 速度控制伺服系统案例

在老式连续轧钢机的电力拖动系统中,采用发电机-电动机组成的调速系统。伺服电动机控制的无静差调速系统如图 6.27 所示。

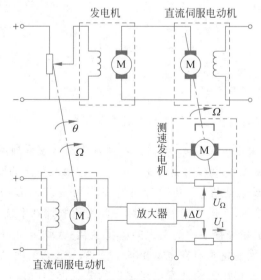

图 6.27 伺服电动机控制的无静差调速系统

在该调速系统中,采用永磁式直流测速发电机的输出电压作为测速反馈电压 U_Ω,U_Ω 与给定电压 U_1 比较后,得到偏差电压 $\Delta U = U_1 - U_\Omega$;若 ΔU 经放大器放大后,直接控制发电机的励磁,则构成了电动机拖动中典型的有静差调速系统。在无静差调速系统中,ΔU 放大后,先给伺服电动机供电,由伺服电动机去带动发电机励磁电位器的滑动端,从而控制发电机的励磁;如果系统出现偏差电压 ΔU,经放大器放大后,使伺服电动机转动,并移动电位器的滑动端,改变发电机的励磁电压,以调节电动机的转子速度。如果不考虑伺服电动机及其负载的摩擦转矩,只要存在 ΔU,伺服电动机就不会停止转动,只有 ΔU 为零,伺服电动机才停止转动,因此称为无静差调速系统。发电机励磁电位器的滑动端停在某一位置,以提供保证电动机按给定转子速度旋转所需要的励磁电压。在此系统中,直流伺服电动机根据输入的偏差信号,控制直流电动机的转速,属于速度控制方式。

3. 混合控制伺服系统案例

1) 火炮跟踪系统

火炮跟踪系统可视为混合控制系,即包括位置和速度两种控制方式。图 6.28(a)和图 6.28(b)分别为直流伺服电动机驱动的火炮跟踪系统的原理图和框图。

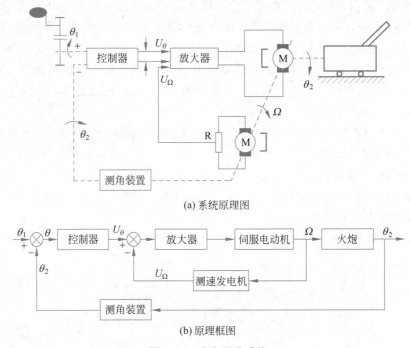

(a) 系统原理图

(b) 原理框图

图 6.28 火炮跟踪系统

该系统的任务是使火炮的转角 θ_2 与由手轮经减速器减速后所给出的指令 θ_1 相等。当 $\theta_2 \neq \theta_1$ 时,测角装置就输出一个与角度差 $\theta = \theta_1 - \theta_2$ 近似成正比的电压 U_θ。此电压经放大器放大后,驱动直流伺服电动机,带动炮身向着减小角度差的方向移动,直到 $\theta_2 = \theta_1$,即 $U_\theta = 0$ 时,电动机停止转动,火炮对准射击目标。此为位置控制系统工作过程。

同时,为了减小在跟踪过程中可能出现的速度变化(火炮要准确地跟踪射击目标,应减小风阻等原因引起的速度变化),可在电动机轴上连接一个测量电动机转速的测速发电机,输出的电压与转子速度成正比。测速发电机输出的电压加到电位器 R 上,从电位器上取出

一部分电压 U_Ω 反馈到放大器的输入端,其极性应与 U_θ 相反(负反馈)。若某种原因使电动机转子速度降低,则测速发电机的输出电压降低;反馈电压减小并与 U_θ 比较后,使输入到放大器的电压升高;伺服电动机及火炮的速度也随之升高,起到稳速作用。此为速度控制系统工作过程。

　　2)张力控制系统

　　在纺织、印染和化纤生产中,有不少生产机械(例如整经机、浆纱机和卷染机等)在加工过程中以及加工的最后,都要将加工物——纱线或织物卷绕成筒形。为使其卷绕紧密、整齐,在卷绕过程中,要求在织物内施加适当的张力,并保证张力恒定。实现这种要求的控制系统称为张力控制系统。利用张力辊进行检测的张力控制系统如图 6.29 所示。

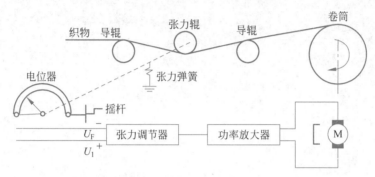

图 6.29　张力控制系统

　　当织物经过导辊从张力辊上滚过时,张力弹簧通过摇杆拉紧张力辊。如织物张力发生波动,则张力辊的位置将上下移动,张力辊带动摇杆改变电位器滑动端位置,使张力反馈信号 U_F 随之发生变化。譬如,张力减小,在张力弹簧的作用下,摇杆使电位器滑动端向反馈信号减小的方向移动。在某一张力给定信号 U_1 下,输入到张力调节器的差值电压 $\Delta U_F = U_1 - U_F$ 增加,经功率放大后,使直流伺服电动机的转子速度升高,因而张力增大并保持近似恒定。上述张力控制系统简单易行,在纺织机台中得到了广泛应用。

　　另外,卷绕机构的张力控制系统在造纸工业和钢铁企业都有广泛的应用,例如钢板或薄钢片卷绕机。

　　3)地震磁带记录仪

　　直流伺服系统在自动检测装置中也有较多应用。地震磁带记录仪采用直流电源供电,在无人管理的情况下运行。仪器可装多盒磁带,连续记录多天,完毕后自动装换。每月索取一次,驱动磁带的稳速电动机要求寿命长、可靠、无火花,不产生无线电干扰等,因此,选用无刷直流电动机驱动。电动机稳定速度一般为 500r/min,经两级皮带减速后驱动卷轮主轴,以拖动磁带稳速运动,其负载转矩不大。电动机轴上带一个永磁式测速发电机,其输出电压经整流、放大、滤波后与标准电压进行比较,由差值电压去控制串联在换向电路中的调整管,从而实现稳速。地震磁带记录仪工作原理框图如图 6.30 所示。

　　4)温度控制系统

　　如图 6.31 所示为烘烤炉温度控制系统。

　　该控制系统的任务是保持炉温 T 恒定。炉温既受被烤物品(例如面包)数量以及环境温度影响,又受混合器输出煤气流量的控制。调整煤气流量可控制炉温,整个控制过程如下。

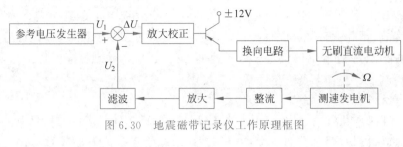

图 6.30　地震磁带记录仪工作原理框图

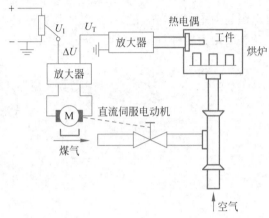

图 6.31　烘烤炉温度控制系统原理图

(1) 若炉温恰好等于给定值,经事先整定,使测量元件(热电偶——将炉温转变为相应电压的器件)输出的电压 U_T 等于给定电压 U_1,差值电压 $\Delta U = U_1 - U_T = 0$,直流伺服电动机不转,调节阀门也静止不动,煤气流量一定,烘炉处于规定的恒温状态。

(2) 若增加被烤物品,烘炉的负荷加大,而煤气流量一时没变,则炉温下降,并导致测量元件的输出电压 U_T 减小,$\Delta U > 0$,电动机将阀门开大,增加煤气供给量,使炉温回升到给定值($U_T = U_1$)为止。在负荷加大的情况下,仍然可保持给定的温度。

(3) 若负荷减小或煤气压力突然加大,则炉温升高,使 $U_T > U_1$,则 $\Delta U < 0$,电动机反转,关小阀门,减小煤气量,使炉温降低到炉温等于给定值为止。

视频讲解

6.3　旋转磁场与交流伺服电动机控制方式

6.3.1　旋转磁场理论

为便于理解交流伺服电动机工作原理,首先分析旋转磁场理论。由电动机学中的旋转磁场理论知道,两相交流伺服电动机结构与工作原理如图 6.32 所示,外圈表示定子(stator),内圈表示转子(rotator)。

定子上布置有空间相差 90°电度角的两相绕组,所施加的励磁和控制电压分别为

$$U_f = U\sin\omega \cdot t, \quad U_c = U\cos\omega \cdot t \qquad (6.60)$$

式中,U 为激励电压幅值(V);ω 为角频率(rad/s)。

交流伺服电动机运行时,励磁绕组接至电压值恒定的

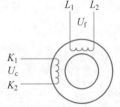

图 6.32　两相交流伺服电动机结构与工作原理图

励磁电源,而控制绕组所加的控制电压 U_c 是变化的。一旦控制系统有偏差信号,控制绕组就要接受与之相对应的控制电压。

若在两相对称绕组中施加两相对称电压,即励磁绕组和控制绕组电压幅值相等且两者之间的相位差为90°电角度,便可在定子、转子之间的气隙中得到圆形旋转磁场(此时电动机处于对称状态)。旋转磁场的转速 n_s 称为同步转速。转子沿着旋转磁场方向旋转,转子转速定义为 n。

定义转差率为

$$s = (n_s - n)/n_s$$

转子静止时,$n=0$,$s=1$;空载时转子转速 $n_0 < n_s$,转差率 $s_0 = (n_s - n_0)/n_s$。

若施加两相不对称电压,即两相电压幅值不同(两相绕组磁动势的幅值并不相等),或电压间的相位差不是90°电角度,此时气隙中的合成磁场是椭圆形旋转磁场。当气隙中的磁场为椭圆形旋转磁场时,电动机运行在非对称工作状态,由此产生电磁转矩驱动电动机旋转。一个椭圆形旋转磁场可以看成是由两个圆形旋转磁场合成的。这两个圆形旋转磁场幅值不等(与原椭圆旋转磁场转向相同的正转磁场幅值大,与原转向相反的反转磁场幅值小),但以相同的速度,向相反的方向旋转。旋转磁场切割转子绕组感应的电动势和电流以及产生的电磁力矩也方向相反、大小不等(正转向大,反转向小)、合成力矩不为零,所以伺服电动机就朝着正转磁场的方向转动起来。随着信号的增强,磁场接近圆形,此时正转磁场及其力矩增大,反转磁场及其力矩减小,合成力矩变大,如果负载力矩不变,转子的速度就增加。如果改变控制电压的相位,如移相180°,旋转磁场的转向相反,因而产生的合成力矩方向也相反,伺服电动机将反转。

在电动机运行过程中,如果控制信号降为"零",励磁电流仍然存在,伺服电动机气隙中产生一个脉动磁场,此脉动磁场可视为正向旋转磁场和反向旋转磁场的合成,转子会很快地停下来。为使交流伺服电动机具有"控制信号消失则立即停止转动"的功能,通常将转子电阻做得特别大,使转子电阻的临界转差率 s_k 大于1。

当电动机原来处于静止状态时,控制绕组不加控制电压,此时只有励磁绕组通电产生脉动磁场(两个圆形旋转磁场以同样的大小和转速向相反方向旋转,合成力矩为零),伺服电动机转子转不起来。

例 6.3　分析并画出正向及反向旋转磁场切割转子导体后产生的力矩-转速特性曲线。

正、反向旋转磁场切割转子导体后产生的力矩-转速特性曲线1、2,以及合成特性曲线3如图6.33所示。

假设电动机原来在单一正向旋转磁场的带动下运行于 A 点,此时负载力矩是 M_L。一旦控制信号消失,气隙磁场转化为脉动磁场,可视为正向旋转磁场和反向旋转磁场的合成,电动机即按合成特性曲线3运行。由于转子的惯性(转速不会突变),运行点由 A 点移到 B 点。此时电动机产生了一个与转子原来转动方向相反的制动力矩 M_Z。在负载力矩 M_L 和制动力矩 M_Z 的作用下使转子迅速停止。

注意:普通的两相和三相异步电动机正常情况下都是在对称状态下工作的,不对称运行属于故障状态。交流伺服电动机则可以靠不同程度的不对称运行来达到控制目的,所以非对称状态是交流伺服电动机的理想工作状态。这是交流伺服电动机在运行上与普通异步

电动机的根本区别。

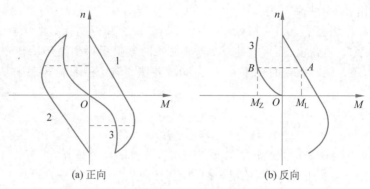

(a) 正向 (b) 反向

图 6.33 力矩-转速特性曲线

从旋转磁场产生的机理可见,若改变控制电压的大小或改变控制电压相对于励磁电压的相位差,就能改变气隙中旋转磁场的椭圆度,从而改变电磁转矩。因此,当负载转矩一定时,可通过调节控制电压的大小或相位来达到控制电动机转速的目的。从理论指导实践角度出发,交流伺服电动机的控制方式有以下 4 种。

6.3.2 幅值控制方式

保持励磁电压的幅值和相位不变,通过调节控制电压的大小可调节电动机转子转速,而控制电压 $\dot{U}_c$ 与励磁电压 $\dot{U}_f$ 之间始终保持 $90°$ 相位差。当控制电压 $\dot{U}_c = 0$ 时,电动机停转;当控制电压反相时,电动机转子反转。幅值控制的原理电路和电压相量图如图 6.34 所示。

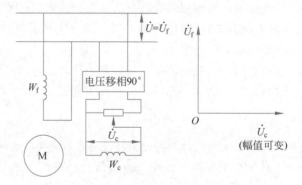

图 6.34 幅值控制的原理电路和电压相量图

此时

$$\dot{U}_c = \dot{U}_f e^{-j\beta}, \quad \beta = 90°$$

定义 $\dfrac{|\dot{U}_c|}{|\dot{U}_f|} = \alpha$,$\alpha$ 称为信号系数。

(1) 当 $\dot{U}_c = 0$ 时,$\alpha = 0$,定子产生脉动磁场,电动机停止。当 $\alpha = 0$,$U_c = 0$ 时,电动机的不对称度最大。

(2) 当 $|\dot{U}_c| = |\dot{U}_f|$ 时，$\alpha = 1$，定子产生圆形磁场，$U_c = U$，电动机处于对称运行状态。

(3) 当 $0 < |\dot{U}_c| < |\dot{U}_f|$ 时，对应的 $0 < \alpha < 1$，定子产生椭圆形旋转磁场。电动机运行的不对称程度随 α 的增大而减小。

6.3.3 相位控制方式

保持控制电压的幅值不变，通过调节控制电压的相位，即改变控制电压相对励磁电压的相位角，实现对电动机的控制。励磁绕组直接接到交流电源上，而控制绕组经移相器后接到同一交流电压上，$\dot{U}_c$ 与 $\dot{U}_f$ 的频率相同。相位控制的原理电路和电压相量图如图 6.35 所示。

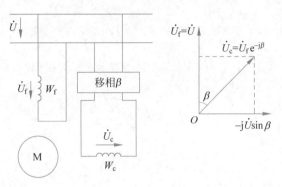

图 6.35 相位控制的原理电路和电压相量图

此时

$$\dot{U}_c = \dot{U}_f e^{-j\beta}$$

$\dot{U}_c$ 相位通过移相器可以改变，从而改变两者之间的相位差 β，$\sin\beta$ 即为相位控制的信号系数

$$\alpha = \frac{\dot{U}\sin\beta}{\dot{U}} = \sin\beta$$

改变 $\dot{U}_c$ 与 $\dot{U}_f$ 相位差 β 的大小，可以改变电动机的转速，还可以改变电动机的转向。将交流伺服电动机的控制电压 $\dot{U}_c$ 的相位改变 $180°$ 电角度时（即极性对换），若原来的控制绕组内的电流 $\dot{I}_c$ 超前于励磁电流 $\dot{I}_f$，相位改变 $180°$ 电角度后，$\dot{I}_c$ 反而滞后 $\dot{I}_f$，从而电动机气隙磁场的旋转方向与原来相反，从而使交流伺服电动机反转。

6.3.4 幅值-相位控制方式

幅值-相位控制是将励磁绕组串联电容后，接到励磁电源上。励磁绕组上的电压为 $\dot{U}_f = \dot{U} - \dot{U}_{ca}$。幅值-相位控制的原理电路和电压相量图如图 6.36 所示。控制绕组电压 $\dot{U}_c$ 的相位始终与 $\dot{U}$ 相同。调节控制电压的幅值来改变电动机的转速时，由于转子绕组的耦合作用，励磁回路中的电流 $\dot{I}_f$ 也发生变化，使励磁绕组的电压 $\dot{U}_f$ 及串联电容上的电压 $\dot{U}_{ca}$ 也随之改变。也就是说，控制绕组电压 $\dot{U}_c$ 和励磁绕组电压 $\dot{U}_f$ 的大小，相位角差也都跟着改变,所以此种控制方法称为幅值-相位控制。

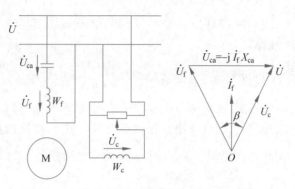

图 6.36　幅值-相位控制的原理电路和电压相量图

控制过程中,当改变控制电压的幅值时,励磁电压 $\dot{U}_f$ 的幅值和相位都随控制电压的变化而变化。

$$\dot{U}_f = \dot{U} - \dot{U}_{ca}$$

电容两端的电压为

$$\dot{U}_{ca} = -j\dot{I}_f X_{ca}$$

则

$$\dot{U}_f = \dot{U} + j\dot{I}_f X_{ca}$$

幅值-相位控制方式利用励磁绕组中的串联电容来分相,所以又称为电容控制,不需要复杂的移相装置,所以设备简单、成本较低,成为较常用的控制方式。

6.3.5　双相控制方式

双相控制是一种特殊的相位控制,其原理电路和电压相量图如图 6.37 所示。

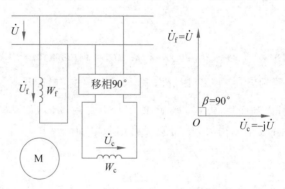

图 6.37　双相控制的原理电路和电压相量图

励磁绕组与控制绕组间的相位差固定为 90°,而励磁绕组电压的幅值随控制电压的改变而同样改变。也就是说,不论控制电压的大小如何,伺服电动机始终在圆形旋转磁场下工作,获得的输出功率和效率最大。

6.4　交流异步伺服电动机

6.4.1　交流和直流伺服电动机的性能比较

交流异步伺服电动机和直流伺服电动机在自动控制系统中都被广泛使用。下面就这两类电动机的性能作简要比较,分别说明其优、缺点,以便选用时参考。

1. 机械特性和调节特性

直流伺服电动机的机械特性和调节特性均为线性关系,且在不同的控制电压下,机械特性曲线相互平行,斜率不变。异步伺服电动机的机械特性和调节特性均为非线性关系,且在不同的控制电压下,理想线性机械特性也不是相互平行的。机械特性和调节特性的非线性都将直接影响到系统的动态精度,一般来说特性的非线性度越大,系统的动态精度越低。此外,当控制电压不同时,电动机的理想线性机械特性的斜率变化也会给系统的稳定和校正带来麻烦。

图 6.38 中用实线表示了一台空心杯转子异步伺服电动机的机械特性,同时用虚线表示了一台直流伺服电动机的机械特性。这两台电动机在体积、重量和额定转速等方面都很相近。由图 6.38 可以看出,直流伺服电动机的机械特性为硬特性,异步伺服电动机的机械特性与之相比为软特性。特别是当电动机经常运行在低速时,机械特性就更软,电动机系统的品质会降低。

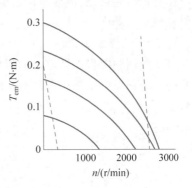

图 6.38　交流异步伺服电动机和直流伺服电动机机械特性的比较

2. 体积、重量和效率

为了满足控制系统对电动机性能的要求,交流异步伺服电动机的转子电阻就得相当大。同时电动机经常运行在椭圆形旋转磁场下,由于负序磁场的存在要产生制动转矩,使电磁转矩减小,并使电动机的损耗增大。所以,当输出功率相同时,异步伺服电动机要比直流伺服电动机的体积大,重量大,效率低。异步伺服电动机只适用于小功率系统,对于功率较大的控制系统,则普遍采用直流伺服电动机。

3. 动态响应

电动机动态响应的快速性常常以机电时间常数来衡量。直流伺服电动机的转子上带有电枢和换向器,转动惯量要比异步伺服电动机大。当两电动机的空载转速相同时,直流伺服电动机的堵转转矩要比异步伺服电动机大得多。综合比较,交流异步和直流伺服电动机的机电时间常数较为接近。在负载时,若电动机所带负载的转动惯量较大,这时两种电动机系统的总惯量(即负载的转动惯量与电动机的转动惯量之和)就相差不太多,以致可使直流伺服电动机系统的机电时间常数反而比交流异步伺服电动机系统的机电时间常数小。

4. "自转"现象

对于两相交流异步伺服电动机,若参数选择不适当,或制造工艺带来缺陷,都会使电动机在单相状态下产生"自转"现象,而直流伺服电动机不存在"自转"现象。

5. 电刷和换向器的滑动接触

直流伺服电动机由于存在着电刷和换向器,因而结构复杂,制造困难。电刷和换向器之间存在滑动接触和电刷接触电阻的不稳定,将影响到电动机运行的稳定性。此外,直流伺服电动机中存在着换向器火花,既会引起对无线电通信的干扰,又给运行和维护带来麻烦。

交流异步伺服电动机的结构简单,运行可靠,维护便利,适宜在不易检修的场合使用。

6. 放大器装置

直流伺服电动机的控制绕组通常由直流放大器供电,而直流放大器有零点漂移现象,将影响到系统工作的精度和稳定性,并且直流放大器的体积和重量要比交流放大器大得多。

6.4.2 交流异步伺服电动机的应用案例

作为执行元件,交流异步伺服电动机广泛应用于自动控制系统、自动检测系统和计算装置以及增量运动中。

1. 用于位置控制系统

自动控制系统根据被控制的对象不同,有速度控制和位置控制之分。图 6.39 所示为最简单的交流伺服电动机位置控制系统。

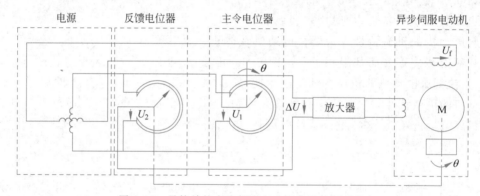

图 6.39　最简单的交流伺服电动机位置控制系统

采用图 6.39 所示的系统可以实现远距离角度传递,即将主令轴的转角 θ 传递到远距离的执行轴,使之复现主令轴的转角位置。

主令轴的转角 θ 可任意变动,在任何瞬间的数值由刻度盘读数指示。执行轴必须准确地复现主令轴的转角。为了完成这个动作,用线绕电位器(主令电位器)将转角变成与转角成比例的电压,即该系统的输入信号电压 U_1。执行轴的转角同样用另一线绕电位器(反馈电位器)变成与转角成比例的电压,即反馈信号电压 U_2。一对电位器的电压用同一电源供给。输入信号电压与反馈信号电压之差($\Delta U = U_1 - U_2$)经放大器放大后,加到交流异步伺服电动机的控制绕组上。信号放大后,其输出功率足以驱动电动机。电动机的励磁绕组接到与放大器输入电压有 90° 相位差的恒定交流电压上。电动机的转轴通过减速齿轮组转动执行轴,转动的方向必须能降低放大器的输入电压 ΔU。因此,当放大器的输入端有电压时,电动机就会转动,直到放大器输入电压减小到零时为止。由于加在两电位器输入端的电压相同,所以,当执行轴和主令轴的转角 θ 相等时,两电位器的输出电压也相等。此时,$\Delta U = 0$,伺服电动机停止转动。

这类应用实例在民用工业、国防建设中是很多的。例如,轧钢机中轧辊间隙的自动控制、火炮和雷达天线的定位、船舰方向舵和驾驶盘的自动控制等。

2. 用于检测装置

用交流异步伺服电动机可组成自动化仪表和检测装置。例如,电子自动电位差计、电子自动平衡电桥以及某些轧钢检测仪表等。图 6.40 为钢板厚度测量装置示意图。

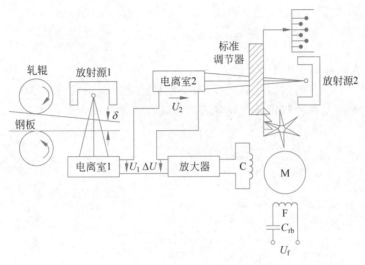

图 6.40 钢板厚度测量装置示意图

该测量装置使用了两个电离室和两个放射源。所谓放射源是指某些放射物质,这些放射物质能自动地放射出一种射线。这些射线穿过钢板厚度进入电离室,使气体电离并产生离子。在电离室外加电压的作用下,正离子向阴极、电子向阳极流动形成电流。这些电流是射线强度的函数。钢板厚度不同,进入电离室的射线强弱不同,产生的电流大小也不一样,因而,电离室的输出电压也就不同。

正常情况下,当钢板厚度 δ 和标准调节片的厚度相同时,两电离室的输出电压 $U_1 = U_2$,放大器的输入电压 $\Delta U = U_1 - U_2 = 0$。当钢板厚度改变时,则电离室 1 和 2 的输出电压 $U_1 \neq U_2$,差值电压 $\Delta U \neq 0$,经放大后加到交流伺服电动机的控制绕组 C 上(其励磁绕组 F 已由励磁电压 U_f 供电)。伺服电动机转动并移动标准调节片,直到标准调节片的厚度与被测的钢板厚度相等时,进入两电离室的射线相等,输出电压 $U_1 = U_2$,$\Delta U = 0$,电动机就停止转动。此时指针可在刻度盘上直接指示出钢板的厚度。

3. 用于计算装置

交流异步伺服电动机和其他控制元件一起可组成各种计算装置,以进行加、减、乘、除、乘方、开方、正弦函数、微分和积分等运算。例如,和异步测速发电机组成积分运算器,和旋转变压器组成乘法运算器。

图 6.41 表示用交流异步伺服电动机进行倒数计算的装置,其工作原理如下。

当线性电位器的输入端外施交流电压 U_1 时,在电位器的输出端得到与电动机转轴的旋转角度 θ 成正比

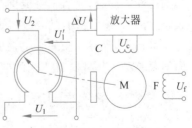

图 6.41 倒数计算装置

的电压 $U'_1 = U_1\theta$，然后与一个幅值为 1 的恒值电压 U_2 比较。差值电压 $\Delta U = U'_1 - U_2 = U_1\theta - U_2$，经放大后，加到伺服电动机的控制绕组上，电动机转动并通过齿轮组带动线性电位器的滑动头。于是，电位器的输出电压 U'_1 随之改变，一旦差值电压 ΔU 为零，则电动机停止转动。此时电动机转轴的角位移 θ 就必然等于输入电压的倒数，即

$$\Delta U = U_1\theta - 1 = 0$$

所以

$$\theta = \frac{1}{U_1} \tag{6.61}$$

4. 用于增量运动的控制系统

图 6.42 所示为机床的数字控制系统，属于增量运动控制系统的典型例子。在增量运动控制系统中，用数字纸带控制机器部件或刀具的运动。系统工作过程如下。

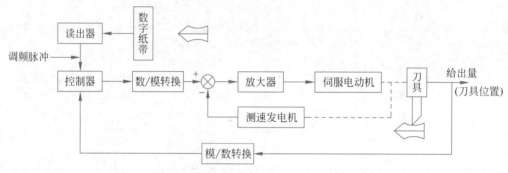

图 6.42　机床的数字控制系统

系统起动后，纸带上的信息通过读出器送出脉冲信号，脉冲信号在控制器中与反馈脉冲进行比较和运算，再经数/模转换器将脉冲信号转换为模拟信号，即大小一定的电压，以控制交流异步伺服电动机的动作。根据不同的输入信号，伺服电动机控制刀架的位置，再由与刀盘相连的模/数转换器，将刀具的运动转变为数字脉冲信号，即反馈信号。伺服电动机力图使输入脉冲和反馈脉冲的差值减至最小，从而使加工的误差减小。为了稳定系统的速度，还采用了由测速发电机组成的速度反馈环节。

6.5　永磁同步伺服电动机

近年来，随着高性能永磁材料技术、电力电子技术、微电子技术的飞速发展以及矢量控制理论、自动控制理论研究的不断深入，永磁同步伺服电动机控制系统得到了迅速发展。由于其调速性能优越，克服了直流伺服电动机机械式换向器和电刷带来的一系列限制，结构简单、运行可靠；且体积小、重量轻、效率高、功率因数高、转动惯量小、过载能力强。与异步伺服电动机相比，永磁同步伺服电动机控制简单，不存在励磁损耗等问题，因而在高性能、高精度的伺服驱动等领域具有广阔的应用前景。

6.5.1　永磁同步伺服电动机工作原理

永磁同步伺服电动机的转子可以制成一对极的，也可制成多对极的，下面以两极(一对

级)电动机为例说明其工作原理。

图 6.43 所示为两极转子的永磁同步伺服电动机的工作
原理图。

当电动机的定子绕组通上交流电后,就产生一旋转磁场,
在图中以一对旋转磁极 N、S 表示。当定子磁场以同步转速
n_s 逆时针方向旋转时,根据异性极相吸的原理,定子旋转磁极
就吸引转子磁极,带动转子一起旋转。转子的旋转速度与定
子旋转磁场(同步转速 n_s)相等。当电动机转子上的负载转矩
增大时,定、转子磁极轴线间的夹角 θ 就相应增大;反之,夹角
θ 则减小。定、转子磁极间的磁力线如同弹性一样,随着负载
的增大和减小而拉长和缩短。虽然定、转子磁极轴线之间的夹
角会随负载的变化而改变,但只要负载不超过某一极限,转子就
始终跟着定子旋转磁场以同步转速 n_s 转动,即转子转速为

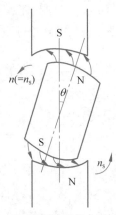

图 6.43　两极转子的永磁同步伺服电动机工作原理图

$$n = n_s = \frac{60f}{p} \tag{6.62}$$

式中,f 为定子电流频率(Hz);p 为电动机的极对数。

由式(6.62)可知,转子转速仅取决于电源频率和极对数。略去定子电阻则可得转矩,即

$$T_{em} = \frac{mpE_0U}{\omega_s X_d}\sin\theta + \frac{mpU^2}{2\omega_s}\left(\frac{1}{X_d} - \frac{1}{X_q}\right)\sin2\theta \tag{6.63}$$

式中,m 为电动机相数;$\omega_s = 2\pi f$ 为电角速度(rad/s);U、E_0 分别为电源电压和空载反电动势
有效值(V);X_d、X_q 分别为电动机直轴 d、交轴 q 同步电抗(Ω);θ 为功率或转矩角(rad)。

由于永磁同步伺服电动机(PMSM)的直轴 d 同步电抗 X_d 一般小于交轴 q 同步电抗
X_q,磁阻转矩为一负正弦函数,因而最大转矩值对应的转矩角大于90°。

一般来讲,PMSM 的起动比较困难。其主要原因是,刚合上电源起动时,虽然气隙内产
生了旋转磁场,但转子还是静止的,转子在惯性的作用下,跟不上旋转磁场的转动。因为定
子和转子两对磁极之间存在着相对运动,转子所受到的平均转矩为零。

例如,在图 6.44(a)所表示的瞬间,定、转子磁极间的相互作用倾向于使转子逆时针方
向旋转。但由于惯性的影响,转子受到作用后不能马上转动;当转子还来不及转起来时,定
子旋转磁场已转过 180°,到达了如图 6.44(b)所示的位置。这时定、转子磁极的相互作用又
趋向于使转子依顺时针方向旋转。所以转子所受到的转矩方向时正时反,其平均转矩为 0。
因而,PMSM 往往不能自起动。由图 6.44 可见,在同步伺服电动机中,如果转子的转速与
旋转磁场的转速不相等,转子所受到的平均转矩也总是 0。

从上面的分析可知,影响 PMSM 不能自起动的主要因素如下。

(1) 转子本身存在惯性。

(2) 定、转子磁场之间转速相差过大。

为了使 PMSM 能自行起动,在转子上一般都装有起动绕组。当 PMSM 起动时,依靠起
动绕组可使电动机如同异步电动机起动时一样产生起动转矩,使转子转动起来。等到转子
转速上升到接近同步转速时,定子旋转磁场就与转子永久磁钢相互吸引把转子牵入同步,转
子与旋转磁场一起以同步转速旋转。永磁同步伺服电动机的转子常具有永久磁钢和笼型起

动绕组两部分。

如果电动机转子本身惯性不大,或者是多极的低速电动机,定子旋转磁场转速不是很大,那么永磁同步伺服电动机不另装起动绕组也是可以自起动的。

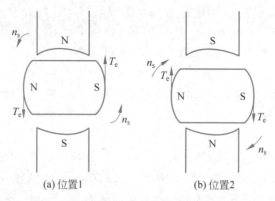

(a) 位置1   (b) 位置2

图6.44　永磁同步伺服电动机的起动转矩

6.5.2　永磁同步伺服电动机的数学模型

视频讲解

视频讲解

当给 PMSM 的定子通入三相交流电时,三相电流在定子绕组的电阻上产生电压降。由三相交流电产生的旋转电枢磁动势及建立的电枢磁场,一方面切割定子绕组,并在定子绕组中产生感应电动势;另一方面以电磁力拖动转子以同步转速旋转。电枢电流还会产生仅与定子绕组相交链的定子绕组漏磁通,并在定子绕组中产生感应漏电动势。此外,转子永磁体产生的磁场也以同步转速切割定子绕组,从而产生空载电动势。可见,永磁同步伺服电动机的建模非常复杂。为了便于分析,在建立数学模型时做如下假设。

(1)忽略电动机的铁芯饱和。

(2)不计电动机中的涡流和磁滞损耗。

(3)定子和转子磁动势所产生的磁场沿定子内圆按正弦分布,即忽略磁场中所有的空间谐波。

(4)转子上没有阻尼绕组,永磁体也没有阻尼作用。

(5)各相绕组对称,即各相绕组的匝数与电阻相同,各相轴线相互位移同样的电角度。

PMSM 的数学模型由两部分组成,即电动机的机械模型和绕组电压模型。其中,电动机的机械运动方程是固定的,不随坐标系的不同而变化。电动机的机械运动方程为

$$T_{\text{em}} - T_{\text{L}} = J \frac{\text{d}\omega_{\text{r}}}{\text{d}t} + B\omega_{\text{r}} \tag{6.64}$$

式中,T_{em} 为电动机的电磁转矩(N·m);T_{L} 为电动机的负载转矩(N·m);J 为电动机转子及负载惯量(kg·m²);B 为电动机黏滞摩擦系数;ω_{r} 为电动机机械转速(rad/s)。

下面将基于以上假设,建立在不同坐标系下永磁同步伺服电动机的数学模型。

1. 永磁同步伺服电动机在静止坐标系(*A-B-C*)上的数学模型

设 PMSM 三相集中绕组分别为 A、B、C,各相绕组的中心线在与转子轴垂直的平面上,分布如图6.45所示。

图中定子三相绕组用3个线圈来表示,各相绕组的轴线在空间是固定的,ψ_{r} 为转子上

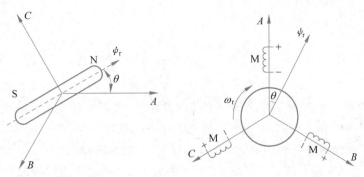

图 6.45 永磁同步伺服电动机在(A-B-C)坐标系下的模型

安装的永磁磁钢的磁场方向,转子上无任何线圈。电动机转子以 ω_r 的角速度顺时针方向旋转,ψ_r 与 A 相绕组间的夹角 $\theta = \omega_r t$,即转子的轴线与定子 A 相绕组的电气角。

三相绕组的电压回路方程为

$$\begin{bmatrix} u_A \\ u_B \\ u_C \end{bmatrix} = \begin{bmatrix} R_A & 0 & 0 \\ 0 & R_B & 0 \\ 0 & 0 & R_C \end{bmatrix} \begin{bmatrix} i_A \\ i_B \\ i_C \end{bmatrix} + P \begin{bmatrix} \Psi_A \\ \Psi_B \\ \Psi_C \end{bmatrix} \tag{6.65}$$

式中,u_A、u_B、u_C 为各相绕组两端的电压(V);R_A、R_B、R_C 为各相绕组电阻;i_A、i_B、i_C 为各相线电流(A);Ψ_A、Ψ_B、Ψ_C 为各相绕组总磁链(又称磁通匝)(Wb);P 为微分算子(d/dt)。

磁链方程为

$$\begin{bmatrix} \Psi_A \\ \Psi_B \\ \Psi_C \end{bmatrix} = \begin{bmatrix} L_A & M_{AB} & M_{AC} \\ M_{BA} & L_B & M_{BC} \\ M_{CA} & M_{CB} & L_C \end{bmatrix} \begin{bmatrix} i_A \\ i_B \\ i_C \end{bmatrix} + \begin{bmatrix} \Psi_{rA} \\ \Psi_{rB} \\ \Psi_{rC} \end{bmatrix} \tag{6.66}$$

式中,L_X 为各相绕组自感(H);M_{XX} 为各相绕组之间的互感(H);Ψ_{rX} 为永磁体磁链在各相绕组中产生的交链,是 θ 的函数。

为进一步简化电压回路方程,做以下假设。

(1) 气隙分布均匀,磁回路与转子的位置无关,即各相绕组的自感 L_X、绕组之间的互感 M_{XX} 与转子的位置无关。

(2) 不考虑磁饱和现象,即各相绕组的自感 L_X、绕组之间的互感 M_{XX} 与通入绕组中的电流大小无关,忽略漏磁通的影响。

(3) 转子磁链在气隙中呈正弦分布。

转子在各相绕组中的交链分别为

$$\begin{bmatrix} \Psi_{rA} \\ \Psi_{rB} \\ \Psi_{rC} \end{bmatrix} = \Psi_f \begin{bmatrix} \cos\theta \\ \cos(\theta - 2\pi/3) \\ \cos(\theta + 2\pi/3) \end{bmatrix} \tag{6.67}$$

式中,Ψ_f 为转子永磁体磁链的最大值,对于特定的永磁同步伺服电动机为一常数。

三相绕组在空间上对称分布,并且通入三相绕组中的电流是对称的,即有下述关系成立

$$L_A = L_B = L_C, \quad M_{AB} = M_{AC} = M_{BA} = M_{BC} = M_{CA} = M_{CB}, \quad i_A + i_B + i_C = 0$$

设 $L = L_X - M_{XX}$,则电动机在三相坐标系下的方程可写为

$$
\begin{bmatrix} u_A \\ u_B \\ u_C \end{bmatrix} = \begin{bmatrix} R_A + PL & 0 & 0 \\ 0 & R_B + PL & 0 \\ 0 & 0 & R_C + PL \end{bmatrix} \begin{bmatrix} i_A \\ i_B \\ i_C \end{bmatrix} - \omega_r \Psi_f \begin{bmatrix} \sin\theta \\ \sin(\theta - 2\pi/3) \\ \sin(\theta + 2\pi/3) \end{bmatrix} \quad (6.68)
$$

由式(6.68)可见,PMSM 在三相实际轴系下的电压方程为一组变系数的线性微分方程,不易直接求解。为方便分析,常用几种更为简单的、等效的模型电动机来替代实际电动机,并采用恒功率变换的原则,利用坐标变换方法分析和求解。

2. 永磁同步伺服电动机在静止坐标系(α-β)上的数学模型

电磁场是电动机进行能量交换的媒介,电动机之所以能够产生转矩做功,是因为定子产生的磁场和转子产生的磁场相互作用的结果。坐标交换的目的是使交流电动机达到与直流电动机一样的控制效果,也即能对负载电流和励磁电流分别进行独立的控制,并使它们的磁场在空间位置上也能相差 90°,实现完全解耦控制。基于旋转磁场的产生机理,可用磁场等效的观点简化三相永磁同步伺服电动机的模型,将原来的三相绕组上的电压回路方程式转化并简化为两相绕组上的电压回路方程式。

1) 三相旋转磁场

如图 6.46 所示,三相固定绕组 A、B、C 的特点是:三相绕组在空间上相差 120°,三相平衡电流 i_A、i_B、i_C 在相位上相差 120°。对三相绕组通入三相交流电后,其合成磁场如图 6.47 所示。由图 6.47 可知,随着时间的变化,合成磁场的轴线也在旋转,电流交变一个周期,磁场也旋转一周。在合成磁场旋转的过程中,合成磁感应强度不变,所以称为圆磁场。

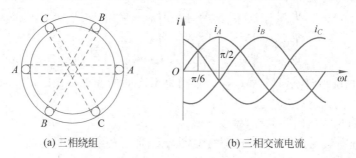

(a) 三相绕组　　　　(b) 三相交流电流

图 6.46　三相绕组和三相交流电流

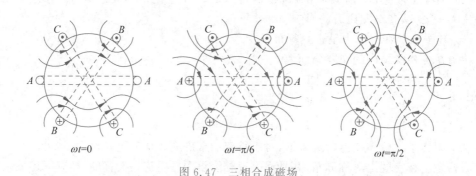

图 6.47　三相合成磁场

2) 两相旋转磁场

如图 6.48 所示,两相固定绕组 α、β 在空间上相差 90°,两相平衡的交流电流 i_α、i_β 在相位上相差 90°,对两相绕组通入两相电流后,其合成磁场如图 6.49 所示。由图 6.49 可知,两相合成磁场也具有和三相旋转磁场完全相同的特点。

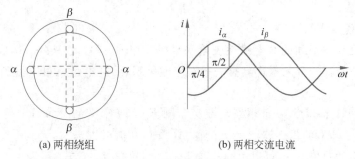

(a) 两相绕组　　　　　　　　(b) 两相交流电流

图 6.48　两相绕组和两相交流电流

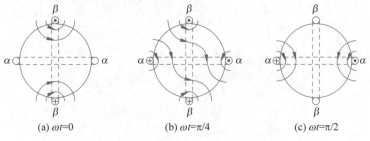

(a) $\omega t=0$　　　　　(b) $\omega t=\pi/4$　　　　　(c) $\omega t=\pi/2$

图 6.49　两相合成磁场

若用上述方法产生的旋转磁场完全相同(即磁极对数相同、磁感应强度相同、转速相同),则可认为此时的三相磁场和两相磁场是等效的。因此,两相和三相旋转磁场之间可以互相进行等效转换。

如图 6.50 所示,三相电动机集中绕组 A、B、C 的轴线在与转子轴垂直的平面分布,轴线之间分别相差 120°。每相绕组在气隙中产生的单位磁势(磁势方向)记为 $\boldsymbol{F}_A$、$\boldsymbol{F}_B$、$\boldsymbol{F}_C$。因为 $\boldsymbol{F}_A$、$\boldsymbol{F}_B$、$\boldsymbol{F}_C$ 不会在轴向上产生分量,可以把气隙内的磁场简化为一个二维的平面场,所以磁势 $\boldsymbol{F}_A$、$\boldsymbol{F}_B$、$\boldsymbol{F}_C$ 就成为在同一个平面场内的三个矢量,分别为 $\mathrm{e}^{\mathrm{j}\cdot 0}$、$\mathrm{e}^{\mathrm{j}\cdot 2\pi/3}$、$\mathrm{e}^{\mathrm{j}\cdot 4\pi/3}$。

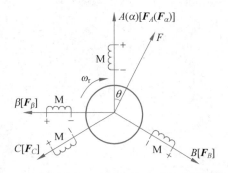

图 6.50　永磁同步伺服电动机在(α-β)坐标系下的模型

定义 $\boldsymbol{F}_A$、$\boldsymbol{F}_B$、$\boldsymbol{F}_C$ 的线性组合为

$$\boldsymbol{S}_1 = k_A \boldsymbol{F}_A + k_B \boldsymbol{F}_B + k_C \boldsymbol{F}_C$$

式中,k_A、k_B、k_C 为任意实数。

二维平面场(R^2)内任意两个不相关的矢量($\boldsymbol{F}_\alpha$、$\boldsymbol{F}_\beta$)的线性组合为

$$\boldsymbol{S}_2 = k_\alpha \boldsymbol{F}_\alpha + k_\beta \boldsymbol{F}_\beta$$

式中,k_α、k_β 为任意实数。

由于在二维线性空间的 3 个线性矢量一定线性相关,所以 $\boldsymbol{S}_1$ 与 $\boldsymbol{S}_2$ 构成同一个线性空间。$\boldsymbol{S}_1$ 和 $\boldsymbol{S}_2$ 中的每一个元素都具有一一对应的关系,给定矢量就可以得到 $\boldsymbol{S}_1$ 与 $\boldsymbol{S}_2$ 之间的变换关系。

选取 α 轴同 A 轴重合,β 轴超前 α 轴 $90°$,则 $\boldsymbol{F}_\alpha$ 同 $\boldsymbol{F}_A$ 方向一致,$\boldsymbol{F}_\beta$ 超前 $\boldsymbol{F}_\alpha 90°$。$\boldsymbol{F}_\alpha$、$\boldsymbol{F}_\beta$ 分别代表 α、β 轴上的集中绕组产生的磁势方向,其值分别为 $e^{j\cdot 0}$、$e^{j\cdot\pi/2}$。此时,三相绕组在气隙中产生的总磁势 $\boldsymbol{F}$ 可以由两相绕组 α、β 等效产生,等效关系为

$$\boldsymbol{F} = \begin{bmatrix} \boldsymbol{F}_\alpha & \boldsymbol{F}_\beta \end{bmatrix} N_2 \begin{bmatrix} i_\alpha \\ i_\beta \end{bmatrix} = \begin{bmatrix} \boldsymbol{F}_A & \boldsymbol{F}_B & \boldsymbol{F}_C \end{bmatrix} N_3 \begin{bmatrix} i_A \\ i_B \\ i_C \end{bmatrix} \tag{6.69}$$

式中,N_2 为两相绕组 α、β 的匝数;N_3 为三相绕组 A、B、C 的匝数。

根据式(6.69)可得电流的变换矩阵

$$\begin{bmatrix} i_\alpha \\ i_\beta \end{bmatrix} = \frac{N_3}{N_2} \begin{bmatrix} 1 & -1/2 & -1/2 \\ 0 & \sqrt{3}/2 & -\sqrt{3}/2 \end{bmatrix} \begin{bmatrix} i_A \\ i_B \\ i_C \end{bmatrix} = \boldsymbol{T} \begin{bmatrix} i_A \\ i_B \\ i_C \end{bmatrix} \tag{6.70}$$

满足功率不变时应有

$$\frac{N_3}{N_2} = \sqrt{\frac{2}{3}}$$

因此可得变换矩阵为

$$\boldsymbol{T} = \sqrt{\frac{2}{3}} \times \begin{bmatrix} 1 & -1/2 & -1/2 \\ 0 & \sqrt{3}/2 & -\sqrt{3}/2 \end{bmatrix} \tag{6.71}$$

永磁同步伺服电动机的电压变换关系与磁动势的变换关系是一致的。由此,三相绕组的电压回路方程可以简化为两相绕组上的电压回路方程

$$\begin{cases} \begin{bmatrix} u_\alpha \\ u_\beta \end{bmatrix} = \begin{bmatrix} R_s + PL_\alpha & 0 \\ 0 & R_s + PL_\beta \end{bmatrix} \begin{bmatrix} i_\alpha \\ i_\beta \end{bmatrix} + \omega_r \boldsymbol{\Psi}_f \begin{bmatrix} -\sin\theta \\ \cos\theta \end{bmatrix} \\ \begin{bmatrix} i_\alpha \\ i_\beta \end{bmatrix} = \boldsymbol{T} \begin{bmatrix} i_A \\ i_B \\ i_C \end{bmatrix}, \quad \begin{bmatrix} u_\alpha \\ u_\beta \end{bmatrix} = \boldsymbol{T} \begin{bmatrix} u_A \\ u_B \\ u_C \end{bmatrix} \end{cases} \tag{6.72}$$

式中,$R_s = R_\alpha = R_\beta$。

转矩方程为

$$T_{em} = \sqrt{\frac{3}{2}} \boldsymbol{\Psi}_f (i_\beta \cos\theta - i_\alpha \sin\theta) \tag{6.73}$$

通过对三相坐标系向两相坐标系的变换关系分析可得如下结论。

(1) 电压回路方程与变量的个数减少,给分析问题带来了很大方便。

（2）当 A、B、C 各相绕组上的电压与电流分别为相位互差 120° 的正弦波时,通过变换方程式和变换矩阵可以看到,在 α、β 绕组上的电压与电流为相位互差 90° 的正弦波。三相绕组与两相绕组在气隙中产生的磁势是一致的,并且由矩阵方程式可以看到磁势为一个旋转磁势,旋转角度为电源电流(电压)的角频率。

3. 永磁同步伺服电动机在旋转坐标系（d-q）上的数学模型

三相定子交流电主要作用就是产生一个旋转的磁场,可以用一个两相系统来等效。

PMSM 在静止坐标系（α-β）上的数学模型是用磁场等效的观点简化了三相永磁同步伺服电动机的模型,将原来的三相绕组上的电压回路方程式转化为两相绕组上的电压回路方程式。从式(6.73)可见,电动机的输出转矩与 i_α、i_β 电流及 θ 有关,控制电动机的输出转矩就必须控制电流 i_α、i_β 的频率、幅值和相位。为了方便进行矢量控制,还必须同样用磁场等效的观点把 α、β 轴坐标系上的电动机模型变换为旋转坐标系（d-q）上的电动机模型。

同样如前所述,首先了解旋转体的旋转磁场。在图 6.51 所示的旋转体上放置一个直流绕组 M,M 内通入直流电流产生一个不旋转的恒定磁场。但是旋转体旋转时,恒定磁场也随之旋转,在空间形成了一个旋转磁场。由于这个旋转磁场是借助于机械运动而得到的,所以也称为机械旋转磁场。

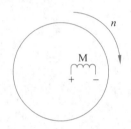 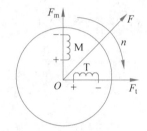

(a) 旋转体所形成的旋转磁场　　　(b) 旋转磁场上两个直流绕组产生的旋转磁场

图 6.51　机械旋转磁场

如果在旋转体上放置两个互相垂直的直流绕组 M、T,则当给这两个绕组分别通入直流电流时,它们的合成磁场仍然是恒定磁场,如图 6.51(b)所示。同样,当旋转体旋转时,该合成磁场也随之旋转,故可称为机械旋转直流合成磁场。如果调整直流电流 i_M、i_T 中的任何一路时,直流合成磁场的磁感应强度也得到了调整。

若用该方法产生的旋转磁场同前面产生的磁场完全相同(即磁极对数相同、磁感应强度相同、转速相同),则可认为此时的三相磁场、两相磁场、旋转直流磁场系统是等效的。因此,这三种旋转磁场之间可以互相进行等效转换。从而可以进一步用磁场等效的观点把 α、β 轴坐标系上的电动机模型变换为旋转坐标系（d-q）上的电动机模型。

如图 6.52 所示为静止坐标系（α-β）与旋转坐标系（d-q）中的坐标轴在二维平面场中的分布;d-q 轴的旋转角频率为 ω_n,d 轴与 α 轴的初始位置角为 ϕ。所以,在 d-q 轴上的集中绕组产生的单位磁势 $\boldsymbol{F}_d$、$\boldsymbol{F}_q$ 定义为 $e^{j(\omega_n t+\varphi)}$、$e^{j(\omega_n t+\varphi+\pi/2)}$。

根据磁势等效的原则有以下方程式成立

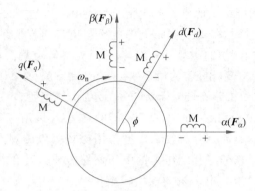

图 6.52　静止坐标系(α-β)与旋转坐标系(d-q)中的坐标轴在二维平面场中的分布

$$\begin{bmatrix} \boldsymbol{F}_\alpha & \boldsymbol{F}_\beta \end{bmatrix} N_2 \begin{bmatrix} i_\alpha \\ i_\beta \end{bmatrix} = \begin{bmatrix} \boldsymbol{F}_d & \boldsymbol{F}_q \end{bmatrix} N_4 \begin{bmatrix} i_d \\ i_q \end{bmatrix} \tag{6.74}$$

式中,N_4 为 d-q 轴上集中绕组的匝数。

由式(6.74)可得静止坐标系(α-β)与旋转坐标系(d-q)中的电流变换关系为

$$\begin{bmatrix} i_\alpha \\ i_\beta \end{bmatrix} = \frac{N_4}{N_2} \begin{bmatrix} \cos(\omega_n t + \phi) & -\sin(\omega_n t + \phi) \\ \sin(\omega_n t + \phi) & \cos(\omega_n t + \phi) \end{bmatrix} \begin{bmatrix} i_d \\ i_q \end{bmatrix} \tag{6.75}$$

满足功率不变时应有

$$\frac{N_4}{N_2} = 1$$

所以可得

$$\begin{bmatrix} u_\alpha \\ u_\beta \end{bmatrix} = \begin{bmatrix} \cos(\omega_n t + \phi) & -\sin(\omega_n t + \phi) \\ \sin(\omega_n t + \phi) & \cos(\omega_n t + \phi) \end{bmatrix} \begin{bmatrix} u_d \\ u_q \end{bmatrix} \tag{6.76}$$

$$\begin{bmatrix} i_\alpha \\ i_\beta \end{bmatrix} = \begin{bmatrix} \cos(\omega_n t + \phi) & -\sin(\omega_n t + \phi) \\ \sin(\omega_n t + \phi) & \cos(\omega_n t + \phi) \end{bmatrix} \begin{bmatrix} i_d \\ i_q \end{bmatrix} \tag{6.77}$$

为建立坐标系(d-q)和坐标系(A-B-C)之间的转换,将图 6.52 进一步表示为如图 6.53 所示。取磁极轴线为 d 轴,顺着旋转方向(逆时针)超前 90°电度角为 q 轴,以 A 相绕组轴线为参考轴线,d 轴与参考轴之间的电度角为 θ。

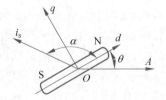

图 6.53　永磁同步伺服电动机
d-q 旋转坐标系图

从而可以建立旋转坐标系(d-q)中和三相静止坐标系(A-B-C)中电动机模型之间的关系如下:

$$\begin{bmatrix} i_d \\ i_q \\ i_o \end{bmatrix} = \sqrt{\frac{2}{3}} \begin{bmatrix} \cos\theta & \cos\left(\theta - \frac{2\pi}{3}\right) & \cos\left(\theta + \frac{2\pi}{3}\right) \\ -\sin\theta & -\sin\left(\theta - \frac{2\pi}{3}\right) & -\sin\left(\theta + \frac{2\pi}{3}\right) \\ \sqrt{\frac{1}{2}} & \sqrt{\frac{1}{2}} & \sqrt{\frac{1}{2}} \end{bmatrix} \begin{bmatrix} i_A \\ i_B \\ i_C \end{bmatrix} \tag{6.78}$$

$$\begin{bmatrix} u_d \\ u_q \\ u_o \end{bmatrix} = \sqrt{\frac{2}{3}} \begin{bmatrix} \sin\theta & \sin\left(\theta - \frac{2\pi}{3}\right) & \sin\left(\theta + \frac{2\pi}{3}\right) \\ \cos\theta & \cos\left(\theta - \frac{2\pi}{3}\right) & \cos\left(\theta + \frac{2\pi}{3}\right) \\ \sqrt{\frac{1}{2}} & \sqrt{\frac{1}{2}} & \sqrt{\frac{1}{2}} \end{bmatrix} \begin{bmatrix} u_A \\ u_B \\ u_C \end{bmatrix} \tag{6.79}$$

式中，u_d、u_q 为 d、q 轴定子电压（V）；i_d、i_q 为 d、q 轴定子电流（A）。

PMSM 中定子绕组一般为无中线的 Y 形连接，故 $i_o \equiv 0$。

将式（6.76）和式（6.77）代入式（6.79）可得永磁同步伺服电动机在旋转坐标系（d-q）下的电压回路方程式

$$\begin{bmatrix} u_d \\ u_q \end{bmatrix} = \begin{bmatrix} R_s + PL_d & -\omega_n L_q \\ -\omega_n L_d & R_s + PL_q \end{bmatrix} \begin{bmatrix} i_d \\ i_q \end{bmatrix} + \omega_r \Psi_f \begin{bmatrix} -\sin(\theta - \omega_n t + \phi) \\ \cos(\theta - \omega_n t + \phi) \end{bmatrix} \tag{6.80}$$

式中，L_d、L_q 分别为 d、q 轴定子电感（H）；Ψ_f 为转子上的永磁体产生的磁势（At，安匝）。

又因为 $\theta = \omega_r t$，所以式（6.80）可转化为

$$\begin{bmatrix} u_d \\ u_q \end{bmatrix} = \begin{bmatrix} R_s + PL_d & -\omega_n L_q \\ -\omega_n L_d & R_s + PL_q \end{bmatrix} \begin{bmatrix} i_d \\ i_q \end{bmatrix} + \omega_r \Psi_f \begin{bmatrix} -\sin((\omega_r - \omega_n)t + \phi) \\ \cos((\omega_r - \omega_n)t + \phi) \end{bmatrix} \tag{6.81}$$

当坐标系（d-q）的旋转角频率与转子的旋转角频率一致，即 $\omega_r = \omega_n$ 时，可得永磁同步伺服电动机在同步运转时的电压回路方程

$$\begin{bmatrix} u_d \\ u_q \end{bmatrix} = \begin{bmatrix} R_s + PL_d & -\omega_n L_q \\ -\omega_n L_d & R_s + PL_q \end{bmatrix} \begin{bmatrix} i_d \\ i_q \end{bmatrix} + \omega_r \Psi_f \begin{bmatrix} -\sin\phi \\ \cos\phi \end{bmatrix} \tag{6.82}$$

如果 d 轴与转子主磁通方向一致，即 $\phi = 0$ 时，就可以得到永磁同步伺服电动机同步运转转子磁通定向的电压回路方程

$$\begin{bmatrix} u_d \\ u_q \end{bmatrix} = \begin{bmatrix} R_s + PL_d & -\omega_n L_q \\ -\omega_n L_d & R_s + PL_q \end{bmatrix} \begin{bmatrix} i_d \\ i_q \end{bmatrix} + \omega_r \Psi_f \begin{bmatrix} 0 \\ 1 \end{bmatrix} \tag{6.83}$$

PMSM 的定子磁链方程为

$$\begin{bmatrix} \Psi_d \\ \Psi_q \end{bmatrix} = \begin{bmatrix} L_d & 0 \\ 0 & L_q \end{bmatrix} \begin{bmatrix} i_d \\ i_q \end{bmatrix} + \Psi_f \begin{bmatrix} 1 \\ 0 \end{bmatrix} \tag{6.84}$$

式中，Ψ_d、Ψ_q 为 d、q 轴定子磁链。

PMSM 的转矩方程可以表示为

$$T_{em} = p(\psi_d i_d - \psi_q i_q) = p\left[\psi_f i_q + (L_d - L_q)i_d i_q\right] \tag{6.85}$$

式中，p 为电动机极对数。

将式（6.64）、式（6.83）和式（6.85）整理后可得永磁同步伺服电动机的数学模型

$$\begin{cases} Pi_d = (u_d - R_s i_d + p\omega_r L_q i_q)/L_d \\ Pi_q = (u_q - R_s i_q - p\omega_r L_d i_d - p\omega_r \Psi_f)/L_q \\ P\omega_r = \left[p\Psi_f i_q + p(L_d - L_q)i_d i_q - T_L - B\omega_r\right]/J \end{cases} \tag{6.86}$$

通过分析静止坐标系（α-β）向旋转坐标系（d-q）的变换可得出如下结论。

（1）在旋转坐标系（d-q）轴中的变量都为直流变量，并且由转矩方程式可见，电动机的

输出转矩与电流呈线性关系,只需控制电流的大小就可以控制电动机的输出转矩。

(2) 在旋转坐标系(d-q)轴上的绕组中,如果分别通入直流电流 i_d、i_q,同样可以产生旋转磁势,并且可以知道电流 i_d、i_q 为互差 90° 的正弦量,其角频率与 d、q 轴的旋转角频率一致。

4. PMSM 电动机数学模型总结与分析

PMSM 的基本方程可归纳为电动机的运动方程、物理方程和转矩方程,这些方程是其数学模型的基础。在旋转坐标系(d-q)中,PMSM 的电流、电压、磁链、电磁转矩方程和运动学方程可归结为

$$\frac{\mathrm{d}}{\mathrm{d}t} i_d = \frac{1}{L_d} u_d - \frac{R}{L_d} i_d + \frac{L_q}{L_d} p_{\mathrm{n}} \omega_{\mathrm{r}} i_q \tag{6.87}$$

$$\frac{\mathrm{d}}{\mathrm{d}t} i_q = \frac{1}{L_q} u_q - \frac{R}{L_q} i_q - \frac{L_q}{L_q} p_{\mathrm{n}} \omega_{\mathrm{r}} i_d - \frac{\phi_{\mathrm{f}} p_{\mathrm{n}} \omega_{\mathrm{r}}}{L_q} \tag{6.88}$$

$$\phi_q = L_q i_q \tag{6.89}$$

$$\phi_d = L_d i_d + \phi_{\mathrm{f}} \tag{6.90}$$

$$\phi_{\mathrm{f}} = i_{\mathrm{f}} L_{\mathrm{m}d} \tag{6.91}$$

$$T_{\mathrm{em}} = \frac{3}{2} p_{\mathrm{n}} (\phi_d i_q - \phi_q i_d) = \frac{3}{2} p_{\mathrm{n}} [\phi_{\mathrm{f}} i_q - (L_q - L_d) i_d i_q] \tag{6.92}$$

$$J \frac{\mathrm{d}\omega_{\mathrm{r}}}{\mathrm{d}t} = T_{\mathrm{em}} - B \omega_{\mathrm{r}} - T_L \tag{6.93}$$

式中,ω_{r} 为转子角速度;$\omega = p_{\mathrm{n}} \omega_{\mathrm{r}}$ 为转子电角速度;p_{n} 为极对数。

对于 PMSM 电动机,d、q 轴线圈的漏感相差不是很大,因此

$$L_q = L_{\mathrm{s}\sigma} + L_{\mathrm{m}q} \tag{6.94}$$

$$L_d = L_{\mathrm{s}\sigma} + L_{\mathrm{m}d} \tag{6.95}$$

式中,$L_{\mathrm{s}\sigma}$ 是 d、q 轴线圈的漏感(H)。

定义 i_{f} 为归算后的等效励磁电流

$$i_{\mathrm{f}} = \frac{\phi_{\mathrm{f}}}{L_{\mathrm{m}d}}$$

对于转子为凸装式的 PMSM,其交轴 d 和直轴 q 磁路对称,因此可以得到

$$L_{\mathrm{m}d} = L_{\mathrm{m}q} = L_{\mathrm{m}} \tag{6.96}$$

式中,$L_{\mathrm{m}d}$、$L_{\mathrm{m}q}$ 是 d、q 轴的励磁电感;L_{m} 是励磁电感。

对于转子为嵌入式的 PMSM 有

$$L_{\mathrm{m}d} < L_{\mathrm{m}q} \tag{6.97}$$

当考虑励磁电感情况下,PMSM 的电压方程可转变成

$$u_d = R i_d + \frac{\mathrm{d}}{\mathrm{d}t} (L_d i_d + L_{\mathrm{m}d} i_{\mathrm{f}}) - \omega L_q i_q \tag{6.98}$$

$$u_q = R i_q + \frac{\mathrm{d}}{\mathrm{d}t} (L_q i_q) + \omega (L_d i_d + L_{\mathrm{m}d} i_{\mathrm{f}}) \tag{6.99}$$

6.5.3 永磁同步伺服电动机的控制策略概述

PMSM 的特点是转速与电源频率的严格同步,采用变压变频来实现调速。目前,永磁同步伺服电动机采用的控制策略主要有恒压频比控制、矢量控制、直接转矩控制等。

1. 恒压频比控制

恒压频比控制是一种开环控制。控制策略为根据系统的给定,利用空间矢量脉宽调制转化为期望的输出电压 u_{out} 进行控制,使电动机以一定的转速运转。在一些动态性能要求不高的场所,由于开环变压变频控制方式简单,至今仍普遍用于一般的调速系统中。但因依据电动机的稳态模型,无法获得理想的动态控制性能,因此动态控制必须依据电动机的动态数学模型。永磁同步伺服电动机的动态数学模型为非线性、多变量,含有 ω_r 与 i_d 或 i_q 的乘积项。因此要得到精确的动态控制性能,必须对 ω_r 和 i_d、i_q 解耦。近年来,研究各种非线性控制器用于解决永磁同步伺服电动机的非线性特性。

2. 矢量控制

高性能的交流调速系统需要现代控制理论的支持,对于交流电动机,目前使用最广泛的当属矢量控制方案。

矢量控制的基本思想是:在普通的三相交流电动机上模拟直流电动机转矩的控制规律。磁场定向坐标通过矢量变换,将三相交流电动机的定子电流分解成励磁电流分量和转矩电流分量,并使这两个分量相互垂直,彼此独立,然后分别调节,以获得像直流电动机一样良好的动态特性。因此矢量控制的关键在于对定子电流幅值和空间位置(频率和相位)的控制。矢量控制的目的是改善转矩控制性能,最终的实施是对 i_d、i_q 的控制。由于定子的物理量都是交流量,其空间矢量在空间以同步转速旋转,因此调节、控制和计算都不方便。由于矢量控制需借助复杂的坐标变换进行,而且对电动机参数的依赖性很大,难以保证完全解耦,所以控制效果变化大。

3. 直接转矩控制

矢量控制方案是一种有效的交流伺服电动机控制方案。但因其需要复杂的矢量旋转变换,而且电动机的机械常数低于电磁常数,所以不能迅速地响应矢量控制中的转矩。针对矢量控制的缺点,德国学者 Depenbrock 于 20 世纪 80 年代提出了一种具有快速转矩响应特性的控制方案,即直接转矩控制(direct torque control,DTC)。该控制方案摒弃了矢量控制中解耦的控制思想及电流反馈环节,采取定子磁链定向的方法,利用离散的两点式控制直接对电动机的定子磁链和转矩进行调节,具有结构简单、转矩响应快等优点。

DTC 方法实现磁链和转矩的双闭环控制。在得到电动机的磁链和转矩值后,即可对永磁同步伺服电动机进行 DTC。图 6.54 给出了永磁同步伺服电动机的 DTC 方案结构框图。方案由永磁同步伺服电动机、逆变器、转矩估算、磁链估算及电压矢量切换开关表等环节组成。

虽然,对 DTC 的研究已取得了很大的进展,但在理论和实践上还不够成熟,例如,低速性能和带负载能力差等,而且它对实时性要求高,计算量大。

上述永磁同步伺服电动机的各种控制策略各有优缺点,实际应用中应当根据运动控制的性能要求采用与之相适应的控制策略,以获得最佳性能。

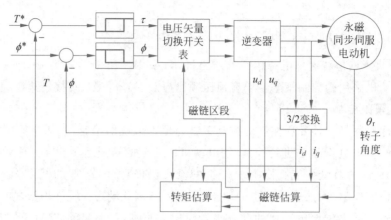

图 6.54   永磁同步伺服电动机的直接转矩控制方案结构框图

视频讲解

6.5.4   永磁同步伺服电动机的矢量控制策略分析

由式(6.93)可见,电动机动态特性的调节和控制完全取决于动态中能否简便而精确地控制电动机的电磁转矩输出。在忽略转子阻尼绕组影响的条件下,由式(6.92)可见,PMSM 的电磁转矩基本上取决于交轴电流和直轴电流,对力矩的控制最终可归结为对交、直轴电流的控制。在输出力矩为给定的某一值时,对交、直轴电流的不同组合的选择,将影响电动机的逆变器的输出能力及系统的效率、功率因数等。如何根据给定力矩确定交、直轴电流,使其满足力矩方程,即是永磁同步伺服电动机电流的控制策略问题。

根据矢量控制原理,在不同的应用场合可选择不同的磁链矢量作为定向坐标轴。目前常用的有 4 种磁场定向控制方式:转子磁链定向控制、定子磁链定向控制、气隙磁链定向控制和阻尼磁链定向控制。对于 PMSM 主要采用转子磁链定向控制方式,该方式对交流伺服系统等小容量驱动场合特别适用。按照控制目标可以分为 $i_d = 0$ 控制、力矩电流比最大控制、$\cos\phi = 1$ 控制、恒磁链控制、最大转矩/电流控制、最大输出功率控制、转矩线性控制、直接转矩控制等。

1. $i_d = 0$ 控制

此方法是一种最简单的电流控制方法。该方法用于电枢反应磁场,没有直轴去磁分量,不会产生去磁效应,不会出现永磁电动机退磁而使电动机性能变坏的现象,能保证电动机的电磁转矩和电枢电流成正比。其主要缺点是功率和电动机端电压均随负载而增大,功率因数低,要求逆变器的输出电压高,容量比较大。另外,该方法输出转矩中磁阻反应转矩为 0,未能充分利用 PMSM 的力矩输出能力,电动机的力矩性能指标不够理想。

2. 力矩电流比最大控制

该方法在电动机输出力矩满足要求的条件下,使定子电流最小,减小了电动机的铜耗,有利于逆变器开关器件的工作,逆变器损耗也最小。同时,运用该控制方法时,由于逆变器需要的输出电流小,可以选用较小运行电流的逆变器,使系统运行成本下降。在该方法的基础上,采用适当的弱磁控制方法,可以改善电动机高速时的性能。因此该方法是一种较适合永磁同步伺服电动机的电流控制方法。缺点是功率因数随着输出力矩的增大下降较快。

3. $\cos\phi = 1$ 控制

该方法使电动机的功率因数恒为 1,逆变器的容量得到充分的利用。在永磁同步伺服电动机中,由于转子励磁不能调节,在负载变化时,转矩绕组的总磁链无法保持恒定,所以电枢电流和转矩之间不能保持线性关系。而且最大输出力矩小,退磁系数较大,永磁材料可能被去磁,造成电动机电磁转矩、功率因数和效率下降。

4. 恒磁链控制

该方法就是控制电动机定子电流,使气隙磁链与定子交链磁链的幅值相等。这种方法在功率因数较高的条件下,一定程度上提高了电动机的最大输出力矩,但仍存在最大输出力矩的限制。

以上各种电流控制方法各有特点,适用于不同的运行场合。下面详细介绍 $i_d = 0$ 转子磁场定向矢量控制方式的特点和实施。

由转矩公式可以看出,只要在同步电动机的整个运行过程中,保证 $i_d = 0$,使定子电流产生的电枢磁动势与转子励磁磁场间的角度 β 为 $90°$,即保证正交,则 i_s 与 q 轴重合时,那么电磁转矩只与定子电流的幅值 i_s 成正比。在转子磁链定向时,采用 $i_d = 0$ 控制,如图 6.55 所示。

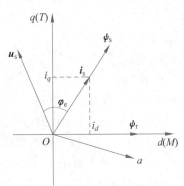

图 6.55　永磁同步伺服电动机转子磁链定向矢量图

采用 $i_d = 0$ 控制具有以下特点。

(1) 由于 d 轴定子电流分量为 0,d 轴阻尼绕组与励磁绕组是一对简单耦合的线圈,与定子电流无相互作用,实现了定子绕组与 d 轴的完全解耦。

(2) 转矩方程中磁链 $\boldsymbol{\psi}_r$ 与电流 i_q 解耦,相互独立。

(3) 定子电流 d 轴分量为 0,可以使同步电动机数学模型进一步简化。

(4) 当负载增加时,定子电流增大,由于电枢反应影响,造成气隙合成磁链 ψ_δ 加大,这样会使得电动机的电子电压大幅度上升。如果同步电动机过载 $2 \sim 3$ 倍,电压幅值会到达 $150\% \sim 200\%$ 额定电压。同步电动机电压升高要求电控装置和变压器有足够的容量,降低了同步电动机的利用率,因此采用这种方法不经济。

(5) 随负载增加,定子电流的增加,由于电枢反应的影响,造成气隙磁链和定子反电动势都加大,迫使定子电压升高。由图 6.55 可知,定子电压矢量 $\boldsymbol{u}_s$ 和电子电流矢量 $\boldsymbol{i}_s$ 的夹角 φ_e 将增大,造成同步电动机功率因数下降。

因此,在这种基于 $i_d = 0$ 转子磁场定向方式的矢量控制中,定子电流与转子永磁磁通互相独立(解耦),控制系统简单,转矩稳定性好,可以获得很宽的调速范围,适用于高性能的数控机床、机器人等场合。但由于上述(4)和(5)所示缺点,这种转子磁场定向方式特别适合小容量交流伺服系统。

永磁同步伺服电动机矢量控制的基本思想是模仿直流电动机的控制方式,具有转矩响应快、速度控制精确等优点。矢量控制是通过控制定子电流的转矩分量来间接控制电动机转矩,所以内部电流环调节器的参数会影响到电动机转矩的动态响应性能。而且,为了实现高性能的速度和转矩控制,需要精确知道转子磁链矢量的空间位置,这就需要电动机额外安装位置编码器,会提高系统的造价,并使得电动机的结构变得复杂。

当转速在基速以下时,在定子电流给定的情况下,控制 $i_d = 0$,可以更有效地产生转矩,此时电磁转矩 $T_{em} = \boldsymbol{\psi}_r i_q$,电磁转矩就随着的 i_q 变化而变化。控制系统只要控制 i_q 大小就能控制转速,实现矢量控制。当转速在基速以上时,因为永磁铁的励磁磁链为常数,电动机感应电动势随着电动机转速成正比例增加。电动机感应电压也跟着提高,但是又要受到与电动机端相连的逆变器的电压上限的限制,所以必须进行弱磁升速。通过控制 i_d 来控制磁链,通过控制 i_q 来控制转速,实现矢量控制。最简单的方法是利用电枢反应消弱磁场,即使定子电流的直轴分量 $i_d < 0$,其方向与 ψ_r 相反,有消磁作用。但是由于稀土永磁材料的磁导率与空气相仿,磁阻很大,相当于定转子间有很大的有效气隙,利用电枢感应弱磁的方法需要较大的定子电流直轴分量。作为短时运行,这种方法才可以接受,长期弱磁工作时,还须采用特殊的弱磁方法,这是永磁同步伺服电动机设计的主要问题。

通常 $i_d = 0$ 实施的方案有两种,即采用电流滞环控制和转速及电流双闭环控制。两种方法的具体实施差异较大。

1) 电流滞环控制

图 6.56 和图 6.57 所示分别为电流滞环控制电流追踪波形图和逆变器原理电路图,折线所示为电流波形。

通常是生成一个正弦波电流信号作为电流给定信号,将它与实际检测得到的电动机电流信号进行比较,再经过滞环比较器导通或关断逆变器的相应开关器件,使实际电流追踪给定电流的变化。如果电动机电流比给定电流大,并且大于滞环宽度的一半,则使上桥

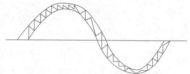

图 6.56　电流滞环控制电流追踪波形图

臂开关截止,使下桥臂导通,从而使电动机电流减小;反之,如果电动机电流比给定电流小,并且小于滞环宽度的一半,则使电动机电流增大。滞环的宽度决定了在某一开关动作之前,实际电流同给定电流的偏差值。上、下桥臂要有一个互锁延迟电路,以便形成足够的死区时间。

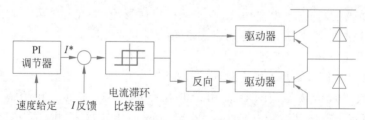

图 6.57　电流滞环控制逆变器原理电路图

显然,滞环宽度越窄,则开关频率越高。但对于给定的滞环宽度,开关频率并不是一个常数,而是受电动机定子漏感和反电动势制约的。当频率降低、电动机转速降低,因而电动机反电动势降低时,由于电流上升增大,因此开关频率提高;反之,则开关频率降低。

以上是针对三相逆变器中的一相而讨论的。对于三相逆变器的滞环控制,上述结论也是适用的。只是,由于三相电流的平衡关系,某一相的电流变化率要受到其他两相的影响。在一个开关周期内,由于其他两相开关状态的不定性,电流的变化率也就不是唯一的。一般来说,其电流变化率比一相时平坦,因而开关频率可以略低。

由以上分析可知在电流滞环控制中,开关频率是变化的。当开关频率达到 8kHz 时,将产生刺耳的噪声。此外,滞环控制不能使输出电流达到很低,因为当给定电流太低时,滞环调节作用将消失。

2) 速度和电流的双闭环控制

图 6.58 所示为 $i_d = 0$ 转子磁链定向矢量控制的永磁同步伺服电动机控制系统原理。

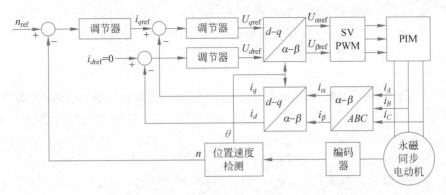

图 6.58 $i_d=0$ 转子磁链定向矢量控制的永磁同步伺服电动机控制系统原理

从图中可见,控制方案包含了速度环和电流环的双闭环系统。其中速度控制作为外环,电流闭环作为内环,采用直流电流的控制方式。该方案结构简洁明了,主要包括定子电流检测、转子位置与速度检测、速度环调节器、电流环调节器、Clarke 变换(A-B-C 到 α-β)、Park变换(α-β 到 d-q)与逆变换、电压空间矢量 PWM 控制等几个环节。具体的实施过程如下:通过位置传感器准确检测电动机转子空间位置(d 轴),计算得到转子速度和电角度;速度调节器输出定子电流 q 轴分量的参考值 $i_{q\text{ref}}$,同时给定 $i_d=0$;由电流传感器测得定子相电流,分解得定子电流的 d、q 轴分量 i_d 和 i_q;由两个电流调节器分别预测需要施加的空间电压矢量的 d、q 轴分量 $i_{d\text{ref}}$ 和 $i_{q\text{ref}}$;将预测得到的空间电压矢量经坐标变换后,形成SVPWM 控制信号,驱动逆变器对电动机施加电压,从而实现 $i_d=0$ 控制。

采用这种方法逆变器的开关频率是恒定的,通过适当调节 PWM 的占空比,便可实现真正意义上的解耦控制,且系统输出电流谐波分量小,无稳态误差,稳定性好。

6.6 伺服电动机发展趋势

从以上分析可以看出,数字化交流伺服电动机系统的应用越来越广,用户对伺服驱动技术的要求越来越高。总的来说,伺服系统的发展趋势可以概括为以下几方面。

1. 交流化

伺服技术的发展将继续快速地推进直流伺服系统向交流伺服系统的转型。从目前国际市场的情况看,几乎所有的新产品都是交流伺服系统。在工业发达国家,交流伺服电动机的市场占有率已经接近 90%。在国内生产交流伺服电动机的厂家也越来越多,其数量已经完全超过生产直流伺服电动机的厂家。可以预见,在不远的将来,除了在某些微型电动机领域之外,交流伺服电动机将完全取代直流伺服电动机。

2. 全数字化

采用新型高速微处理器和专用 DSP 的伺服控制单元将全面代替以模拟电子器件为主的伺服控制单元,从而实现完全数字化的伺服系统。全数字化的实现,将原有的硬件伺服控制变成了软件伺服控制,从而使在伺服系统中应用现代控制理论的先进算法成为可能,同时还大大简化了硬件,降低了成本,提高了系统的控制精度和可靠性。

全数字化是未来伺服驱动技术发展的必然趋势。全数字化不仅包括伺服驱动内部控制的数字化、伺服驱动到数控系统接口的数字化,而且还应该包括测量单元的数字化。因此伺服驱动单元位置环、速度环、电流环的全数字化以及现场总线连接接口、编码器到伺服驱动的数字化连接接口,是全数字化的重要标志。

3. 高性能化

伺服控制系统的功率器件越来越多地采用金属氧化物半导体场效应晶体管(metal oxide semiconductor field effect transistor,MOSFET)和绝缘栅双极型晶体管(insulated gate bipolar transistor,IGBT)等高速功率半导体器件。这些先进器件的应用显著降低了伺服系统逆变电路的功耗,提高了系统的响应速度和平稳性,降低了运行噪声。

通过采用分数槽绕组以及电动机优化设计可减少永磁同步伺服电动机的定位转矩,提高反电动势的正弦度,减少转矩波动,降低振动和损耗。铁损和温度变化对感应电动机的转矩控制精度有很大的影响,尤其是低速运行时更为突出,通过定量解析感应电动机的磁滞损耗和涡流损耗,并采用先进的补偿技术,可以有效地提高转矩的控制精度,提高伺服系统的调速范围。

高性能控制策略广泛应用于交流伺服系统。高性能控制策略通过改变传统的 PI 调节器设计,将现代控制理论、人工智能、模糊控制、滑模控制等新成果应用于交流伺服系统中,可以弥补现有缺陷和不足。

4. 多功能化

最新数字化的伺服控制系统具有越来越丰富的功能。首先,具有参数记忆功能。系统的所有的运行参数都可以通过人机对话的方式由软件来设置,保存在伺服单元内部,甚至可以在运行途中由上位计算机加以修改,应用十分方便。其次,能提供十分丰富的故障自诊断、保护、显示与分析功能。无论什么时候,只要系统出现故障,将会将故障的类型以及可能引起故障的原因,通过用户界面清楚地显示出来。除此之外,有的伺服系统还具有参数自整定的功能,可以通过自学习得到伺服系统的各项参数;还有一些高性能伺服系统具有振动抑制功能。例如当伺服电动机用于驱动机器人手臂时,由于被控对象的刚度较小,有时手臂会产生持续振动,通过采用振动控制技术,可有效缩短定位时间,提高位置控制精度。

5. 小型化和集成化

新的伺服系统产品改变了将伺服系统划分为速度伺服单元和位置伺服单元两个模块的情况,取而代之的是单一的、高度集成化的、多功能的控制单元。同一个控制单元,只要通过软件设置系统参数,就可以改变其性能,既可以使用电动机本身配置的传感器构成半闭环调节系统,也可以通过接口与外部的位置或转速传感器构成高精度的全闭环调节系统。高度的集成化还显著地缩小了整个控制系统的体积,使得伺服系统的安装与调试工作都得到了简化。

控制处理功能的软件化,微处理器及大规模集成电路的多功能化、高度集成化,促进了伺服系统控制电路的小型化。通过采用表面贴装元器件和多层印制电路板(printed circuit board,PCB)也大大减少了控制电路板的体积。

新型的伺服控制系统已经开始使用智能功率模块(intelligent power module,IPM)。IPM 将输入隔离、能耗制动、过温、过电压、过电流保护及故障诊断等功能全部集成于一个模块中。通过采用高压电平移位技术及自举技术,可以实现 IPM 栅极的非绝缘驱动,减少了控制电源输出的路数。IPM 的输入逻辑电平与 TTL 信号完全兼容,与微处理器的输出可以直接接口。IPM 的应用显著地简化了伺服单元的设计,实现了伺服系统的小型化和微型化。

6. 模块化和网络化

以工业局域网技术为基础的工厂自动化(factory automation,FA)工程技术得到了长足的发展,并显示出良好的发展势头。为适应这一发展趋势,最新的伺服系统都配置了标准的串行通信接口(例如 RS-232、RS-422 等)和专用的局域网接口。接口的设置显著地增强了伺服单元与其他控制设备间的互连能力,从而简化了与 CNC 系统的连接。只需要一根电缆或光缆,就可以将数台,甚至数十台伺服单元与上位计算机连接成一个数控系统,也可以通过串行接口,与可编程逻辑控制器(programmable logic controller,PLC)的数控模块相连。

6.7　小结

伺服电动机将电压信号转变为电动机转轴的角速度或角位移输出,在自动控制系统中用作执行元件。直流伺服电动机是指使用直流电源的伺服电动机。直流伺服电动机有电枢控制和磁极控制两种控制方式,其中以电枢控制应用较多。电枢控制时直流伺服电动机具有机械特性和控制特性的线性度好、控制绕组电感较小、电气过渡过程短等优点,相对于普通的异步电动机,异步伺服电动机具有较大的转子电阻,一方面能防止转子的自转现象;另一方面,可使伺服电动机的机械特性更接近于线性。交流异步伺服电动机的控制方式有幅值控制、相位控制、幅值-相位控制和双相控制 4 种。利用对称分量法分析异步伺服电动机的运行性能,可得到各种不同有效信号系数时的机械特性和调节特性。与直流伺服电动机相比,交流异步伺服电动机的机械特性和调节特性都是非线性的。根据转子结构特点,同步伺服电动机可分为永磁式、磁阻式和磁滞式 3 种。这些电动机的定子结构与异步电动机相同,转子上均没有励磁绕组。永磁同步电动机(permanent magnet synchronous motor,PMSM)的转速为同步转速。本章对 PMSM 电动机的电磁原理和控制原理进行了详细的分析。为使三相永磁同步伺服电动机具有高性能控制特性,需要采用矢量变换并进行线性化解耦控制。根据矢量控制原理,在不同的应用场合可选择不同的磁链矢量作为定向坐标轴。

习题

6.1　绘制直流电动机的机械特性和调节特性曲线,电动机参数如下:
$$U_a = 24\text{V}, \quad K_e = 1.2, \quad R_a = 0.5\Omega, \quad K_t = 2.8$$

6.2　有一台直流伺服电动机,电枢控制电压和励磁电压均保持不变,当负载增加时,电动机的控制电流、电磁转矩和转速如何变化?

6.3　直流伺服电动机在不带负载时,其调节特性有无死区? 调节特性死区的大小与哪些因素有关?

6.4　什么叫"自转"现象? 它是如何产生的? 对异步伺服电动机应采取哪些措施来克服"自转"现象?

6.5　写出直流伺服电动机的机械特性方程,并分析各项系数的含义。

6.6 列表分析交流伺服电动机幅值控制、相位控制、幅值-相位控制和双相控制的优缺点。

6.7 列表分析直流和交流伺服电动机的优缺点。

6.8 说明永磁同步伺服电动机三闭环控制原理,说明与常规速度控制的区别。

6.9 如何由直流电动机的机械特性得到调速特性?如何从特性曲线看电动机性能好坏?针对实际用途,从电动机的常用工作应处于特性曲线的哪些部位,来分析如何从特性曲线选择直流电动机。

6.10 如何由交流电动机的机械特性得到调速特性?如何从特性曲线判断电动机性能的优劣?针对实际用途,从电动机的常用工作应处于特性曲线的哪些部位,来分析如何从特性曲线选择交流电动机。

6.11 名词解释:磁通、磁链、磁路。

6.12 根据 PMSM 电动机的数学模型,以电压为输入,转速为输出,电流为状态变量,建立 PMSM 电动机的状态空间描述。

6.13 根据 PMSM 电动机的数学模型,画出 PMSM 电动机 d、q 轴的等效电路图。

6.14 填空题。

(1) 同步电动机最大的缺点是_____。

(2) 伺服电动机的转矩、转速和转向都非常灵敏和准确地跟着_____变化。

(3) 交流伺服电动机的转子有两种形式,即_____和_____。

(4) 根据旋转磁场理论,交流伺服电动机的控制方式主要有_____、_____、_____ 3 种。

(5) 矢量控制的基础是_____坐标变换。

(6) 电动机矢量控制中所用的三种坐标系分别是_____坐标、_____坐标和_____坐标。

(7) 在简化模型中,电动机的转速与_____成正比,电动机的输出转矩与_____成正比。

(8) 伺服电动机的运行特性主要是_____特性和_____特性。

(9) 直流伺服电动机其转速控制分为_____控制和_____控制两种方法。

(10) 在 PWM 调速中,占空比是一个重要的参数,改变占空比值的方法有_____、_____、_____ 3 种。

(11) 可逆 PWM 系统可分为_____驱动和_____驱动。

(12) 通常 $i_d=0$ 实施的方案有两种,即采用_____控制和_____双闭环控制。

6.15 说明为什么同步电动机的转速不随负载大小改变。

6.16 什么是同步电动机的失步现象?

6.17 为什么直流 PWM 变换器的电动机调速系统比晶闸管整流器调速系统能够获得更好的动态性能?

6.18 上网查询国外、国内知名厂家的直流伺服电动机产品,理解关键技术参数,并对同类型电动机的技术参数列表对比分析,给出你对目前国内电动机技术水平的理解。

6.19 上网查询国外、国内知名厂家的交流伺服电动机产品,理解关键技术参数,并对同类型电动机的技术参数列表对比分析,给出你对目前国内电动机技术水平的理解。

6.20 编程实现 A-B-C 坐标系到 d-q 坐标系的变换。

6.21 积分调节器和比例调节器各有哪些优缺点？为什么用积分控制的调速系统是无静差的？在转速闭环调速系统中，当积分调节器的输入偏差电压 $\Delta U_n = 0$ 时，调节器的输出电压是多少？

6.22 某龙门刨床工作台采用晶闸管整流器-电动机调速系统。已知直流电动机额定功率 $P_N = 5.5\text{kW}$，额定电压 $U_N = 220\text{V}$，额定电流 $I_N = 105\text{A}$，额定转速 $n_N = 1000\text{r/min}$，电动机电势系数 $K_e = 0.12\text{V} \cdot \text{min/r}$，电枢回路总电阻 $R = 0.2\Omega$。

(1) 当电流连续时，在额定负载下的转速降落 Δn_N 为多少？

(2) 开环系统机械特性连续段在额定转速时的静差率 S 为多少？

(3) 为了满足 $D = 20$，$S \leqslant 5\%$ 的要求，额定负载下的转速降落 Δn_N 为多少？

6.23 对某一晶闸管整流器-电动机调速系统：电动机额定功率 $P_N = 2.2\text{kW}$，额定电压 $U_N = 220\text{V}$，额定电流 $I_N = 12.5\text{A}$，额定转速 $n_N = 1500\text{r/min}$，电枢电阻 $R_a = 1.5\Omega$，电枢回路电抗器电阻 $R_L = 0.8\Omega$，整流装置内阻 $R_{rec} = 1.0\Omega$，触发整流环节的放大系数 $K_s = 35$。要求系统满足调速范围 $D = 20$，静差率 $S \leqslant 10\%$。

(1) 计算开环系统的静态降速 Δn_{op} 和调速要求所允许的闭环静态降速 Δn_{cl}。

(2) 采用转速反馈组成闭环系统，试画出系统的原理图和静态结构图。

(3) 调整该系统参数，使当 $U_n^* = 15\text{V}$ 时，$I_d = I_N$，$n = n_N$，则转速负反馈系数 α 应该是多少？

(4) 计算放大器所需的放大系数。

6.24 有一个晶闸管-电动机调速系统，已知电动机 $P_N = 2.8\text{kW}$，$U_N = 220\text{V}$，$I_N = 15\text{A}$，$n_N = 1500\text{r/min}$，$R_a = 1.5\Omega$，整流装置内阻 $R_{rec} = 1\Omega$，电枢回路电抗器电阻 $R_L = 0.8\Omega$，触发整流环节的放大系数 $K_s = 30$。

(1) 系统开环工作时，试计算调速范围时的静差率 S。

(2) 当 $D = 30$，$S = 10\%$ 时，计算系统允许的稳态速降。

(3) 如组成转速负反馈有静差调速系统，要求 $D = 30$，$S = 10\%$，在 $U_n^* = 10\text{V}$ 时 $I_d = I_N$，$n = n_N$，计算转速负反馈系数和放大器放大系数。

第 7 章

CHAPTER 7

运动控制算法设计与仿真

素质目标

(1) 培养学生具有关心国内外最新控制算法发展的素质。

(2) 培养学生具有算法设计与优化的素质。

(3) 培养学生具有编程和仿真分析的素质。

(4) 培养学生独自创新的科研能力。

视频讲解

7.1　运动控制对象建模

运动控制的算法按照是否需要已知被控对象(运动体及驱动器)的模型可分为两大类:基于模型的控制算法和非基于模型的控制算法。为从理论上分析和设计控制算法,对被控的运动系统对象建立模型很有必要。同时为了简化建模,常采用等效转换,例如将被控对象等效转换成质量-弹簧-阻尼系统。

7.1.1　运动控制对象的传递函数

以单个直流伺服电动机驱动系统为例,传动系统原理图如图 7.1 所示。

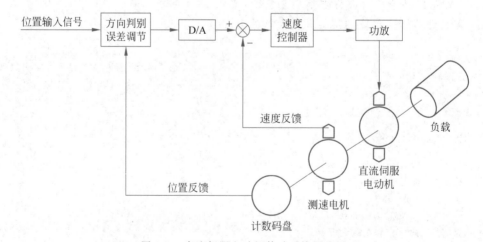

图 7.1　直流伺服电动机传动系统原理图

其中,最主要的直流电动机在电枢控制方式下的等效电路图如图 7.2 所示。图中,U_a 表示施加给直流电动机的电压(V);L_a、i_a、R_a 分别表示直流电动机的等效电感(H)、电流

（A）和电阻（Ω）；τ 表示电动机转轴输出的力矩（N·m）；θ_m 表示转轴的转角（rad）；J_{eff} 表示折合到电动机轴上的总的等效转动惯量（kg·m^2，也称为等效转动惯性矩）。

为了建立单电动机驱动系统的传递函数，将机械传动等效惯量如图 7.3 所示。图中，θ_L 表示电动机驱动的负载的转角（rad）；J_b、J_m、J_L 分别表示电动机定子、转轴和负载的转动惯量（kg·m^2）；f_m、f_L 分别表示电动机转轴和负载转动的摩擦系数；τ_m、τ_L 分别表示电动机转轴和负载转轴上的力矩（N·m）。

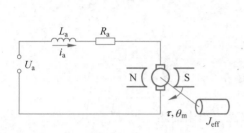
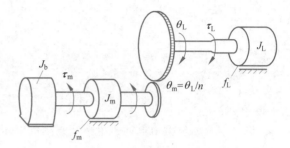

图 7.2　电枢控制直流电动机的等效电路图　　　图 7.3　机械传动等效惯量

定义传动比为

$$n = \frac{Z_m}{Z_L} \tag{7.1}$$

式中，Z_m、Z_L 分别为减速器输入、输出转轴上齿轮的齿数。

折合到电动机轴上的总的等效惯性矩 J_{eff} 和等效摩擦系数 f_{eff} 为

$$\begin{cases} J_{eff} = J_m + n^2 J_L \\ f_{eff} = f_m + n^2 f_L \end{cases} \tag{7.2}$$

例 7.1　一个工作台驱动系统如图 7.4 所示，已知参数如表 7.1 所示，工作台与导轨摩擦系数为 $\mu = 0.04$，加速时间 $T = 0.25\text{s}$，丝杠导程 t 为 5mm，工作台质量 $M = 300\text{kg}$，$F_L = 510\text{N}$，求转换到电动机轴上的等效转动惯量和等效力矩。

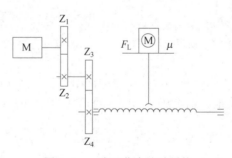

图 7.4　一个工作台驱动系统

表 7.1　驱动系统参数

参　数	Z_1	Z_2	Z_3	Z_4	轴 1	轴 2	丝杠 S	电动机 M
$n/(\text{r}\cdot\text{min}^{-1})$	720	360	360	180	360	180	180	720
$J/(\text{kg}\cdot\text{m}^2)$	0.02	0.16	0.02	0.32	0.006	0.004	0.012	0.224

$$i_1 = \frac{720}{360} = 2, \quad i_2 = \frac{360}{180} = 2, \quad i = i_1 \cdot i_2$$

$$J_{\text{leq}} = J_1 + J_{z_1} + \frac{1}{i_1^2}(J_2 + J_{z_2} + J_{z_3}) + \frac{1}{i_1^2 \cdot i_2^2}\left(J_{z_4} + J_s + \frac{Mt^2}{4\pi^2}\right)$$

$$= 0.006 + 0.02 + \frac{1}{2^2}(0.004 + 0.16 + 0.02) +$$

$$\frac{1}{2^2 \times 2^2}\left[0.32 + 0.012 + \frac{1}{4\pi^2} \times 300 \times \left(\frac{5}{1000}\right)^2\right] = 0.093(\text{kg} \cdot \text{m}^2)$$

$$T_{\text{leq}} = J_{\text{leq}} \cdot \frac{\omega_t - \omega_0}{T} + \frac{t}{2\pi i}(F_L + \mu Mg)$$

$$= 0.093 \times \frac{2\pi \times 720}{60 \times 0.25} + \frac{5}{2\pi \times 1000} \times \frac{1}{4} \times (510 + 0.04 \times 300 \times 9.8) = 28.17(\text{N} \cdot \text{m})$$

电气部分的模型由电动机电枢绕组内的电压平衡方程来描述

$$U_a(t) = R_a i_a(t) + L_a \frac{di_a(t)}{dt} + e_b(t) \tag{7.3}$$

电动机力矩平衡方程

$$\tau(t) = J_{\text{eff}}\ddot{\theta}_m + f_{\text{eff}}\dot{\theta}_m \tag{7.4}$$

机械部分与电气部分的耦合关系

$$\begin{cases} \tau(t) = k_a i_a(t) \\ e_b(t) = k_b \dot{\theta}_m(t) \end{cases} \tag{7.5}$$

式中，k_a 为电动机电流-力矩比例常数；k_b 为感应电动势常数。

对以上各式进行拉普拉斯变换(Laplace transform)得

$$\begin{cases} I_a(s) = \dfrac{U_a(s) - E_b(s)}{R_a + sL_a} \\ T(s) = s^2 J_{\text{eff}}\Theta_m(s) + s f_{\text{eff}}\Theta_m(s) \\ T(s) = k_a I_a(s) \\ E_b(s) = s k_b \Theta_m(s) \end{cases} \tag{7.6}$$

重新整理上式，可得驱动系统传递函数

$$\frac{\Theta_m(s)}{U_a(s)} = \frac{k_a}{s[s^2 J_{\text{eff}}L_a + (L_a f_{\text{eff}} + R_a J_{\text{eff}})s + R_a f_{\text{eff}} + k_a k_b]} \tag{7.7}$$

为便于理论分析，忽略电枢的电感 L_a，上式可简化为

$$\frac{\Theta_m(s)}{U_a(s)} = \frac{k_a}{s(sR_a J_{\text{eff}} + R_a f_{\text{eff}} + k_a k_b)} = \frac{k}{s(T_m s + 1)} \tag{7.8}$$

其中，电动机增益常数为

$$k = \frac{k_a}{R_a f_{\text{eff}} + k_a k_b} \tag{7.9}$$

电动机时间常数为

$$T_m = \frac{R_a J_{\text{eff}}}{R_a f_{\text{eff}} + k_a k_b} \tag{7.10}$$

简化可得,单关节控制系统所加电压与关节角位移之间的传递函数为

$$\frac{\Theta_{\mathrm{L}}(s)}{U_{\mathrm{a}}(s)} = \frac{nk_{\mathrm{a}}}{s(sR_{\mathrm{a}}J_{\mathrm{eff}} + R_{\mathrm{a}}f_{\mathrm{eff}} + k_{\mathrm{a}}k_{\mathrm{b}})} \tag{7.11}$$

常见的电动机位置负反馈闭环运动控制系统框图如图 7.5 所示。

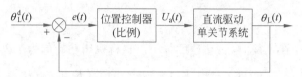

图 7.5 电动机位置负反馈闭环运动控制系统框图

根据控制框图,可得

$$U_{\mathrm{a}}(t) = \frac{k_{\mathrm{p}}e(t)}{n} = \frac{k_{\mathrm{p}}[\theta_{\mathrm{L}}^{\mathrm{d}}(t) - \theta_{\mathrm{L}}(t)]}{n} \tag{7.12}$$

式中,k_{p} 为位置反馈增益;$e(t)$ 为系统误差

$$e(t) = \theta_{\mathrm{L}}^{\mathrm{d}}(t) - \theta_{\mathrm{L}}(t)$$

进而可得

$$U_{\mathrm{a}}(s) = \frac{k_{\mathrm{p}}[\Theta_{\mathrm{L}}^{\mathrm{d}}(s) - \Theta_{\mathrm{L}}(s)]}{n} = \frac{k_{\mathrm{p}}E(s)}{n} \tag{7.13}$$

误差驱动信号 $E(s)$ 与实际位移 $\Theta_{\mathrm{L}}(s)$ 之间的开环传递函数为

$$G(s) = \frac{\Theta_{\mathrm{L}}(s)}{E(s)} = \frac{k_{\mathrm{a}}k_{\mathrm{p}}}{s(sR_{\mathrm{a}}J_{\mathrm{eff}} + R_{\mathrm{a}}f_{\mathrm{eff}} + k_{\mathrm{a}}k_{\mathrm{b}})} \tag{7.14}$$

由此可得系统闭环传递函数为

$$\frac{\Theta_{\mathrm{L}}(s)}{\Theta_{\mathrm{L}}^{\mathrm{d}}(s)} = \frac{G(s)}{1+G(s)} = \frac{k_{\mathrm{a}}k_{\mathrm{p}}/R_{\mathrm{a}}J_{\mathrm{eff}}}{s^2 + (R_{\mathrm{a}}f_{\mathrm{eff}} + k_{\mathrm{a}}k_{\mathrm{b}})s/R_{\mathrm{a}}J_{\mathrm{eff}} + k_{\mathrm{a}}k_{\mathrm{p}}/R_{\mathrm{a}}J_{\mathrm{eff}}} \tag{7.15}$$

式(7.15)表明,单个直流电动机驱动的运动单元的比例控制系统是一个二阶系统。当系统参数均为正时,系统总是稳定的。

7.1.2 运动控制对象的状态空间

视频讲解

以 3.4 节倒立摆的控制模型为例,如图 7.6 所示。

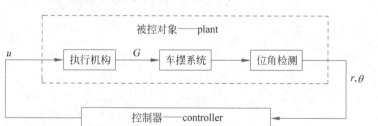

图 7.6 倒立摆的控制系统框图

电动机作为执行机构,执行机构的输入和输出关系如图 7.7 所示。

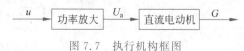

图 7.7 执行机构框图

为便于建模,简化功率放大环节为

$$U_a = Ku$$

根据 6.2 节,直流电动机环节可表示为

$$U_a = K_b \dot{\theta}_m + R_a i_a$$

$$T = K_a i_a = K_a [(U_a - K_b \dot{\theta}_m)/R_a]$$

当忽略 $\dot{\theta}_m$(倒立摆平衡时,转动速度很小),执行机构输出的力可表示为

$$\boldsymbol{G} = T/r_d = [K_a Ku - K_a K_b \dot{\theta}_m]/(R_a r_d) = K_a Ku/(R_a r_d) = G_0 u \tag{7.16}$$

为便于理论分析,常做如下假设。

(1) 滑(转)动摩擦系数为常量:F_0、F_1。

(2) 滑(转)动摩擦力与相对速度成正比。

(3) 除皮带外整个对象为刚体,无弹性变形。

(4) 皮带无伸缩现象。

(5) 信号传递与力的传递无延时。

基于上述假设,通过动力学建模(详细过程参见 3.4 节)可以得到

$$\begin{bmatrix} M_0+M_1 & M_1 L \\ M_1 L & J \end{bmatrix} \begin{bmatrix} \ddot{\gamma} \\ \ddot{\theta} \end{bmatrix} = \begin{bmatrix} -F_0 & 0 \\ 0 & F_1 \end{bmatrix} \begin{bmatrix} \dot{\gamma} \\ \dot{\theta} \end{bmatrix} + \begin{bmatrix} 0 & 0 \\ 0 & M_1 g L \end{bmatrix} \begin{bmatrix} \gamma \\ \theta \end{bmatrix} + \begin{bmatrix} G_0 \\ 0 \end{bmatrix} u$$

为建立被控对象的状态空间,设

$$\boldsymbol{M} = \begin{bmatrix} M_0+M_1 & M_1 L \\ M_1 L & J \end{bmatrix}, \quad \boldsymbol{F} = \begin{bmatrix} -F_0 & 0 \\ 0 & F_1 \end{bmatrix}, \quad \boldsymbol{N} = \begin{bmatrix} 0 & 0 \\ 0 & M_1 g L \end{bmatrix}, \quad \boldsymbol{G} = \begin{bmatrix} G_0 \\ 0 \end{bmatrix}$$

可得

$$\boldsymbol{M}\begin{bmatrix}\ddot{\gamma}\\\ddot{\theta}\end{bmatrix} = \boldsymbol{F}\begin{bmatrix}\dot{\gamma}\\\dot{\theta}\end{bmatrix} + \boldsymbol{N}\begin{bmatrix}\gamma\\\theta\end{bmatrix} + \boldsymbol{G}u, \quad \begin{bmatrix}\ddot{\gamma}\\\ddot{\theta}\end{bmatrix} = \boldsymbol{M}^{-1}\boldsymbol{F}\begin{bmatrix}\dot{\gamma}\\\dot{\theta}\end{bmatrix} + \boldsymbol{M}^{-1}\boldsymbol{N}\begin{bmatrix}\gamma\\\theta\end{bmatrix} + \boldsymbol{M}^{-1}\boldsymbol{G}u \tag{7.17}$$

式(7.17)不是一阶微分方程组,也不是通常的状态方程。

设状态变量为

$$\boldsymbol{X} = [\gamma, \theta, \dot{\gamma}, \dot{\theta}]^T \tag{7.18}$$

可得

$$\begin{bmatrix}\dot{\gamma}\\\dot{\theta}\\\ddot{\gamma}\\\ddot{\theta}\end{bmatrix} = \begin{bmatrix} 0 & 1 \\ \boldsymbol{M}^{-1}\boldsymbol{N} & \boldsymbol{M}^{-1}\boldsymbol{F} \end{bmatrix}\begin{bmatrix}\gamma\\\theta\\\dot{\gamma}\\\dot{\theta}\end{bmatrix} + \begin{bmatrix} 0 \\ \boldsymbol{M}^{-1}\boldsymbol{G} \end{bmatrix}u \tag{7.19}$$

设

$$\boldsymbol{A} = \begin{bmatrix} 0 & 1 \\ \boldsymbol{M}^{-1}\boldsymbol{N} & \boldsymbol{M}^{-1}\boldsymbol{F} \end{bmatrix}, \quad \boldsymbol{B} = \begin{bmatrix} 0 \\ \boldsymbol{M}^{-1}\boldsymbol{G} \end{bmatrix}$$

则可建立系统的状态方程与输出方程为

$$\begin{cases} \dot{X} = AX + Bu \\ Y = CX \end{cases} \tag{7.20}$$

式中，$C = \begin{bmatrix} 1 & 0 & 0 & 0 \\ 0 & 1 & 0 & 0 \end{bmatrix}$。

例 7.2 将实际倒立摆的物理参数代入单级倒立摆系统的模型中，分析倒立摆模型的自然不稳定特性，如表 7.2 所示。

表 7.2　给定单级倒立摆的实际物理参数

参数	M_0	M_1	L	J	F_0	F_1	G_0
取值	1.328kg	0.22kg	0.304m	0.004 96kg·m²	22.915N·s/m	0.0071N·s/rad	11.887N/V

将参数代入式(7.20)，并在平衡点附近线性化，可得到 A、B 的具体参数

$$A = \begin{bmatrix} 0 & 0 & 1 & 0 \\ 0 & 0 & 0 & 1 \\ 0 & -0.966 & -16.242 & 0.0161 \\ 0 & 34.564 & 52.142 & -0.574 \end{bmatrix}, \quad B = \begin{bmatrix} 0 \\ 0 \\ 8.425 \\ -27.0485 \end{bmatrix}$$

根据经典控制理论，计算上述模型，可得系统的极点为 $(0, 5.416, -5.71, -16.522)$。分析可得系统有落在右半平面的极点，因此属于自然不稳定系统。

由系统的状态空间模型可得该系统的可控性矩阵为

$$P_1 = \begin{bmatrix} B & AB \end{bmatrix} \tag{7.21}$$

该系统的可观性矩阵为

$$P_2 = \begin{bmatrix} C \\ CA \end{bmatrix} \tag{7.22}$$

例 7.3 分析例 7.2 给定的单级倒立摆系统的可控性和可观性。

将具体的矩阵 A、B 代入式(7.21)，计算可知，矩阵 P_1 的秩为 4，该系统在平衡点附近可控。

将具体的矩阵 A、B 代入式(7.22)，计算可知，矩阵 P_2 的秩为 4，该系统在平衡点附近可观测。

7.1.3　运动负载分析

运动控制系统建模中，需对被驱动的负载建模，所以有必要了解负载的种类。常见的典型负载可以分为四类：恒定负载、与位移有关的负载、与速度有关的负载和与加速度有关的负载。

1. 恒定负载

恒定负载常用力矩 T_G(N·m)表示，T_G 为常值，且方向不变，如重力。

2. 与位移有关的负载

与位移有关的负载为弹性负载，常用 T_k(N·m)表示，T_k 与角位移 φ 成正比。

$$T_k = k\varphi \tag{7.23}$$

式中，k 为弹性系数。

3. 与速度有关的负载

与速度有关的负载主要有 3 种,如图 7.8(a)所示,分别是干摩擦负载、黏性摩擦负载、风阻负载。

干摩擦负载(见图 7.8(a)中曲线 1):常用干摩擦力矩 T_c(N·m)表示。

黏性摩擦负载(见图 7.8(a)中曲线 2):常用 T_b(N·m)表示

$$T_b = b\omega \tag{7.24}$$

式中,b 为黏性摩擦系数(N·m·s)。

黏性摩擦力矩 T_b 与负载速度 ω 呈线性关系。

风阻负载(见图 7.8(a)中曲线 3):常用风阻力矩 T_f(N·m)表示。

风阻力矩与负载角速度的平方 ω^2 成正比

$$T_f = f\omega^2 \tag{7.25}$$

式中,f 为风阻系数(N·m·s^2)。

另外,摩擦阻力合力一般包括干摩擦和黏性摩擦,呈非线性特性,如图 7.8(b)所示。

$$F_0 = f_{01} + f_{02}$$

式中,f_{01} 为非线性库仑摩擦分量(干摩擦);f_{02} 为黏滞摩擦分量(正比于速度)。

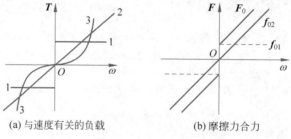

(a) 与速度有关的负载　　　　(b) 摩擦力合力

图 7.8　与速度有关的负载类型

4. 与加速度有关的负载

与加速度有关的负载为惯性负载,以负载的转动惯量 J(kg·m^2)和惯性转矩 T_J 来表征。

$$T_J = J\varepsilon \tag{7.26}$$

式中,ε 为负载角加速度(rad/s^2)。

在进行稳态设计时,需要将实际负载折算到伺服电动机的输出轴上。

7.2　常用伺服控制策略

7.2.1　运动伺服控制策略概述

运动伺服系统的控制策略非常多样化,现有的控制理论和控制算法都有应用。为便于更好地理解和设计有针对性的运动伺服控制策略,首先介绍常见的控制策略术语。

1. 比例-积分-微分控制

比例-积分-微分(proportional integral derivative,PID)控制器是最早实用化的控制器。PID 控制器简单易懂,使用中不需精确的系统模型等先决条件,因而成为应用最为广泛的控制器。PID 控制是将偏差的比例、积分和微分通过线性组合构成控制量,算法简单,鲁棒性好,可靠性高;但反馈增益是常量,所以不能在有效载荷变化的情况下改变反馈增益。

2. 最优控制

最优控制(optimal control)是基于某种性能指标的极大(小)控制。例如在高速运动机器人中,除了选择最佳路径外,还普遍采用最短时间控制,即所谓"砰-砰"控制。

3. 自适应控制

自适应控制则是根据系统运行的状态,自动补偿模型中各种不确定因素,从而显著改善运动控制的性能。它分为模型参考自适应控制器、自校正自适应控制器和线性摄动自适应控制等。

4. 解耦控制

解耦控制主要针对复杂的多变量耦合系统。例如机器人各自由度之间存在着耦合,即某处的运动对另一处的运动有影响。在耦合严重的情况下,必须采用解耦措施。

5. 重力补偿

重力补偿即在伺服系统的控制量中实时地计算运动体的重力,并加入一个抵消重力的量,可补偿重力项的影响。

6. 耦合惯量及摩擦力的补偿

耦合惯量及摩擦力的补偿常用于高精度要求的运动控制系统中。例如在高速、高精度机器人中,必须考虑一个关节运动会引起另一个关节的等效转动惯量的变化,即耦合的问题;还要考虑摩擦力的补偿。

7. 传感器的位置补偿

在内部反馈的基础上,再用一个外部位置传感器进一步消除误差,因此被称为传感器闭环系统或大伺服系统(否则为半闭环)。

8. 前馈控制

从给定信号中提取速度、加速度信号,把它加在伺服系统的适当部位,以消除系统的速度和加速度跟踪误差。

9. 超前控制

估计下一时刻的位置误差,并把这个估计量加到下一时刻的控制量中。

10. 记忆-修正控制

记忆-修正控制也称为迭代学习控制,即记忆前一次的运动误差,改进后一次的控制量,仅适用于重复操作的场合。

11. 递阶控制

递阶控制常分为组织级、协调级、执行级,最低层是各关节的伺服系统,最高层是管理(主)计算机。利用递阶控制可将大系统控制理论用于运动控制系统中。

12. 模糊控制

通常的模糊控制是借助熟练操作者经验,通过"语言变量"表述和模糊推理来实现的无模型控制。

13. 神经控制

神经控制也称为人工神经网络控制,由神经网络组成的控制系统结构,主要由神经元和连接组成。通过训练不同的连接权值,使得神经网络具有对任意非线性模型的模拟和泛化能力。

14. 鲁棒控制

鲁棒控制的基本特征是用一个结构和参数都是固定不变的控制器,来保证即使不确定性对系统的性能品质影响最恶劣的时候也能满足设计要求。

15. 滑模变结构控制

滑模变结构控制系统的特点是：在动态控制过程中,控制系统的结构根据运动系统当时的状态偏差及其各阶导数值,以跃变的方式按设定的规律做相应改变。该类控制系统预先在状态空间设定一个特殊的超越曲面,由不连续的控制律,不断变换控制系统结构,使其沿着这个特定的超越曲面向平衡点滑动,最后渐进稳定至平衡点。

16. 学习控制

采用可产生自主运动的认知控制系统,包括感知层、数据处理层、概念产生层、目标感知层、控制知识/数据库、结论产生层等。

依据反馈环节不同类型(传感器安装位置),运动伺服控制系统可分为 4 种控制方式：开环运动控制、闭环运动控制、半闭环运动控制和复合运动控制,如图 7.9 所示。

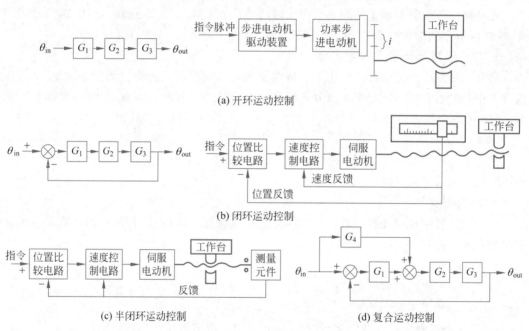

图 7.9　运动伺服控制系统的控制方式

图中,G_1 表示位置调节模块；G_2 表示功率驱动与执行电动机模块；G_3 表示控制对象；G_4 表示前馈控制模块。

开环控制系统没有对执行元件位置检测结果的反馈装置,信息流是单向的。其位移精度受伺服电动机和传动件精度及动态特性影响,不能达到很高的精度。开环系统伺服电动机常采用步进电动机,一般适用于中、小型经济型数控机床,特别适用于旧机床改造的简易数控机床。

以数控机床工作台为例,闭环控制系统带有直线位移检测装置,在加工中随时对工作台的实际位移量进行检测并反馈回去,在位置比较电路中与位移指令值进行比较,用比较后得出的差值进行位置控制,直至差值为零为止。

当采用角位移检测元件,检测伺服电动机的转角,推算出工作台的实际位移量,将此值与指令值进行比较,用差值来实现控制,此时的控制称为半闭环控制系统。半闭环运动控制系统采用的运动量传感器不直接测量最终需要被控制的运动量,而是检测运动传递环节中的运动量。例如在数控机床中用角位移检测丝杆的转动角度。此转角经滚珠丝杠螺母传动机构转变为工作台的位移。由于传动系统存在一定的误差,所以半闭环运动控制系统的控制精度低于全闭环。半闭环控制系统的性能介于开环和闭环之间,精度没有闭环高,调试却比闭环方便,因而得到广泛应用。

将以上控制系统的特点有选择地集成起来,在开环控制系统或半闭环控制系统的基础上附加一个校正伺服电路,通过装在工作台上直线位移测量元件的反馈信号来校正机械系统的误差,便组成了开环补偿型或半闭环补偿型混合控制系统。混合控制系统特别适用于大型数控机床,可在实现较高的送给速度和返回速度同时,实现高精度位置控制。

7.2.2　伺服运动控制系统的采样周期

计算机进行运算和处理的是数字(digital)信号,伺服运动控制系统是连续(analogy)系统,所以控制算法设计中首先需要进行连续系统到离散系统的变换,如图 7.10 所示。工程实际中的运动控制系统需要进行连续信号-离散信号-连续信号的转换,即 A/D 和 D/A。图中,$x^*(t)$、$y^*(t)$ 及 $e^*(t)$ 中的 * 表示离散化的意思。

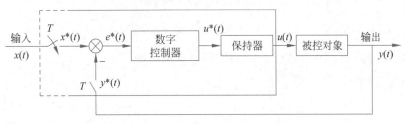

图 7.10　数字控制系统框图

1. 采样过程及采样函数的数学表示

采样过程可分为时间维的离散和空间维的离线。时间维的离散可描述为:每隔一定时间(例如 T 秒),开关闭合短暂时间(例如 τ 秒),对模拟信号进行采样,得到时间上离散数值序列

$$f^*(t)=\{f(0T),f(T),f(2T),\cdots,f(KT),\cdots\}$$

离散采样转换过程如图 7.11 所示。

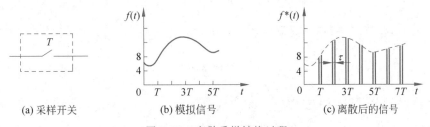

(a) 采样开关　　　　(b) 模拟信号　　　　(c) 离散后的信号

图 7.11　离散采样转换过程

为保证不失真,一般情况下,T 比 τ(取决于硬件)大得多,即 $\tau \ll T$,而且 τ 比被控对象的时间常数也小得多。所以,可认为 $\tau \to 0$,此时的采样称为脉冲采样器,其工作过程如图 7.12 所示。图中,$\delta_T(t)$ 表示单位理想脉冲序列;T 表示周期。

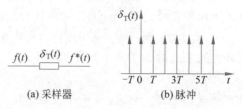

(a) 采样器   (b) 脉冲

图 7.12 经脉冲采样器的调制过程

$$\begin{cases} \delta_{\mathrm{T}}(t) = \displaystyle\sum_{k=0}^{\infty} \delta(t-kT) \\ \delta(t-kT) = \begin{cases} \infty & t=kT \\ 0 & t \neq kT \end{cases} \end{cases} \qquad (7.27)$$

单位理想脉冲的冲量为 1,即

$$\int_0^{\infty} \delta(t-kT)\mathrm{d}t = 1 \qquad (7.28)$$

因此,采样函数可表示为

$$f^*(t) = f(t) \sum_{k=0}^{\infty} \delta(t-kT) \qquad (7.29)$$

式中,k 为整数;$\delta(t-kT)$ 为 $t=kT$ 时刻的理想单位脉冲。

式(7.29)可以改写为

$$f^*(t) = \sum_{k=0}^{\infty} f(kT)\delta(t-kT) \qquad (7.30)$$

式(7.30)即为理想脉冲采样函数的数学表达式,$f(kT)$ 是 $\delta(t-kT)$ 在 kT 时刻的脉冲冲量值,或称为脉冲强度。

2. 采样函数的频谱分析及采样定理

采样函数的一般表达式为

$$\begin{cases} f^*(t) = f(t) \displaystyle\sum_{k=-\infty}^{+\infty} \delta(t-kT) \\ \displaystyle\sum_{k=-\infty}^{+\infty} \delta(t-kT) = \delta_{\mathrm{T}}(t) \end{cases} \qquad (7.31)$$

由于 $\delta_{\mathrm{T}}(t)$ 是周期函数,其复数形式可表示为

$$\delta_{\mathrm{T}}(t) = \frac{1}{T} \sum_{k=-\infty}^{+\infty} \mathrm{e}^{jk\omega_s t} \qquad (7.32)$$

式中,$\omega_s = \dfrac{2\pi}{T}$ 为采样角频率(rad/s)。

将式(7.32)代入式(7.30),得采样函数复数域表示

$$f^*(t) = \frac{1}{T} \sum_{k=-\infty}^{+\infty} f(t)\mathrm{e}^{jk\omega_s t} \qquad (7.33)$$

采样函数 $f^*(t)$ 的拉普拉斯变换式为

$$F^*(s) = \int_0^{\infty} f^*(t)\mathrm{e}^{-st}\mathrm{d}t = \int_0^{\infty} \frac{1}{T} \sum_{k=-\infty}^{+\infty} f(t)\mathrm{e}^{jk\omega_s t}\,\mathrm{e}^{-st}\mathrm{d}t$$

可进一步表示为

$$F^*(s) = \frac{1}{T} \sum_{k=-\infty}^{+\infty} F(s + jk\omega_s) \tag{7.34}$$

式(7.34)是以 ω_s 为周期的周期函数。

令 $s = j\omega$，采样函数的傅里叶变换(Fourier transformation)为

$$F^*(j\omega) = \frac{1}{T} \sum_{k=-\infty}^{+\infty} F(j\omega + jk\omega_s) \tag{7.35}$$

为便于理解，本文通过频谱分析来举例说明。

对一个非周期函数进行傅里叶变换求频谱(振幅谱和相位谱)的过程叫频谱分析，如图 7.13 所示。

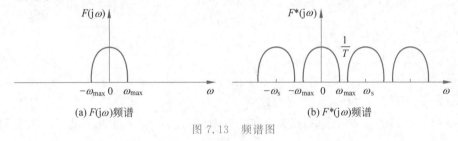

(a) $F(j\omega)$ 频谱　　　　　　　(b) $F^*(j\omega)$ 频谱

图 7.13　频谱图

连续函数 $f(t)$ 的频谱 $F(j\omega)$ 是孤立的非周期频谱，$k=0$ 时对应主频谱。

采样定理所要解决的问题是：采样周期选多大，才能将采样信号较少失真地恢复为原连续信号。

由图 7.14 可见，如果将 $f^*(t)$ 经过一个频带宽大于 ω_{max} 而小于 ω_s 的理想滤波器 $W(j\omega)$，滤波器输出就是原连续函数的频谱，即当 $\omega_s \geqslant 2\omega_{max}$ 时，采样函数 $f^*(t)$ 能恢复出不失真的原连续信号。

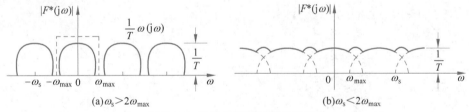

(a) $\omega_s > 2\omega_{max}$　　　　　　　(b) $\omega_s < 2\omega_{max}$

图 7.14　采样信号频谱的两种情况

为了不失真地由采样函数恢复原连续函数，则要求

$$\omega_s \geqslant 2\omega_{max} \tag{7.36}$$

即香农(Shannon)采样定理

$$T \leqslant \frac{\pi}{\omega_{max}} \tag{7.37}$$

注意实际工程应用中，需区分采样角频率和采样频率。

7.2.3　采样周期 T 对运动控制器的影响

采样周期 T 是运动控制器设计中首先需要考虑的因素。伺服运动系统采样周期太大，会产生失真；采样周期太小又会引进测量误差和噪声；太高和太低都会对控制性能产生影

响。采样周期的选择与以下因素有关。

(1) 控制系统的动态品质指标。

(2) 被控对象的动态特性。

(3) 扰动信号的频谱。

(4) 控制算法与计算机性能等。

实际工程中,采样周期 T 的确定方法有以下几种。

方法一　根据香农采样定理来确定采样周期 T。香农采样定理只给出了理论指导原则,实际工程应用中由于系统的数学模型不好精确地测量,系统的最高角频率 ω_{max} 不好确定。

方法二　根据经验,用计算机来实现模拟校正环节功能时,选择采样角频率

$$\omega_s \approx 10\omega_c \tag{7.38}$$

或

$$T \approx \frac{\pi}{5\omega_c} \tag{7.39}$$

式中,ω_c 为系统开环频率特性的截止频率。

方法三　在伺服运动系统中,根据系统上升时间而确定采样周期,即保证上升时间内有 $2\sim4$ 次采样。

设 T_r 为上升时间,N_r 为上升时间采校次数,则经验公式为

$$N_r = \frac{T_r}{T} = 2 \sim 4 \tag{7.40}$$

为了达到好的滤波效果,许多伺服运动系统将控制器输出和编码器输入周期分开,例如控制器输出周期可为 $200\mu s$,编码器输入采样周期可为 $25\mu s$。

视频讲解

7.3　PID 控制算法剖析

PID 控制器由比例单元(P)、积分单元(I)和微分单元(D)组成,其原理图如图 7.15 所示。

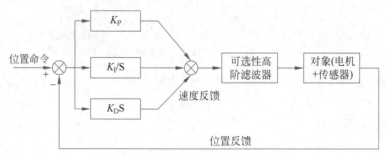

图 7.15　PID 控制器原理图

PID 控制器的输入 $e(t)$ 和输出 $u(t)$ 之间关系为

$$u(t) = k_p e(t) + k_i \int_0^t e(t)\mathrm{d}t + k_d \frac{\mathrm{d}e(t)}{\mathrm{d}t} \tag{7.41}$$

式中，$k_{\mathrm{p}}e(t)$ 为比例项，k_{p} 为比例系数；$k_{\mathrm{i}}\displaystyle\int_0^\infty e(t)\mathrm{d}t$ 为积分项，k_{i} 为积分系数；$k_{\mathrm{d}}\dfrac{\mathrm{d}e(t)}{\mathrm{d}t}$ 为微分项，k_{d} 为微分系数。

PID 控制器的传递函数为

$$G(s)=\frac{U(s)}{E(s)}=k_{\mathrm{p}}\Big(1+\frac{1}{T_{\mathrm{i}}s}+T_{\mathrm{d}}s\Big) \tag{7.42}$$

式中，T_{i} 为积分时间常数；T_{d} 为微分时间常数。

PID 参数整定的主要任务是确定 k_{p}、k_{i}、k_{d} 及采样周期 T。比例系数 k_{p} 增大，可使伺服驱动系统的动作灵敏，响应加快，但过大会引起振荡，调节时间加长。积分系数 k_{i} 增大，能消除系统稳态误差，但稳定性下降。微分控制可以改善动态特性，使超调量减少，调整时间缩短。

由于实际中，多采用 MCU 来实现 PID 控制算法，进入计算机的连续时间信号，必须经过采样和离散化后，变成数字量，方能进入计算机的存储器和寄存器。因此，实际应用中的 PID 控制多为离散方式。离散 PID 的绝对式和增量式控制律如下：

$$u(k)=k_{\mathrm{p}}e(k)+k_{\mathrm{i}}\sum_1^k e(k)+k_{\mathrm{d}}(e(k)-e(k-1)) \tag{7.43}$$

$$\begin{aligned}u(k)=u(k-1)+k_{\mathrm{p}}(e(k)-e(k-1))+k_{\mathrm{i}}e(k)+k_{\mathrm{d}}(e(k)-\\2e(k-1)+e(k-2))\end{aligned} \tag{7.44}$$

对于阶跃响应，比例项是为了快速响应，使快速接近被跟踪的曲线，所以 k_{p} 一般比 k_{i}、k_{d} 都要大。但比例控制不能消除稳态误差，P 控制器最后的输出 $u(k)$ 等于 k_{p} 乘以稳态误差，所以稳态误差必然存在，否则就没有输出。

积分项是为了减小稳态误差，随着时间的增加，积分项会增大。这样，即使误差很小，积分项也会随着时间的增加而加大，将推动控制器的输出增大使稳态误差进一步减少，直到等于零。稳定后，PI 控制器的最后输出 $u(k)=k_{\mathrm{p}}e(k)+k_{\mathrm{i}}\displaystyle\sum_1^k e(k)$，$k_{\mathrm{p}}e(k)$ 已经很小，几乎可以忽略。最后的输出 $u(k)$ 主要是由 $k_{\mathrm{i}}\displaystyle\sum_1^k e(k)$ 组成。

当误差的变化率，即 $e(k)-e(k-1)$ 的绝对值减小时，微分项 $(e(k)-2e(k-1)+e(k-2))$ 为正，会给 $u(k)$ 加上一个正值，使 $e(k)$ 的变化速度加快。当误差的变化率，即 $e(k)-e(k-1)$ 的绝对值增大时，$e(k)-2e(k-1)+e(k-2)$ 为负，会给 $u(k)$ 加上一个负值，使 $e(k)$ 的变化速度减慢。所以微分项主要起调节作用，使误差的变化速度保持稳定。PID 比 PI 反应速度更快，并且可避免过冲（超调）。稳定后，PID 控制器的最后输出见式（7.43），其中 $k_{\mathrm{p}}e(k)$ 和 $k_{\mathrm{d}}(e(k)-e(k-1))$ 已经很小，几乎可以忽略，而最后的输出 $u(k)$ 主要由 $k_{\mathrm{i}}\displaystyle\sum_1^k e(k)$ 构成。

下面分析几种常用于运动伺服控制的 PID 控制算法。

1. 模糊增量 PID 控制

考虑到控制的实时性和连续性，宜采用增量式 PID 控制。但恒定参数的增量式 PID 当有干扰时控制无法达到好的效果。模糊控制的特点是控制响应快，对不确定性因素的适应性强，无须依赖控制对象的精确数学模型。离散的增量 PID 控制算法为

$$\begin{cases} u(k) = u(k-1) + \Delta u(k) \\ \Delta u(k) = (k_p + k_i + k_d) e(k) - (k_p + 2k_d) e(k-1) + k_d e(k-2) \\ e(k) = T^* - T(k) \\ u_{\min} \leqslant u(k) \leqslant u_{\max} \\ u(0) = u_{\min} \\ k = 1, 2, \cdots \end{cases} \tag{7.45}$$

式中，k 为离散控制循环次数；$u(k)$ 为第 k 次控制输出；$\Delta u(k)$ 为控制输出调整量；k_p、k_i、k_d 分别为比例、积分和微分项的系数；$e(k)$ 为误差；$T(k)$ 为当前被控量的实际值；T^* 为理想值；$u_{\min}$ 为可实现的控制输出最小值；$u_{\max}$ 为可实现的控制输出最大值；$u(0)$ 为初始的控制输出。

以电动机驱动器驱动的运动控制系统为例，模糊增量 PID 控制算法结构如图 7.16 所示。

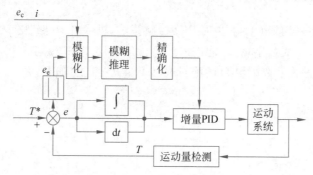

图 7.16 模糊增量 PID 控制算法结构

模糊控制的输入为初始误差 e_c、驱动器实际电流 i、实际误差 e_e。输出为参数 k_p、k_i、k_d。e_c 越大表示外界环境干扰较大；i 较大表示电动机输出力矩大，抗干扰能力强。可根据实际工程情况，量化输入输出相应的论域。

例 7.4 以温度控制系统中的风扇转动控制为例，设计模糊增量 PID 控制算法中的模糊规则。
例如，可将控制涉及的参数论域确定为

$$e_c = \{0, 8, 20\}, \quad i = \{1, 5, 10\}, \quad e_e = \{1, 8, 20\}, \quad k_p = \{0, 0.5, 2, 5\},$$
$$k_i = \{0, 0.5, 1, 2\}, \quad k_d = \{0, 0.2, 0.5, 1\}$$

上述论域相应的模糊子集可分别取为

$$E_c = I = E_e = \{PS, PM, PB\}$$
$$K_p = K_i = K_d = \{Z, PS, PM, PB\}$$

式中，E_c、I、E_e、K_p、K_i、K_d 分别为 e_c、i、e_e、k_p、k_i、k_d 相应的模糊子集；PS 表示"小"；PM 表示"中等"；PB 表示"大"。

隶属度函数可采取线形三角函数，e_e 的模糊隶属关系如图 7.17 所示。

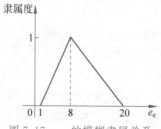

图 7.17 e_c 的模糊隶属关系

模糊推理采用 if-then 规则。模糊推理规则的关键内容如下。

(1) 当温度调节量大时。

即 e_e、e_c 较大时，i 较小时，应选取较大的 k_p 和较小的 k_d 来提高响应，很小的 k_i 或 $k_i=0$ 来避免过大的超调；此关键规则可描述为

  rule1：if $E_c=$ PB $\wedge$ $I=$ PS $\wedge$ $E_e=$ PB then $K_p=$ PB $\wedge$ $K_i=$ Z $\wedge$ $K_d=$ PS

其中，$\wedge$ 为合取符号，表示"并且"。

(2) 当温度调节量小时。

即 e_e、e_c 较小时，i 较大时，应选取较大的 k_p 和 k_i 来增强系统的稳态性能，k_d 要适中，避免振荡；此关键规则可描述为

rule2：if $E_c=$ PS $\wedge$ $I=$ PB $\wedge$ $E_e=$ PS then $K_p=$ PB $\wedge$ $K_i=$ PB $\wedge$ $K_d=$ PM

(3) 当温度调节量中等时。

即 e_e、e_c、i 中等时，应选取较小的 k_p 来减小超调，k_i 和 k_d 应适中；此关键规则可描述为

rule3：if $E_c=$ PM $\wedge$ $I=$ PM $\wedge$ $E_e=$ PM then $K_p=$ PS $\wedge$ $K_i=$ PM $\wedge$ $K_d=$ PM

模糊控制的关键环节是：利用隶属度函数，经模糊化得到各个输入变量的隶属度，再经模糊推理得到输出变量的模糊描述。输出变量需经过反模糊化得到清晰的输出值，才能用于控制。为实现合理的、连续的输出值，常采用加权平均法。定义规则的隶属度为

$$\mu_j(\text{rule}(j))=\min(\mu_{E_c}(E_c^j),\mu_I(I^j),\mu_{E_e}(E_e^j)) \tag{7.46}$$

式中，j 为规则编号，$j=1,2,\cdots,n$；E_c^j 表为第 j 条规则 rule(j) 要求 E_c 满足的模糊子集值；$\mu_{E_c}(E_c^j)$ 为规则 rule(j) 中 E_c 输入量的隶属度，其他类似。

式(7.46)表明，规则的隶属度取决于输入满足模糊子集值的隶属度的最小值。

反模糊法常采用加权平均法，将规则的隶属度作为权值，则模糊推理得到的 PID 参数为

$$k_p=\dfrac{\sum\limits_{j=1}^{n}\mu_j k_p^j}{\sum\limits_{j=1}^{n}\mu_j},\quad k_i=\dfrac{\sum\limits_{j=1}^{n}\mu_j k_i^j}{\sum\limits_{j=1}^{n}\mu_j},\quad k_d=\dfrac{\sum\limits_{j=1}^{n}\mu_j k_d^j}{\sum\limits_{j=1}^{n}\mu_j} \tag{7.47}$$

式中，k_p^j 为第 j 条规则中输出的 K_p 模糊子集对应的论域值，其他类似。

2. 智能 PI 控制

实际应用中，PID 控制有多种不同类型。以电动机的电流控制为例。三相交流伺服电动机的电流控制器结构图如图 7.18 所示。

目前常用的电流控制器基本上分为 3 类：线性电流控制器、滞环电流控制器和超前电流控制器。三者的区别在于对电流控制的延迟时间不同。PID 控制中的积分环节是为了消除静差，提高控制精度。但实际使用中会存在积分饱和现象。如在过程的起动、结束和大幅度增减设定时，短时间内系统输出有很大的偏差，会造成 PI 运算的积分积累(积分饱和)，引起系统较大的超调，甚至引起系统较大的振荡。

智能 PI 控制的基本思路如下。

(1) 当被控量与设定值偏差较大时，取消积分作用，以免由于积分作用使系统稳定性降低，超调量增大。

(2) 当被控量接近给定值时，引入积分控制，以便消除静差，提高控制精度。

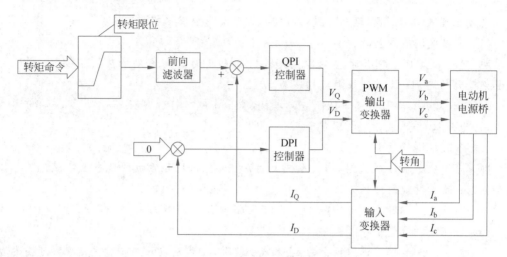

图 7.18 电流控制器结构图

其具体实现步骤如下。

(1) 根据实际情况,给定设定值 $\varepsilon > 0$。

(2) 当 $|\text{error}(k)| > \varepsilon$ 时,采用 P 控制,可避免产生过大的超调,又使系统有较快的响应。

(3) 当 $|\text{error}(k)| \leqslant \varepsilon$ 时,采用 PI 控制,以保证系统的控制精度。

智能 PI 控制算法可表示为

$$u(k) = k_p \text{error}(k) + \beta k_i \sum_{j=0}^{k} \text{error}(j) T \tag{7.48}$$

式中,T 为采样时间;β 项为积分项的开关系数;

$$\beta = \begin{cases} 1 & |\text{error}(k)| \leqslant \varepsilon \\ 0 & |\text{error}(k)| > \varepsilon \end{cases}$$

3. 位置环 PIP 控制

伺服电动机的位置、速度和电流三环控制周期之间存在逻辑关系。位置回路响应不能高于速度回路响应。若要增加位置回路增益,必须先增加速度回路增益。伺服系统的响应由位置回路增益决定,位置回路增益设定为较高值时,响应速度会增加,从而缩短定位所需时间。若要将位置回路增益设定为高值,机械系统的刚性与自然频率也必须很高。

如果只增加位置回路增益,振动将会造成速度指令及定位时间增加,而非减少。如果位置回路响应比速度回路响应还快,由于速度回路响应较慢,位置回路输出的速度指令无法跟上位置回路。因此就无法达到平滑的线性加速或减速。而且,位置回路会继续累计偏差,增加速度指令。因此,如果只有位置回路增益增加,位置回路的输出指令可能会变得不稳定,以致整个伺服系统的响应变得不稳定。

为了解决上述问题,在位置环中引入了 PIP 控制算法,如图 7.19 所示。

PIP 控制律为:与 PID 控制的结构非常相似,通过速度标准而不是位置标准来执行的标准型 PID,可有效降低反馈装置的噪声。

PIP 控制律的优势如下。

(1) 手工调整更方便,通过一开始的速度控制调整关闭位置反馈。

(2) 所有的反馈应用同样的控制结构:只用速度、位置、独立的速度和位置传感器。

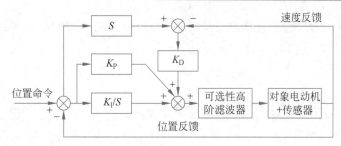

图 7.19 PIP 数字控制回路

（3）PIP 结构适合多级别的控制要求，这种情况下速度反馈要比位置反馈快，需要 CPU 的最优处理算法来实现。

（4）更容易进行放大器饱和时控制器的保护。

（5）通过反馈提前量来提前控制。

例 7.5 举例说明 PIP 控制常用的 124 规则。

通常在交流伺服电动机的 PIP 控制中采用 PIP124 规则，具体如下。

（1）电流（数字）反馈环节。周期设置为 $60\mu s$，最高采样率 16kHz，带宽 >2.5kHz。

（2）速度（数字）反馈环节。周期设置为 $120\mu s$，最高采样率 8kHz，带宽 >350Hz。

（3）位置（数字）反馈环节。周期设置为 $240\mu s$，最高采样率 4kHz，带宽 >80Hz。

PIP124 规则中，速度控制的采样时间减少了一半；也就是说，相当于频率加快了一倍。位置控制的采样时间没变，位置控制的带宽由速度控制的带宽决定。因此，提高了速度控制的带宽频率也就是提高了位置控制的带宽频率。通常，速度控制的采样时间的减少可以导致多于 60% 的速度回路频率的提升。

---

4. 自适应 PID 控制

首先具有自适应控制器自动辨识被控对象运动参数、自动整定控制器参数、能够适应被控运动参数的变化等优点。同时具有 PID 控制器结构简单、鲁棒性好、可靠性高、为现场工程人员和设计工程师们所熟悉的优点。自适应 PID 控制器可分为两类：一类基于被控对象运动参数辨识，统称为参数自适应 PID 控制器，其参数的设计依赖于被控运动模型参数的估计；另一类基于被控运动的某些特征参数，例如临界振荡增益和临界振荡频率等，可称为非参数自适应 PID 控制器。

5. 预测 PID

预测控制不需要被控对象精确的数学模型，利用数字计算机的计算能力实行在线的循环优化计算，主要分为采用非参数模型的预测控制算法（例如模型算法控制 MAC 和动态矩阵控制 DMC）和基于离散参数预测模型的控制算法（例如广义预测控制 GPC 和广义预测极点配置控制 GPP）。预测控制与 PID 结合，产生了预测 PID 控制算法，例如模型算法 PI 控制、动态矩阵 PI 控制、广义预测 PI 控制和广义预测极点配置 PI 控制等。

6. 智能控制算法与 PID 结合

智能控制与常规 PID 控制相结合包括基于规则的智能 PID 自学习控制器、加辨识信号的智能自整定 PID 控制器、专家式智能自整定 PID 控制器、模糊 PID 控制器、基于神经网络的 PID、自适应 PID 预测智能控制器和单神经元自适应 PID 智能控制器等多种类型。

神经元 PID 模仿神经元变换处理和汇总的功能，对 PID 的 3 个参数进行在线训练调整,最后将比例项、积分项、微分项进行汇总,得出最终的输出控制量。神经元 PID 控制算法的结构图如图 7.20 所示。

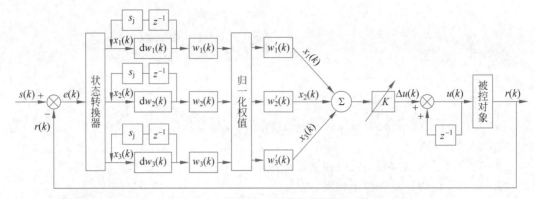

图 7.20 神经元 PID 控制算法结构图

图中,$s(k)$ 为设定值;$r(k)$ 为被控对象的返回值;$e(k)$ 为误差。通过状态转换器将 $e(k)$ 转换为状态量 $x_1(k)$、$x_2(k)$、$x_3(k)$。根据 Hebb 学习规则和梯度下降法计算权值 $\mathrm{d}w_i(k)$ 和 $w_i(k)$ 的值($i=1,2,3$),如式(7.49)和式(7.50)所示。其中 s_j 是衰减因子,在学习训练过程中,旧知识的积累有时会导致系统不能对新知识做出快速反应,使得调节速度缓慢。通过增加衰减因子,使旧知识在迭代过程中慢慢衰减,新知识就能快速反应。增加衰减因子后,权值参数的收敛速度也会加快。

$$\begin{cases} \mathrm{d}w_1(k) = s_j \mathrm{d}w_1(k-1) + \eta_\mathrm{p} e(k) u(k) x_1(k) \\ \mathrm{d}w_2(k) = s_j \mathrm{d}w_2(k-1) + \eta_i e(k) u(k) x_2(k) \\ \mathrm{d}w_3(k) = s_j \mathrm{d}w_3(k-1) + \eta_\mathrm{d} e(k) u(k) x_3(k) \end{cases} \quad (7.49)$$

$$\begin{cases} w_1(k) = w_1(k-1) + \mathrm{d}w_1(k) \\ w_2(k) = w_2(k-1) + \mathrm{d}w_2(k) \\ w_3(k) = w_3(k-1) + \mathrm{d}w_3(k) \end{cases} \quad (7.50)$$

经过归一化权值,将 $w_i(k)$ 转化为 $w_i'(k)$

$$w_i'(k) = w_i(k) \Big/ \sum_{j=1}^{3} |w_j(k)| \quad (7.51)$$

增益系数 K 太大会引起振荡,K 太小会导致收敛速度慢。采用 Sigmoid 函数,将 K 定义为 $e(k)$ 的连续有界非线性函数,能够增强神经元 PID 控制算法的自适应能力,缩短响应时间。

$$K = K_0 + a \frac{1 - \mathrm{e}^{-b|e(k)|}}{1 + \mathrm{e}^{-b|e(k)|}} \quad (7.52)$$

归一化后的权值与相对应的状态量相乘,再乘以增益系数 K,得到输出控制量增量

$$\Delta u(k) = K(w_1'(k) x_1(k) + w_2'(k) x_2(k) + w_3'(k) x_3(k)) \quad (7.53)$$

最后得到输出控制量 $u(k)$ 为

$$u(k) = u(k-1) + \Delta u(k) \quad (7.54)$$

神经元 PID 控制算法具有自学习和自适应能力,根据误差实时调整网络权值,使目标函数一步一步减小。可选择负梯度方向作为迭代算法的下降方向,因为这个方向下降速度最快。与传统 PID 控制算法相比,神经元 PID 学习速度快,调节时间短。

7.4　滑模变结构控制基本原理

滑模变结构控制是一种高速切换反馈控制,是变结构控制的一种。滑模变结构控制与一些普通控制方法的根本区别在于:控制律和闭环系统的结构在滑模面上具有不连续性,即具有一种使系统结构随时变化的开关特性,是一种鲁棒性很强的控制方法。

设运动控制系统对象被描述为二阶系统,其状态轨迹如图 7.21 所示,状态描述为

$$\begin{cases} \dot{x}_1 = x_2 \\ \dot{x}_2 = -a_1 x_1 - a_2 x_2 - bu + f \end{cases} \tag{7.55}$$

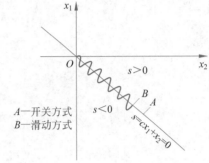

式中,u 为控制输入;f 为外部干扰;x_1、x_2 为状态变量;a_1、a_2 和 b 为(正)常参数或时变参数,其精确值可以未知,但其变化范围已知为

$$\begin{cases} a_{1\max} \geqslant a_1 \geqslant a_{1\min} \\ a_{2\max} \geqslant a_2 \geqslant a_{2\min} \\ b_{\max} \geqslant b \geqslant b_{\min} \end{cases} \tag{7.56}$$

图 7.21　二阶系统的状态轨迹

令状态矢量

$$\boldsymbol{x} = [x_1, x_2]^{\mathrm{T}} \tag{7.57}$$

考虑不连续控制律

$$u = \begin{cases} u^+ & cx_1 + x_2 > 0 \\ u^- & cx_1 + x_2 < 0 \end{cases} \tag{7.58}$$

式中,$u^+ \neq u^-$,$c > 0$。

常用的滑模切换函数为

$$s = cx_1 + x_2 \tag{7.59}$$

直线 $s = 0$ 为切换线(滑模面),在切换线上控制 u 是不连续的。

当系统处在滑动期间,可以认为相平面轨迹的状态满足切换线方程,即 s 保持为零。

$$s = cx_1 + x_2 = cx_1 + \dot{x}_1 = 0 \tag{7.60}$$

其解为

$$x_1(t) = x_1(0)\mathrm{e}^{-ct} \tag{7.61}$$

由式(7.55)可得

$$\begin{cases} \dot{x}_1 = x_2 \\ x_2(t) = -cx_1(0)\mathrm{e}^{-ct} \end{cases} \tag{7.62}$$

由式(7.61)、式(7.62)可得,当 $c > 0$ 时,$\lim\limits_{t \to \infty} x_1 = 0$。因此,在滑动方式下,二阶系统看起来就像一个时间常数为 c 的渐进稳定的一阶系统,其动态特性与系统状态方程无关。

对于一个确定的二阶系统来说,根据滑动条件可知,当状态不在切换线上时,必须满足

$$s\dot{s} = s(c\dot{x}_1 + \dot{x}_2) < 0 \tag{7.63}$$

将式(7.55)代入式(7.63)可得

$$s(cx_2 - a_1x_1 - a_2x_2 - bu + f) < 0 \tag{7.64}$$

设计滑模变结构控制律为

$$u(t) = \psi_1 x_1 + \psi_2 x_2 + \delta\,\mathrm{sgn}(s) \tag{7.65}$$

式中

$$\psi_1 = \begin{cases} \alpha_1 & x_1 s > 0 \\ \beta_1 & x_1 s < 0 \end{cases}, \qquad \psi_2 = \begin{cases} \alpha_2 & x_2 s > 0 \\ \beta_2 & x_2 s < 0 \end{cases} \tag{7.66}$$

$$\mathrm{sgn}(s) = \begin{cases} 1 & s > 0 \\ -1 & s < 0 \end{cases} \tag{7.67}$$

式中,δ 为可调增益。

由式(7.64)、式(7.65),可得控制律稳定条件为

$$-(a_1 + b\psi_1)x_1 s + (c - a_2 - b\psi_2)x_2 s + (f - b\delta\,\mathrm{sgn}(s))s < 0 \tag{7.68}$$

式(7.68)是多元不等式,求解比较困难。本书采用最严格的条件,对不等式进行求解。为保证式(7.68)成立,滑模变结构控制律参数需满足

$$\psi_1 = \begin{cases} \alpha_1 > -\dfrac{a_{1\min}}{b_{\max}} & x_1 s > 0 \\ \beta_1 < -\dfrac{a_{1\max}}{b_{\min}} & x_1 s < 0 \end{cases}, \quad \psi_2 = \begin{cases} \alpha_2 > \dfrac{c - a_{2\min}}{b_{\min}} & x_2 s > 0 \\ \beta_2 < \dfrac{c - a_{2\max}}{b_{\max}} & x_1 s < 0 \end{cases}, \quad \begin{cases} \delta < -\dfrac{f}{b_{\min}} & s > 0 \\ \delta < \dfrac{f}{b_{\max}} & s < 0 \end{cases}$$

例 7.6 给出保证式(7.68)成立最严格的滑模变结构控制律参数要求的求解过程。

依题意得

$$\begin{cases} \dot{x}_1 = x_2 \\ \dot{x}_2 = -a_1 x_1 - a_2 x_2 - bu + f \end{cases}$$

而

$$s = cx_1 + x_2, \quad \dot{s} = c\dot{x}_1 + \dot{x}_2$$

要满足

$$s\dot{s} < 0$$

即

$$s(cx_2 - a_1 x_1 - a_2 x_2 - bu + f) < 0$$

又因为 $u(t) = \psi_1 x_1 + \psi_2 x_2 + \delta\,\mathrm{sgn}(s)$,代入上式得

$$-(a_1 + b\psi_1)x_1 s + (c - a_2 - b\psi_2)x_2 s + (f - b\delta\,\mathrm{sgn}(s))s < 0$$

若需严格成立,则不等式每项均严格小于零即可,分析如下:

$$-(a_1 + b\psi_1)x_1 s < 0$$

$x_1 s > 0, \psi_1 = \alpha_1$ ，　　　　　　　　$x_1 s < 0, \psi_1 = \beta_1$

所以 $a_1 + b\alpha_1 > 0 \Rightarrow \alpha_1 > -\dfrac{a_1}{b}$ ，　　所以 $a_1 + b\beta_1 < 0 \Rightarrow \beta_1 < -\dfrac{a_1}{b}$

所以 $\alpha_1 > -\dfrac{a_{1\min}}{b_{\max}}$ ，　　　　　　　所以 $\beta_1 < -\dfrac{a_{1\max}}{b_{\min}}$

$$(c - a_2 - b\psi_2)x_2 s < 0$$

$$x_2 s > 0, \quad \psi_2 = \alpha_2 \qquad\qquad\qquad x_2 s < 0, \quad \psi_2 = \beta_2$$

所以 $c - a_2 - b\alpha_2 < 0 \Rightarrow \alpha_2 > \dfrac{c - a_2}{b}$ 　　　所以 $c - a_2 - b\beta_2 > 0 \Rightarrow \beta_2 < \dfrac{c - a_2}{b}$

所以 $\alpha_2 > \dfrac{c - a_{2\min}}{b_{\min}}$ 　　　　　　　　所以 $\beta_2 < \dfrac{c - a_{2\max}}{b_{\max}}$

$$(f - b\delta\,\mathrm{sgn}(s))s < 0$$

$$s > 0, \quad \mathrm{sgn}(s) = 1 \qquad\qquad\qquad s < 0, \quad \mathrm{sgn}(s) = -1$$

所以 $f - b\delta < 0 \Rightarrow \delta > \dfrac{f}{b}$ 　　　　　所以 $f + b\delta > 0 \Rightarrow \delta > -\dfrac{f}{b}$

所以 $\delta > \dfrac{f}{b_{\min}}$ 　　　　　　　　　　　　所以 $\delta > -\dfrac{f}{b_{\max}}$

综上所述，可得滑模变结构控制律参数条件。

7.5　永磁同步伺服电动机的控制系统

永磁同步伺服电动机具有功率因数高、动态响应快、运行平稳、过载能力强等优点，是目前交流伺服系统中应用最为广泛的执行元件之一。

7.5.1　永磁同步伺服电动机控制系统设计

通常永磁同步伺服电动机控制系统由位置环、速度环、电流环三闭环构成，其结构如图 7.22 所示。

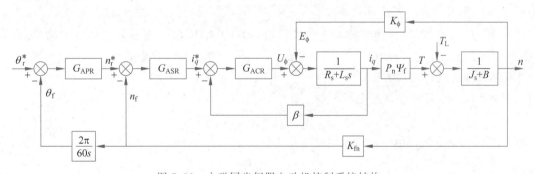

图 7.22　永磁同步伺服电动机控制系统结构

图中，θ_r^*、θ_f 分别表示位置给定与反馈；n_r^*、n_f 分别表示转速给定与反馈；i_q^*、i_q 分别表示 q 轴电流给定与反馈；U_ϕ、E_ϕ 分别表示电动机相电压和相电势（等效的直流量）；K_ϕ 表示电动机电势系数；P_n 表示电动机的极对数；Ψ_f 表示永磁体的磁链；T、T_L 分别表示电磁转矩与负载转矩；β 表示电流反馈系数；J 表示电动机的转动惯量；B 表示摩擦系数；K_{fn} 表示转速反馈系数；R_s、L_s 分别表示电动机定子电阻和电感；G_{APR}、G_{ASR}、G_{ACR} 分别表示位置、速度、电流调节器；$P_n\Psi_f$ 代表了电磁转矩与转矩电流的比例系数。

永磁同步伺服电动机控制系统属于多环系统，需按照设计多环系统的一般方法来设计控制器,即从内环开始,逐步向外扩大,逐环进行设计。首先设计好电流调节器,然后把电流调节环看作速度环中的一个环节,再设计速度调节器,最后再设计位置调节器。从内到外逐环设计可保证整个系统的稳定性,并且当电流环或速度环内部的某些参数发生变化或受到扰动时,电流反馈与速度反馈能起到有效的抑制作用,因而对最外部的位置环工作影响很小。

1. 电流调节器的设计

电流控制是提高伺服系统控制精度和响应速度、改善控制性能的关键。电动机伺服系统要求电流控制环节具有输出电流谐波分量小、响应速度快等性能。为便于分析和设计,需要建立电流环控制对象的传递函数。电流环控制对象包含 PWM 逆变器、电动机电枢回路、电流采样和滤波电路等。按照小惯性环节的处理方法,忽略电子电路延时,仅考虑主电路逆变器延时,PWM 逆变器可等效为时间常数 T_s($T_s = 1/$逆变器工作频率)的一阶小惯性环节;电动机电枢回路可等效为电阻 R_s 和电感 L_s 的一阶惯性环节。

电动机存在反电势,虽然反电势变化没有电流变化快,但是仍然对电流环的调节有影响。低速时,由于电动势的变化与电动机转速成正比,相对于电流而言,在一个采样周期内,可认为是一恒定扰动,相对于直流电压而言较小,对于电流环的动态响应过程可以忽略。高速时,因电动势扰动,使外加电压与电动势的差值减小。电动机一相绕组电压方程

$$U_\phi = E_\phi + L_s \frac{\mathrm{d}i_s}{\mathrm{d}t} + R_s i_s \tag{7.69}$$

由式(7.69)可见,逆变器直流电压恒定,E_ϕ 随转速增加,加在电动机电枢绕组上净电压减少,电流变化率降低。因此,电动机转速较高时,实际电流和给定电流间将出现幅值和相位偏差。当速度很高时,实际电流将无法跟踪给定值。在电流环设计时,可先忽略反电势对电流环的影响。

由以上分析,电流环的控制对象为两个一阶惯性环节的串联,此时电流环控制对象为

$$G_{iobj}(s) = \frac{K_v K_m \beta}{(T_1 s + 1)(T_i s + 1)} \tag{7.70}$$

式中,$K_m = 1/R_s$;K_v 为逆变器电压放大倍数,即逆变器输出电压与电流调节器输出电压比值;$T_1 = L_s/R_s$ 为电动机电磁时间常数;$T_i = T_s + T_{oi}$ 为等效小惯性环节时间常数,T_{oi} 为电流采样滤波时间常数。

小惯性环节等效条件是电流环截止频率 ω_{ci} 满足

$$3\sqrt{1/T_m T_1} \leqslant \omega_{ci} \leqslant \sqrt{1/T_s T_{oi}}/3 \tag{7.71}$$

式中,T_m 为电动机机电时间常数,即

$$T_m = \frac{JR_s}{9.55 K_\phi K_r} \tag{7.72}$$

按照调节器工程设计方法,将电流环校正为典型 I 型系统,电流调节器 G_{ACR} 选为 PI 调节器

$$G_{ACR}(s) = K_{pi} \frac{\tau_i s + 1}{\tau_i s} \tag{7.73}$$

式中,K_{pi}、τ_i 分别为电流调节器比例系数、积分时间常数。

为使调节器零点抵消控制对象中较大的时间常数极点,选择 $\tau_i = T_1$,那么电流环开环传递函数为

$$G_i(s) = \frac{K_v K_m K_{pi} \beta}{\tau_i s (T_i s + 1)} = \frac{K_i}{s(T_i s + 1)} \tag{7.74}$$

式中，$K_i = K_v K_m K_{pi} \beta / \tau_i$ 为电流环的开环放大倍数。

为使电流环有较快响应和较小的超调，在一般情况下，选择 $K_i \times T_i = 0.5$，可得

$$K_{pi} = \frac{R_s T_1}{2 K_v \beta T_i} \tag{7.75}$$

由此可确定电流调节器的参数。

电流控制器参数的确定，除了要满足上述典型 I 型系统的要求，在设计控制器增益时，还要考虑以下因素。

(1) 由于电流控制存在相位延迟，因此当输入三相正弦电流指令时，三相输出电流在相位上将产生一定的滞后，同时在幅值上也会有所下降。这样一方面破坏了电流矢量的解耦条件，另一方面降低了输出转矩。为了克服这种影响，在对电流相位进行补偿的同时需要增大电流环的增益。

(2) 由于电流检测器件的漂移误差会引起转速的波动，若提高电流控制器的增益，必然会放大漂移误差，对转速的控制精度产生不利的影响，故不能过分提高电流控制的增益。

(3) 考虑到电流控制环节的稳定性，也不宜过于增加电流控制器的增益。

(4) 过大的电流环控制增益还会产生较大的转矩脉动和磁场噪声。

2. 速度调节器的设计

速度控制性能是伺服系统整体性能指标的一个重要组成部分。从广义上讲，速度伺服控制应具有高精度、快响应的特性。具体而言，反映为小的速度脉动率、快的频率响应、宽的调速范围等性能指标。选择好的三相交流永磁同步伺服电动机、分辨率高的光电编码器、零漂误差小的电流检测元件以及高开关频率的大功率开关元件，就可以降低转速不均匀度，实现高性能速度控制。但是在实际系统中，这些条件都是受限制的，需用合适的速度调节器来补偿，以获得所需性能。

由前面分析可知，经校正后的电流环为典型 I 型系统，是速度调节环的一个环节。由于速度环的截止频率很低，且小惯性时间常数 $T_i < \tau_i$，于是，可将电流环降阶为一阶惯性环节，闭环传递函数变为

$$G_{ib}(s) = \frac{K_i/s}{\beta + \beta K_i/s} = \frac{1/\beta}{s/K_i + 1} = \frac{K_{li}}{T_{li}s + 1} \tag{7.76}$$

降阶的近似条件是速度环截止频率 ω_{cn} 满足条件

$$\omega_{cn} \leqslant \sqrt{K_{li}/T_{li}}/3 \tag{7.77}$$

式中，$K_{li} = 1/\beta$；$T_{li} = 1/K_i$。

由此得速度环控制结构图如图 7.23 所示。

为方便分析，假定速度给定存在与反馈滤波相同的给定滤波环节，结构图简化时，可将其等效到速度环内。另外，电动机摩擦系数 B 较小，在速度调节器设计时，忽略摩擦对速度环的影响，可得速度调节器控制对象传递函数为

$$G_{nobj}(s) = \frac{K_{li} R_s K_{fn}}{T_m K_\phi s (T_{li}s + 1)(T_{on}s + 1)} \tag{7.78}$$

式中，T_{on} 为速度反馈滤波时间常数。

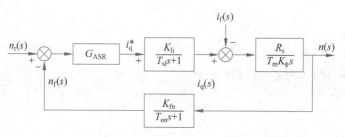

图 7.23　速度环控制结构图

和电流环处理一样,按小惯性环节处理,T_{li} 和 T_{on} 可合并为时间常数为 $T_{\Sigma\mathrm{n}}$ 的惯性环节,$T_{\Sigma\mathrm{n}}=T_{\mathrm{li}}+T_{\mathrm{on}}$,可得速度环控制对象为

$$G_{\mathrm{nobj}}(s)=\frac{K_{\mathrm{li}}R_{\mathrm{s}}K_{\mathrm{fn}}/T_{\mathrm{m}}K_{\phi}}{s(T_{\Sigma\mathrm{n}}s+1)}=\frac{K_{\mathrm{on}}}{s(T_{\Sigma\mathrm{n}}s+1)} \tag{7.79}$$

式中,$K_{\mathrm{on}}=K_{\mathrm{li}}R_{\mathrm{s}}K_{\mathrm{fn}}/T_{\mathrm{m}}K_{\phi}$。

小惯性环节等效条件是速度环截止频率满足

$$\omega_{\mathrm{cn}}\leqslant\sqrt{1/T_{\mathrm{li}}T_{\mathrm{on}}}/3 \tag{7.80}$$

可见,速度环控制对象为一个惯性环节和一个积分环节串联。为实现速度无静差,满足动态抗扰性能好的要求,可将速度环校正成典型Ⅱ型系统。按工程设计方法速度调节器 G_{ASR} 选为 PI 调节器

$$G_{\mathrm{ASR}}(s)=\frac{K_{\mathrm{pn}}(\tau_{\mathrm{n}}s+1)}{\tau_{\mathrm{n}}s} \tag{7.81}$$

式中,K_{pn}、τ_{n} 分别为电流调节器比例系数、积分时间常数。

经过校正后,速度环变成为典型Ⅱ型系统,开环传递函数为

$$G_{\mathrm{n}}(s)=\frac{K_{\mathrm{n}}(\tau_{\mathrm{n}}s+1)}{s^{2}(T_{\Sigma\mathrm{n}}s+1)} \tag{7.82}$$

式中,$K_{\mathrm{n}}=K_{\mathrm{on}}K_{\mathrm{pn}}/\tau_{\mathrm{n}}$ 为速度环开环放大倍数。

定义中频宽 $h=\tau_{\mathrm{n}}/T_{\Sigma\mathrm{n}}$,按照典型Ⅱ型系统设计,可得

$$\tau_{\mathrm{n}}=h\times T_{\Sigma\mathrm{n}} \tag{7.83}$$

$$K_{\mathrm{pn}}=\frac{h+1}{2h}\times\frac{T_{\mathrm{m}}K_{\phi}\beta}{R_{\mathrm{s}}K_{\mathrm{fn}}T_{\Sigma\mathrm{n}}} \tag{7.84}$$

针对不同的性能要求,选择合适的中频,即可确定系统的调节器参数。中频段的宽度对于典型Ⅱ型系统的动态品质起着决定性的作用。中频带宽增大,系统的超调减小,但系统的快速性减弱。一般情况下,中频宽为 5~6 时,Ⅱ型系统具有较好的跟随和抗扰动性能。同时在一定超调量和抗扰动性能要求情况下,速度调节器参数可以通过被控对象参数得到。对象参数变化时,为满足原定条件,调节器参数应相应调整。具体的调整规则为,当运动对象转动惯量增加时,调节器比例系数应增大,积分时间常数应增大,以满足稳定性要求;当运动对象转动惯量减小时,调节器比例系数应减小,积分时间常数应减小,以保证低速时控制精度要求。一般情况下,伺服系统控制对象参数变化范围有限,故可按其变化范围,加权平均得到合适的参数。

3. 位置调节器的设计

由前面分析可得,为设计位置调节器,将速度环用其闭环传递函数代替,位置伺服系统控制结构图如图 7.24 所示。

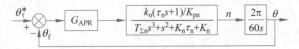

图 7.24　位置伺服系统控制结构图

从图 7.24 可以看出,位置伺服系统是一个高阶动态调节系统,系统位置调节器设计十分复杂,须对其做降阶或等效处理,本节用反应位置环主要特性的环节来等效。考虑到系统速度响应远比位置响应快,即位置环截止频率远小于速度环各时间常数的倒数,在分析系统时,将速度环近似等效成一阶惯性环节。用伺服系统单位速度阶跃响应时间(电动机在设定转矩下,空载起动到设定转速时的响应时间)作为该等效惯性环节时间常数 T_{p},速度环闭环放大倍数 K_{p} 表示电动机实际速度和伺服速度指令间的比值,速度环可表示为

$$G_{\mathrm{nb}}(s) = \frac{K_{\mathrm{p}}}{T_{\mathrm{p}}s + 1} \tag{7.85}$$

速度环等效后,位置环控制对象是一个积分环节和一个惯性环节的串联。作为连续跟踪控制,位置伺服系统不希望位置出现超调与振荡,以免位置控制精度下降。因此,位置控制器采用比例调节器,将位置环校正成典型 I 型系统。假定位置调节器比例放大倍数为 K_{pp} 闭环系统的开环传递函数为

$$G_{\mathrm{p}}(s) = \frac{2\pi K_{\mathrm{pp}} K_{\mathrm{p}}}{60s(T_{\mathrm{p}}s + 1)} = \frac{K_{\mathrm{pp}} K_{\mathrm{p}}/9.55}{s(T_{\mathrm{p}}s + 1)} \tag{7.86}$$

当位置控制不允许超调时,应该选择调节器放大倍数,使位置环所对应二阶系统阻尼系数接近 1,系统位置响应成为临界阻尼或者接近临界阻尼响应过程。为此式(7.86)中参数应满足

$$K_{\mathrm{pp}} K_{\mathrm{p}} T_{\mathrm{p}}/9.55 \approx 0.25 \tag{7.87}$$

设计的关键是如何求得 K_{p}、T_{p},即速度闭环放大倍数和等效惯性环节时间常数。前者可用稳态时速度指令与电动机实际速度的关系求得。根据电动机运动方程 $J\,\mathrm{d}\omega_{\mathrm{r}}/\mathrm{d}t = T_{\mathrm{e}} - T_{\mathrm{L}} - B\omega_{\mathrm{r}}$,忽略摩擦阻力,假定电动机在设定转矩作用下,电动机从静止加速到设定转速,可得到等效惯性环节时间常数

$$T_{\mathrm{p}} = \frac{n_{\mathrm{sd}} J}{9.55 T_{\mathrm{sd}}} \tag{7.88}$$

式中,n_{sd}、T_{sd} 分别为设定速度及设定电磁转矩。

代入式(7.87)得

$$K_{\mathrm{pp}} = \frac{9.55^2}{4} \frac{T_{\mathrm{sd}}}{K_{\mathrm{p}} n_{\mathrm{sd}} J} \tag{7.89}$$

由此可见,伺服电动机带负载时,随着电动机轴联转动惯量增加,电动机阶跃响应时间变长,等效环节时间常数增加,为满足式(7.89),位置调节器放大倍数应相应减小。

实际系统位置环增益与以下因素有关。

(1) 机械部分负载特性,包括负载转动惯量和传动机构刚性。

（2）伺服电动机特性，包括机电时间常数、电气时间常数及转动的刚性。

（3）伺服放大环节的特性，包括速度检测器的特性等。

所以，实际位置环设计需要考虑很多因素。在实际系统速度阶跃响应已知时，可根据式(7.89)求出位置控制器比例增益，并在实验中做相应调整即可以满足要求。

7.5.2　永磁同步伺服电动机驱动控制设计

驱动控制要解决：如何在获得最大位移速度的同时保证定位精度，即快速到达给定位置，然后快速停止，且不能有超调，此外要减少齿谐波及 PWM 控制等造成的转矩脉动。除了对调节器进行设计外，还应考虑直流母线电压波动、PI 调节器积分溢出和输出饱和及速度摆动等对定位精度的影响。可在基于转子磁链定向矢量控制的伺服控制基础上，通过空间矢量脉宽调制（space-vector PWM，SVPWM），解决电动机快速响应性和电压利用率的问题。采用直流母线电压纹波补偿、遇限削弱积分 PI 控制算法、抗振荡处理、速度斜坡处理等控制策略解决定位精度的问题，可取得良好的伺服控制效果，该系统原理框图如图 7.25 所示。

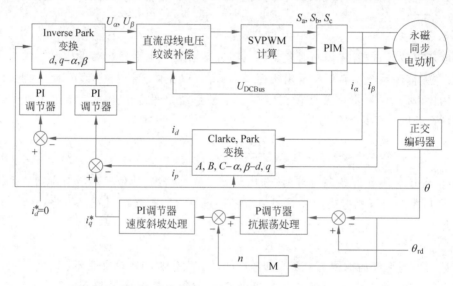

图 7.25　基于矢量控制永磁同步伺服电动机控制系统原理框图

1. 空间矢量脉宽调制

在直-交变换的脉宽调制中，正弦脉宽调制 SPWM、电流跟踪控制着眼于使逆变器输出电压、输出电流尽量接近正弦波，然而脉宽调制的最终目的是在交流电动机内部产生圆形旋转磁场。磁链跟踪控制把逆变器和交流电动机作为一个整体考虑，着眼于如何控制逆变器功率开关以改变电动机的端电压，使电动机内部形成的磁链轨迹能跟踪基准磁链圆。由于磁链的轨迹是靠电压空间矢量相加得到的，所以这种 PWM 调制方式又称为空间矢量脉宽调制（SVPWM）。

从本质上来说，SVPWM 也是一种带谐波注入调制方法，其调制波相当于在原正弦波的基础上叠加了一个零序分量，该零序分量的波动频率是变换器输出基波频率的倍数，而且可能还有直流分量。与此同时，零序分量不仅含有奇次谐波，还含有偶次谐波。当零序分量加入后，会将调制波的峰值拉低，并且相调制波已经不是正弦波，所以输出相电压必有畸形。

但对于三相无中线系统,零序电压不会产生电流,而输出线电压因零序分量互相抵消仍保持正弦。故三相△联结负载时不会产生畸变谐波。即使是三相变压器为丫联结时,负载上实际的相电压仍没有畸变。SVPWM 模式具有以下特点。

(1) 每个小区间均以零电压矢量开始和结束。

(2) 在每个小区间内虽有多次开关状态切换,但每次切换都只牵涉一个功率开关器件,因而开关损耗较小。

(3) 利用电压空间矢量直接生成三相 PWM 波,计算简便。

(4) 交流电动机旋转磁场逼近圆形的程度取决于小区间时间 T 的长短,T 越小,越逼近圆形,但 T 的减小受到所选用功率器件允许开关频率的制约。

(5) 采用 SVPWM,逆变器输出线电压基波最大幅值为直流侧电压,这比一般的 SPWM 逆变器输出电压高 15%,提高了电压利用率,减少了齿谐波及 PWM 控制造成的转矩脉动,且它的谐波电流有效值总和接近优化。

2. 直流母线电压纹波补偿

电网电压波动及电动机负载扰动会引起直流母线电压波动。为减少直流母线电压纹波扰动对 PWM 脉宽调制输出电压影响,需对直流母线电压进行纹波补偿。直流母线电压纹波补偿方案采用在定子参考电压 U_s 的 α、β 方向分量各乘一个加权系数方法。具体算法如下:

$$\alpha^* = \begin{cases} \dfrac{\text{index} \cdot \alpha}{\text{u\_dcbus}} & |\text{index} \cdot \alpha| < \dfrac{\text{u\_dcbus}}{2} \\ \text{sign}(\alpha) \cdot 1.0 & \text{其他} \end{cases} \tag{7.90}$$

$$\beta^* = \begin{cases} \dfrac{\text{index} \cdot \beta}{\text{u\_dcbus}} & |\text{index} \cdot \beta| < \dfrac{\text{u\_dcbus}}{2} \\ \text{sign}(\beta) \cdot 1.0 & \text{其他} \end{cases} \tag{7.91}$$

式中,α、β 为电压矢量输入的占空比;α^*、β^* 为电压矢量输出的占空比,index 为反调制系数,应写成正分数的形式且满足

$$0 < \text{index} < 1$$

index 的具体取值决定于电压矢量的调制方式。例如对于大多数空间矢量脉宽调制 SVPWM,index $= \sqrt{3}/2 = 0.8\ 660\ 252$;对于直接反 Clark 变换,index $= 1$。$0 < \text{u\_dcbus} < 1$ 对应于最大直流母线电压的 $0 \sim 100\%$。

式(7.90)和式(7.91)中,$\text{sign}(\alpha)$ 定义如下:

$$\text{sign}(\alpha) = \begin{cases} 1.0 & \alpha \geqslant 0 \\ -1.0 & \alpha < 0 \end{cases} \tag{7.92}$$

$\text{sign}(\beta)$ 的定义同 $\text{sign}(\alpha)$。

通过直流母线电压纹波补偿方案,可显著减小电网电压波动及电动机负载扰动所引起直流母线电压波动对 PWM 脉宽调制输出电压的影响,减小转矩脉动。

3. 遇限削弱积分 PI 控制算法

传统 PI 调节器的输出和输入之间为比例-积分关系,即

$$u(t) = K_p \left[e(t) + \frac{1}{\tau_i} \int_0^t e(t) \mathrm{d}t \right] \tag{7.93}$$

若以传递函数的形式表示,则为

$$G(s) = \frac{U(s)}{E(s)} = K_p + K_i \frac{1}{s} \qquad (7.94)$$

式中,$u(t)$ 为调节器的输出信号;$e(t)$ 为调节器的偏差信号;K_p 为比例系数;K_i 为积分系数,$K_i = K_p/\tau_i$;τ_i 为积分时间常数。

当采样周期 T 足够短时,离散的 PI 调节器可写为

$$u(k) = K_p \left[e(t) + K_i \sum_{j=0}^{k} e(j) \right] \qquad (7.95)$$

而增量式模型可写为

$$\Delta u(k) = u(k) - u(k-1) = K_p[e(k) - e(k-1)] + K_i e(k) \qquad (7.96)$$

式中,k 为采样次序;$u(k)$ 为 k 时刻 PI 调节器输出;$e(k)$ 为 k 时刻误差输入信号。

在实际运行中,为防止 PI 调节器积分溢出和输出饱和,常采用遇限削弱积分的 PI 控制算法,即当 PI 调节器进入积分饱和区后,不再进行积分项的累加,只执行削弱积分的运算。

遇限削弱积分 PI 控制算法与智能 PI 控制类似,可防止 PI 调节器的积分溢出和输出饱和。在进行 PI 整定时,PI 调节器参数整定需把比例和积分的控制作用综合起来考虑。

转子速度是机械变量,由于转子转动惯量的影响,机械时间常数远大于电气时间常数,机械变量变化相对于电变量(例如电流)变化慢得多,所以转速外环的 PI 控制程序不需要在每次 PWM 中断时都执行。

4. 抗摆动处理

通常情况下,伺服系统定位过程可以划分为 4 段:加速运行阶段、恒速运行阶段、减速运行阶段和低速趋近定位点阶段。在低速趋近定位点阶段,当转子转到给定位置,在电动机行将进入停止状态时仍需提供相应的转矩,此时若仍采用原来的 PI 参数时,容易使电动机转子振荡和来回摆动。摆动会使得在获得最大的位移速度的同时又保证控制定位精度问题变得困难。因此需要采取一定措施进行抗摆动处理,在获取最大的位移速度的同时保证定位精度。

根据整个运行过程时间最优的设计原则,为了不出现位置超调与振荡,在位置环可采用 P 比例调节器。在加速运行阶段和恒速运行阶段位置环可采用常系数控制,此时电动机以最大加速度上升至最大限幅转速,并以此转速迅速使位置偏差减小。当位置偏差减小到一定程度时,即在减速运行阶段和低速趋近定位点阶段,可采用以下两种防摆动处理方案,最终使电动机无超调地逼近给定位置。

1) 变位置 P 调节器输出速度限幅的方法

如图 7.26 所示,当位置偏差较大时,速度限幅输出值较大,速度限幅输出值随位置偏差的变小呈阶梯状下降。采用这种方法调解比较简单,速度响应较快,但有微小的超调,适用于对位置精度要求不是很高,但响应速度快的场合,例如工业缝纫机的应用。

2) 变 P 调节器参数的防摆动处理方案

如图 7.27 所示,当位置偏差足够大时(区域 1 和 5),位置 P 调节器参数保持不变;当位置偏差足够小时(区域 2 和 4),P 调节器的参数逐渐变小;当转子进入停止区域时(区域 3),P 调解器的参数设置为 0。试验结果表明该方法能够在获取最大的位移速度的同时又保证了定位精度。采用这种方法响应速度快,位置无超调,同时有效地消除转子到达预定位置停机时的摆动现象。这种方法适用于对位置要求非常高的场合,但 P 参数变化曲线整定相对

较麻烦。

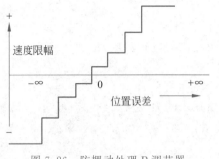

图 7.26　防摆动处理 P 调节器
输出速度限幅原理图

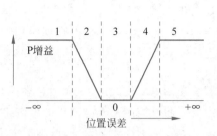

图 7.27　防摆动处理变 P 调节器
参数原理图

采用上述两种抗摆动处理方案,能使伺服控制系统进行位置控制时,在获取最大的位移速度的同时又保证了良好的定位精度,同时有效地消除了电动机转子到达预定位置停机时的振荡和来回摆动现象。

5. 速度斜坡处理

类似于位置摆动,速度同样也存在额定值附近摆动现象。为了减小速度的摆动问题,可采用速度斜坡处理方案。当需要增加速度时,使输出值沿预先设置的斜坡上升,直至到达期望值;当需要减少速度时,使输出值沿预先设置的斜坡下降,直至到达期望值,如图 7.28 所示。通过速度斜坡处理后可显著减少速度的摆动问题,使得电动机速度输出较稳定。

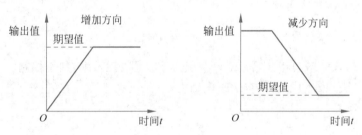

图 7.28　速度斜坡处理方案

综上所述,伺服电动机闭环控制框图可表示为图 7.29。

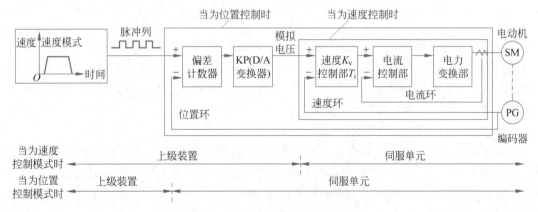

图 7.29　伺服电动机闭环控制框图

7.5.3 永磁同步伺服电动机控制算法设计案例

1. 矢量控制方式

由永磁同步伺服电动机的物理原理可知,其可输出的电磁转矩为

$$T_e = \frac{3}{2} p_n (\phi_d i_q - \phi_q i_d) = \frac{3}{2} p_n [\phi_f i_q - (L_q - L_d) i_d i_q] \tag{7.97}$$

若要控制电动机的运动,就要合理控制电动机输出的力。从式(7.97)可知,电动机输出的力矩需要通过控制输入电动机的电流来调节。式(7.97)中,由于 $i_d i_q$ 项的存在,转矩 T_e 和电流 i_d、i_q 呈非线性关系,给控制带来了困难。

电磁转矩可被分解为两部分,永磁转矩和磁阻转矩。前者做正功,输出用于驱动负载,后者做负功,是应该通过对电动机的合理设计而尽量较小的。用 T_m 表示永磁转矩或称为励磁转矩,用 T_r 表示由转子凸极效应引起的磁阻转矩,则式(7.97)可写成

$$\begin{cases} T_e = T_m + T_r \\ T_m = \frac{3}{2} p_n \phi_f i_q \\ T_r = -\frac{3}{2} p_n (L_q - L_d) i_d i_q \end{cases} \tag{7.98}$$

对于转子是凸装式的 PMSM 电动机,下式成立

$$L_d = L_q \tag{7.99}$$

将式(7.99)代入式(7.97)可得

$$T_e = \frac{3}{2} p_n \phi_f i_q \tag{7.100}$$

注意式(7.100)与式(7.97)相比,转矩 T_e 和电流 i_q 呈线性关系,利于控制。

对于转子是嵌入式的永磁同步伺服电动机,下式成立

$$L_d < L_q \tag{7.101}$$

此时式(7.97)无法转变成式(7.100)。如果要使转变依然成立,则需 $i_d = 0$。

此外,若设 $i_d = 0$ 时,则定子电流的 d 轴分量为0,磁链可以简化为

$$\begin{cases} \phi_q = L_q i_q \\ \phi_d = \phi_f \end{cases} \tag{7.102}$$

通过上述分析可知,在 $i_d = 0$ 控制方式下,无论永磁同步伺服电动机的转子结构是什么类型,其磁链和转矩都可以得到简化。$i_d = 0$ 控制方式的特点:电磁转矩仅包括励磁转矩,定子电流合成矢量与 q 轴电流相等,与直流电动机的控制原理变得一样。因此,永磁同步伺服电动机的控制常采用 $i_d = 0$ 矢量控制方法。

2. 解耦状态方程

当明确了如何控制永磁同步伺服电动机后,控制器设计的关键就是对电动机建立理论模型。通常对被控对象的建模,经典控制理论采用传递函数,现代控制理论采用状态空间。

在 $L_d = L_q = L$,摩擦系数 $B = 0$ 条件下,根据6.5节内容,可得 d-q 坐标系上永磁同步伺服电动机的状态方程为

$$\begin{bmatrix} \dot{i}_d \\ \dot{i}_q \\ \dot{\omega}_r \end{bmatrix} = \begin{bmatrix} -R/L & p_n\omega_r & 0 \\ -p_n\omega_r & -R/L & -p_n\phi_f/L \\ 0 & \dfrac{3}{2}p_n\phi_f/J & 0 \end{bmatrix} \begin{bmatrix} i_d \\ i_q \\ \omega_r \end{bmatrix} + \begin{bmatrix} u_d/L \\ u_q/L \\ -T_L/J \end{bmatrix} \qquad (7.103)$$

式中，R 为绕组等效电阻(Ω)；L_d 为等效 d 轴电感(H)；L_q 为等效 q 轴电感(H)；p_n 为极对数；ω_r 为转子角速度(rad/s)；ϕ_f 为转子磁场的等效磁链(Wb)；T_L 为负载转矩(Nm)；i_d 为 d 轴电流(A)；i_q 为 q 轴电流(A)；J 为转动惯量($\text{kg} \cdot \text{m}^2$)。

采用 $i_d = 0$ 的矢量控制方式，此时，式(7.103)可简化为线性状态方程

$$\begin{bmatrix} \dot{i}_q \\ \dot{\omega}_r \end{bmatrix} = \begin{bmatrix} -R/L & -p_n\phi_f/L \\ \dfrac{3}{2}p_n\phi_f/J & 0 \end{bmatrix} \begin{bmatrix} i_q \\ \omega_r \end{bmatrix} + \begin{bmatrix} u_q/L \\ -T_L/J \end{bmatrix} \qquad (7.104)$$

式(7.104)即为永磁同步伺服电动机的解耦状态方程。

为了将现代控制理论的状态空间和经典控制理论的传递函数相结合，便于更好地理解控制理论在实际控制工程中的应用，本书在状态方程的基础上建立永磁同步伺服电动机的传递函数。

在零初始条件下，对永磁同步电动机的解耦状态方程求拉普拉斯变换。定义 $K_c = \dfrac{3}{2}p_n\phi_f$，称为转矩系数。选定电压 u_q 为输入，转子速度为输出，则交流永磁同步伺服电动机系统控制框图如图 7.30 所示。

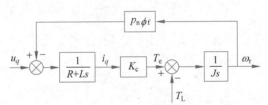

图 7.30　交流永磁同步伺服电动机系统框图

3. 电动机电流环 PI 综合设计

电流环是高性能 PMSM 位置伺服系统构成的根本，其动态响应特性直接关系到矢量控制策略的实现。永磁同步伺服电动机矢量控制系统原理图如图 7.31 所示。

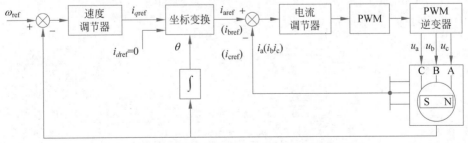

图 7.31　永磁同步伺服电动机矢量控制系统原理图

控制系统框图中含有实际样机所包含的各种元器件的数学表示。下面进行详细分析。

1）PWM 逆变器

一般可以等效为具有时间常数 $T_v\left(T_v = \dfrac{1}{2f_\Delta}, f_\Delta \text{ 为三角载波信号的频率}\right)$和控制增益

K_v 的一阶惯性环节。

$$K_v = \frac{U_o}{2U_\triangle} \tag{7.105}$$

式中，K_v 为逆变器的控制增益；U_o 为逆变器直流端输入电压；$U_\triangle$ 为三角形载波信号幅值。

2）PMSM 的电枢回路

PMSM 的电枢回路可以等效为一个包含有电阻和电感的一阶惯性环节。

3）滤波器

由于电流反馈信号中含有较多的谐波分量，这些谐波分量容易引起系统振荡，需要设计滤波环节。电流反馈滤波环节可以等效为时间常数为 T_{cf} 和控制增益为 K_{cf} 的一阶惯性环节。

结合电动机的系统模型，PMSM 位置伺服系统电流环的控制结构框图可由前述各环节模型及传递函数得出，如图 7.32 所示。

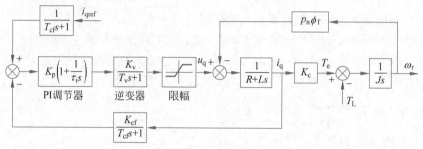

图 7.32 电流环的控制结构框图

参考 7.5.1 节简化建模方法，降阶后的电流环传递函数为

$$G_{iB}(s) = \frac{1}{\dfrac{R\tau_i}{K_i K_p}s + 1} = \frac{1}{\dfrac{1}{K'}s + 1} \tag{7.106}$$

式中，$K_i = K_v K_{cf}$。

4. 速度环 PI 综合设计

以图 7.31 和图 7.32 为基础，可以得到 PMSM 电流、速度双闭环控制结构框图，如图 7.33 所示。速度反馈系数为 K_w。

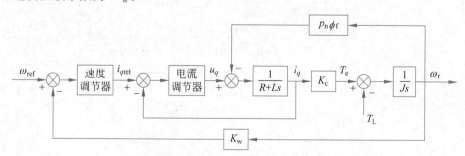

图 7.33 PMSM 电流、速度双闭环控制结构框图

PMSM 位置伺服系统电流环节可以等效成一个一阶惯性环节，如式(7.106)所示。

速度环调节器为 PI 调节器，传递函数为

$$G_{ASR}(s) = K_s\left(1 + \frac{1}{T_s s}\right) \tag{7.107}$$

式中,K_s、T_s 分别为速度环调节器的放大倍数和积分时间常数。

图 7.33 可以简化为如图 7.34 所示。

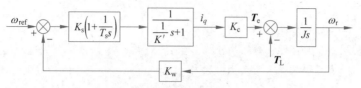

图 7.34 采用 PI 控制的速度环控制结构框图

根据图 7.34 可以得出速度环+电流环的开环传递函数为

$$G_s(s) = \frac{K_s(T_s s + 1)K_c}{J s^2 T_s\left(\dfrac{1}{K'}s + 1\right)} \tag{7.108}$$

由式(7.108),速度环+电流环可按典型的 Ⅱ 型系统来设计。定义变量 h 为频宽,根据典型 Ⅱ 型系统设计参数公式

$$T_s = h\,\frac{1}{K'} \tag{7.109}$$

$$K_s = \frac{h+1}{2h} \times \frac{J}{K_c/K'} \tag{7.110}$$

5. 伺服运动控制系统速度环的滑模变结构控制设计

滑模变结构控制方法设计与实现都相对简单,并且很适合"开/关"工作模式的功率电子器件的控制。图 7.35 是速度调节器的简化动态结构框图。

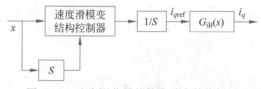

图 7.35 速度调节器的简化动态结构框图

已经求得采用 $i_d \equiv 0$ 的矢量控制方式时 PMSM 的解耦状态方程如式(7.104)所示。令状态量 $x_1 = \omega_{\text{ref}} - \omega_r$ 代表速度误差,$x_2 = \dot{x}_1$ 作为速度滑模变结构调节器输入,调节器输出即电流给定 $u = \dot{i}_{q\text{ref}}$,从而得到系统在相空间上的数学模型为

$$\begin{cases} \dot{x}_1 = x_2 \\ \dot{x}_2 = -\dfrac{1.5 p_n \phi_f}{J}u \end{cases} \tag{7.111}$$

滑模线(切换线)的选择原则是在不破坏系统约束的条件下,保证滑动模态是存在且稳定的。在考虑系统转速受限的情况下,取滑模切换函数为 $s = c'x_1 + x_2$,其中 c' 为常数。令滑模变结构调节器的输出为

$$u = \psi_1 x_1 + \psi_2 x_2 \tag{7.112}$$

式中

$$\psi_1 = \begin{cases} \alpha_1 & x_1 s > 0 \\ \beta_1 & x_1 s < 0 \end{cases}, \quad \psi_2 = \begin{cases} \alpha_2 & x_2 s > 0 \\ \beta_2 & x_2 s < 0 \end{cases} \tag{7.113}$$

速度环滑模变结构调节器的结构框图如图 7.36 所示。

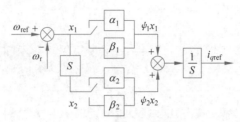

图 7.36　速度环滑模变结构调节器结构框图

6. 伺服运动控制系统位置环的滑模变结构控制设计

位置环滑模变结构调节器的输出即为速度闭环的速度给定。位置环滑模变结构调节器的设计对被控系统模型精度要求不是很高，可以将速度闭环系统等价为 $\dfrac{1}{T_\mathrm{m}s+1}=\dfrac{\dot{\theta}_\mathrm{rep}-\dot{\theta}}{\dot{\theta}_\mathrm{rep}-\omega_\mathrm{ref}}$，基于此设计位置环滑模变结构调节器。

令 $e_1=\theta_\mathrm{ref}-\theta$（$\theta_\mathrm{ref}$ 为位置给定，θ 为位置反馈），$e_2=\dot{e}_1$，可得状态方程

$$\begin{cases}\dot{e}_1=e_2\\[2mm]\dot{e}_2=-\dfrac{1}{T_\mathrm{m}}e_2-\dfrac{1}{T_\mathrm{m}}\omega_\mathrm{ref}+\dfrac{1}{T_\mathrm{m}}\dot{\theta}_\mathrm{ref}\end{cases} \tag{7.114}$$

取位置环滑模切换函数（滑模面、滑模线、空间曲线或曲面）为

$$s_\mathrm{p}=c_\mathrm{p}e_1+e_2 \tag{7.115}$$

滑模变结构调节器输出为

$$\omega_\mathrm{ref}=\psi_{1\mathrm{p}}e_1+\psi_{2\mathrm{p}}e_2+\delta_\mathrm{p}\,\mathrm{sgn}(s_\mathrm{p}) \tag{7.116}$$

式中

$$\psi_{1\mathrm{p}}=\begin{cases}\alpha_{1\mathrm{p}} & e_1s_\mathrm{p}>0\\[2mm]\beta_{1\mathrm{p}} & e_1s_\mathrm{p}<0\end{cases} \tag{7.117}$$

$$\psi_{2\mathrm{p}}=\begin{cases}\alpha_{2\mathrm{p}} & e_2s_\mathrm{p}>0\\[2mm]\beta_{2\mathrm{p}} & e_2s_\mathrm{p}<0\end{cases} \tag{7.118}$$

$$\mathrm{sgn}(s_\mathrm{p})=\begin{cases}1 & s_\mathrm{p}>0\\[2mm]-1 & s_\mathrm{p}<0\end{cases} \tag{7.119}$$

位置环滑模变结构调节器结构框图如图 7.37 所示。

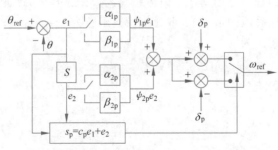

图 7.37　位置环滑模变结构调节器结构框图

7.5.4 永磁同步伺服电动机控制系统仿真分析

1. 基于矢量控制的速度伺服环仿真分析

首先结合 6.5.4 节内容,针对基于矢量控制的永磁同步伺服电动机运动控制系统电流滞环控制进行设计分析。

1) 电流滞环控制

在电压源逆变器中,电流滞环控制提供了一种控制瞬态电流输出的方法,其基本思想是将电流给定信号与检测到的逆变器实际输出电流信号相比较,若实际电流大于给定电流值,则通过改变逆变器的开关状态使之减小,反之增大。

具有电流滞环的 A 相控制原理图如图 7.38 所示。

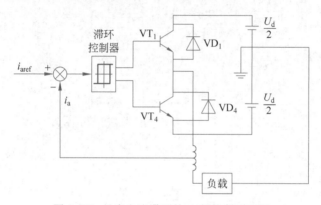

图 7.38 具有电流滞环的 A 相控制原理图

电流滞环跟踪控制电流波形示意图如图 7.39 所示。

三角波载波比较方式的电流滞环控制电路图如图 7.40 所示,其主要优点是开关频率固定,输出波形纯正,计算简单,实现起来比较方便,比较容易获得良好的控制效果。

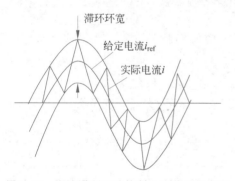

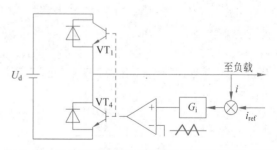

图 7.39 电流滞环跟踪控制电流波形示意图　图 7.40 三角波载波比较方式的电流滞环控制电路图

2) 速度伺服环仿真分析

应用 MATLAB/Simulink 与电气传动仿真模块库 Powerlib,建立了基于三角载波比较跟踪控制的 PMSM 位置伺服系统矢量控制仿真结构图,如图 7.41 所示。电动机采用三相Y接 PMSM,转速调节器为 PI 型三角波载波比较方式的电流滞环控制仿真模块如图 7.42 所示。

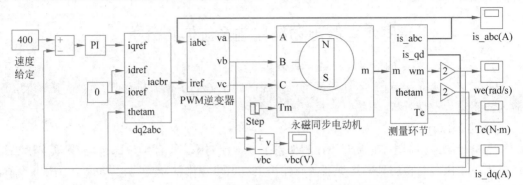

图 7.41　PMSM 位置伺服系统矢量控制仿真结构图

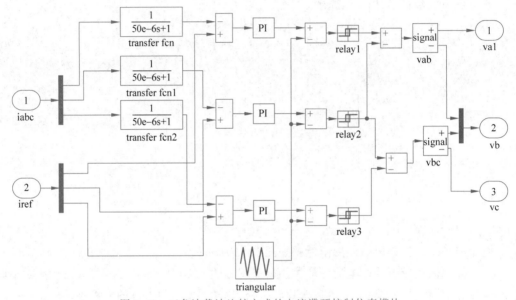

图 7.42　三角波载波比较方式的电流滞环控制仿真模块

例 7.7　对给定参数的 PMSM 电动机进行速度 PI 运动控制仿真。PMSM 电动机的具体参数如表 7.3 所示。

表 7.3　PMSM 电动机具体参数

参数	额定功率/W	电动机永磁磁通/Wb	极对数	额定转矩/(N·m)	转动惯量/(kg·m²)
值	400	0.167	2	1.247	1.414×10^{-4}

参数	额定转速/(r/m)	逆变器输入直流电压/V	定子电阻/Ω	定子电感/mH	黏滞摩擦系数/(kg·m²/s)
值	3000	160	4	7	0

PI 参数初值可选为 [5.5,1,9]。系统仿真时,电动机空载起动,在 0.04s 时突加负载转矩 3N·m,转速给定为 400rad/s,仿真结果如图 7.43(a)～图 7.43(d)所示。

PMSM 电动机起动时,电流迅速达到最大值,然后稳定在正常值;当突加负载转矩时,电流经过一个轻微的振动过程后稳定在一个新值。电磁转矩在电动机起动时迅速达到最大值(15N·m),然后快速稳定在正常值(3N·m)。在 0.04s 时突加负载转矩 3N·m,电磁转矩同电流值一样经过一个轻微的振荡过程,然后稳定在一个新值(1N·m)。电流 i_q 与电磁转矩 T_c 呈比例变化,且转矩脉动小,转矩控制性能。

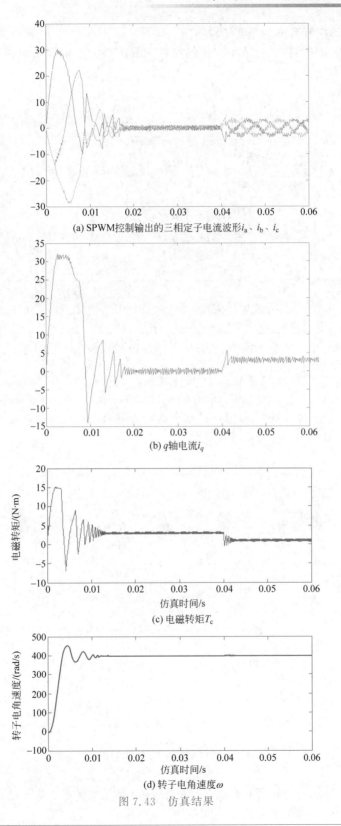

(a) SPWM控制输出的三相定子电流波形i_a、i_b、i_c

(b) q轴电流i_q

(c) 电磁转矩T_c

(d) 转子电角速度ω

图 7.43　仿真结果

2. 伺服运动控制系统滑模变结构仿真

基于串级滑模变结构控制方案组成的位置伺服系统的结构框图如图 7.44 所示。速度调节器的输出为

$$i_{q\text{ref}} = \int (\psi_1 x_1 + \psi_2 x_2)\mathrm{d}t = \psi_1 \int x_1 \mathrm{d}t + \psi_2 \omega_r \tag{7.120}$$

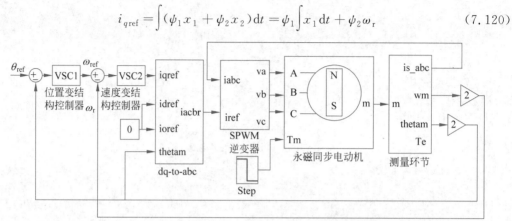

图 7.44　串级滑模变结构控制方案组成的位置伺服系统的结构框图

例 7.8　PMSM 电动机参数同例 7.7,对此 PMSM 电动机进行滑模变结构控制仿真,并与 PI 控制进行比较。

速度环滑模变结构控制算法参数初值选为 $\alpha_1 = 50, \beta_1 = -85, \alpha_2 = 55, \beta_2 = -5$。图 7.45(a)为空载时转速 $0 \sim 400\text{rad/s}$ 时的响应曲线,在 0.04s 时突加负载转矩 $6\text{N} \cdot \text{m}$ (40%)。曲线 1、2 分别为 PI 调节器和滑模变结构控制的速度响应仿真曲线。图 7.45(b)为转动惯量增加一倍时的对比仿真曲线。

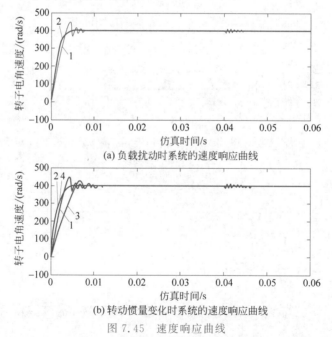

(a) 负载扰动时系统的速度响应曲线

(b) 转动惯量变化时系统的速度响应曲线

图 7.45　速度响应曲线

当系统参数发生变化时,PI 速度响应有明显的延时,滑模变结构控制几乎不受影响,表明滑模变结构控制对参数变化的鲁棒性很好。

7.6 复杂运动控制算法案例分析

7.6.1 双腿行走机器人的迭代学习运动控制

轨迹跟踪研究常采用前馈补偿线性反馈控制、计算力矩控制、滑模变结构控制、自适应控制以及学习控制等方法。迭代学习控制不依赖系统模型，是轨迹跟踪控制研究方向。

异构双腿行走机器人(biped robot with heterogeneous legs, BRHL)机构模型和虚拟样机如图7.46所示。双腿中有一条腿使用了康复医学领域研究的仿生膝关节，称为仿生腿。另一条腿同普通行走机器人相同，称为人工腿。

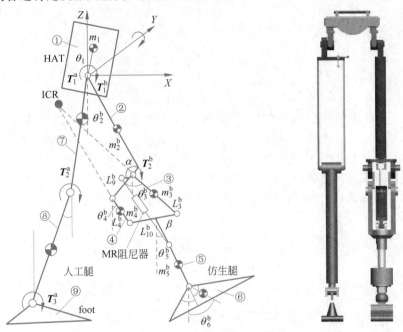

图 7.46 BRHL 模型和虚拟样机

图7.46中，上标a表示人工腿参数；上标b表示仿生腿参数；L表示连杆长度；m表示质量；T表示驱动力矩；θ表示连杆的广义坐标变量。仿生膝关节采用4-bar封闭连杆机构，瞬时转动中心(instant centre of rotation, ICR)是前后连杆延长线的交点，按J形曲线变化，能够模拟人腿膝关节转动多轴性。

采用带约束多体系统动力学建模方法，BRHL协调动力学模型为

$$
\begin{cases}
\sum_a : M^a(\theta^a)\ddot{\theta}^a + C(\theta^a,\dot{\theta}^a) + G(\theta^a) + F^a(M_{\text{crotch}}) = B^a \boldsymbol{T}^a \\
\sum_b : M^b(\theta^b)\ddot{\theta}^b + C(\theta^b,\dot{\theta}^b) + G(\theta^b) + F^b(M_{\text{crotch}}) = B^b \boldsymbol{T}^b + \dot{f}_{\theta^b}\lambda \\
\text{st}: \theta^b(t+\Delta t) = \theta^a(t) \\
\text{st}: -L_9^b e^{j(\theta_2^b-\alpha)} - L_3^b e^{j\theta_3^b} + L_{10}^b e^{j(\theta_5^b-\beta)} + L_4^b e^{j\theta_4^b} = 0
\end{cases} \tag{7.121}
$$

其中，ΔT为双腿相位差；前两个方程分别是人工腿子系统$\sum_a$和仿生腿子系统$\sum_b$的动力

学方程;第 3 个方程是时差约束方程;第 4 个方程是 4-bar 封闭链约束方程。

步态跟踪控制任务可描述为:在有限时间 T 内,$\theta^b(t+\Delta T)\rightarrow\theta^a(t)\rightarrow\theta^*(t),t\in[0,T]$。其中,$\theta^b(t),\theta^a(t)$ 表示仿生腿和人工腿关节步态轨迹;$\theta^*(t)$ 表示步态规划的理想步态轨迹。

开环学习控制利用以往控制的跟踪误差信息;闭环学习控制利用当前控制的跟踪误差,可消除无规则干扰。以往和当前的跟踪误差信息都可用于改进控制效果。本节将开环和闭环学习控制结合起来,研究 P 型开闭环迭代学习控制算法,控制律为

$$u_k = u_{k-1} + \boldsymbol{\Gamma}e_k + \boldsymbol{\Gamma}'e_{k-1} \tag{7.122}$$

式中,$\boldsymbol{\Gamma}$ 和 $\boldsymbol{\Gamma}'$ 为学习增益矩阵。

采用迭代学习控制,第 k 次迭代的仿生腿子系统 $\sum_b$ 状态空间可表示为

$$\begin{cases} \dot{x}_k(t) = f(t,x_k(t)) + B(t)u_k(t) \\ y_k(t) = g(t,x_k(t)) + D(t)u_k(t) \end{cases}$$

式中,$\boldsymbol{x}_k = [\theta^b,\dot{\theta}^b]^{\mathrm{T}}$。

例 7.9 在仿生腿髋关节理想跟踪人工腿髋关节步态情况下,采用 P 型开闭环迭代学习控制律控制仿生腿仿生膝关节跟随人工腿膝关节步态,并绘制轨迹跟踪曲线。

步态采用美国 APAS 软件中公开的健康成年人步态数据,设定 $\Gamma=1,\Gamma'=2.5$。膝关节相对角度跟踪误差和误差均方根 RMS 曲线如图 7.47(a)和图 7.47(b)所示。为验证算法抗随机干扰信号性能,人为加入白噪声干扰后 RMS 曲线如图 7.47(c)所示。

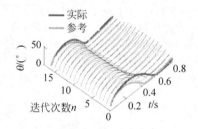

(a) 仿生腿膝关节相对角度跟踪误差

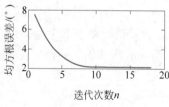

(b) 误差均方根RMS曲线

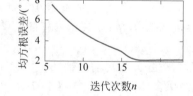

(c) 有外界干扰下的误差均方根RMS曲线

图 7.47 例 7.9 示意图

跟踪误差与初始状态误差 $\{\delta x_k(0)\}_{k\geqslant 0}$ 和迭代次数有关。

7.6.2 仿生膝关节的力矩控制算法案例分析

计算力矩控制基本思想是设计一个非线性的、基于模型的控制法则,用来抵消被控系统的非线性。计算力矩控制方法与系统的动力学模型密切相关。为提高模型求解计算速度,

建模时将 4 连杆膝关节简化为 2 连杆膝关节。采用多体系统拉格朗日建模方法,连杆摆动角度采用广义角度,连杆动能包括平动和转动动能,单条机器人腿摆动相动力学模型为

$$\boldsymbol{M}(\theta)\ddot{\theta} + \boldsymbol{C}(\theta,\dot{\theta})\dot{\theta} + \boldsymbol{G}(\theta) = \boldsymbol{B}\boldsymbol{T} \tag{7.123}$$

式中,$\boldsymbol{M}$ 为对称的广义质量矩阵;$\boldsymbol{C}$ 为反对称的向心力和科氏力系数矩阵;$\boldsymbol{G}$ 为重力矩阵;$\boldsymbol{B}$ 为输入力矩矩阵。

广义坐标定义为

$$\boldsymbol{\theta} = \begin{bmatrix} \theta_h & \theta_k \end{bmatrix}^T$$

式中,θ_h 为广义大腿摆角;θ_k 为广义小腿摆角。

控制输入为

$$\boldsymbol{T} = \begin{bmatrix} \boldsymbol{T}_h & \boldsymbol{T}_k \end{bmatrix}^T$$

式中,$\boldsymbol{T}_h$ 为髋关节驱动力矩;$\boldsymbol{T}_k$ 为膝关节驱动力矩。

$\boldsymbol{T}_k$ 根据 4 连杆关节瞬时转动中心点到阻尼器活塞杆延长线的距离计算。

基于式(7.123)模型,设

$$\boldsymbol{T} = \alpha\boldsymbol{T}' + \beta, \quad \alpha = \boldsymbol{B}^{-1}\boldsymbol{M}(\theta), \quad \beta = \boldsymbol{B}^{-1}\boldsymbol{C}(\theta,\dot{\theta})\dot{\boldsymbol{\theta}} + \boldsymbol{B}^{-1}\boldsymbol{G}(\theta)$$

于是可得解耦的单位质量系统

$$\boldsymbol{T}' = \ddot{\boldsymbol{\theta}} = \boldsymbol{I}\ddot{\boldsymbol{\theta}} \tag{7.124}$$

式中,$\boldsymbol{I}$ 为单位矩阵。

计算力矩控制原理变换如图 7.48 所示。

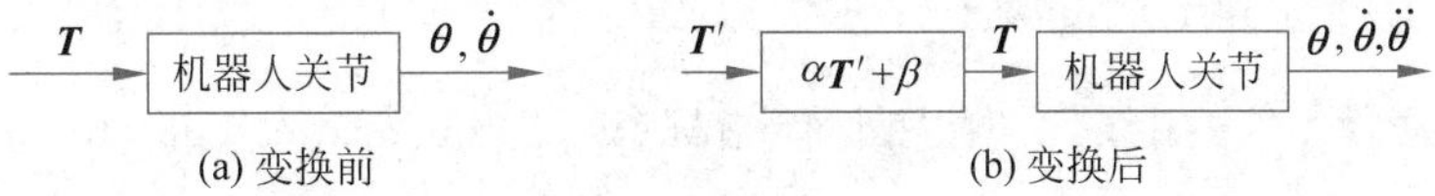

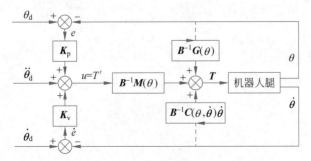

图 7.48 计算力矩控制原理变换

图 7.48(a)中输入和输出之间是非线性的,图 7.48(b)中加入了 $\alpha\boldsymbol{T}' + \boldsymbol{\beta}$ 模块,相当于加入了系统的反模型,用于抵消非线性,输入 $\boldsymbol{T}'$ 和输出 $\ddot{\boldsymbol{\theta}}$ 之间呈线性关系。采用 PD 反馈控制对系统实行比例-微分控制,伺服法则为

$$\boldsymbol{u} = \boldsymbol{T}' = \ddot{\boldsymbol{\theta}}_d + \boldsymbol{K}_v\dot{e} + \boldsymbol{K}_p e, \quad e = \theta_d - \boldsymbol{\theta} \tag{7.125}$$

式中,$\ddot{\boldsymbol{\theta}}_d$ 为理想加速度轨迹;θ_d 为理想角度轨迹;$\boldsymbol{K}_v$、$\boldsymbol{K}_p$ 为正定的微分和比例增益矩阵。

一般选择对角元素为正数的对角矩阵,便于实现解耦。控制系统框图如图 7.49 所示。

图 7.49 计算力矩加 PD 反馈控制系统框图

计算力矩加 PD 反馈控制律可分解为动力学补偿项和线性反馈项两部分,控制律为

$$T = B^{-1}M(\theta)\left[\ddot{\boldsymbol{\theta}}_d + K_v\dot{e} + K_p e\right] + B^{-1}C(\theta,\dot{\theta})\dot{\theta} + B^{-1}G(\theta) \tag{7.126}$$

如果系统动力学模型不存在建模误差,通过合理选择 K_v 和 K_p 可使控制算法收敛。但实际中,建模总会存在误差和简化,还可能会有外界干扰。此时系统的动力学模型为

$$M^*(\theta)\ddot{\theta} + C^*(\theta,\dot{\theta})\dot{\theta} + G^*(\theta) = BT + f \tag{7.127}$$

式中,M^* 为理想的惯性力矩阵;C^* 为理想的向心力和科氏力矩阵;G^* 为理想的重力矩阵;f 为外界干扰力和关节库仑摩擦力等不确定项。

联立式(7.126)和式(7.127),可得

$$\ddot{e} + K_v\dot{e} + K_p e = M^{-1}(\theta) \times \left[\Delta M(\theta)\ddot{\theta} + \Delta C(\theta,\dot{\theta})\dot{\theta} + \Delta G(\theta) - f\right] \tag{7.128}$$

式中,$\Delta M(\theta) = M^*(\theta) - M(\theta)$,$\Delta C(\theta,\dot{\theta}) = C^*(\theta,\dot{\theta}) - C(\theta,\dot{\theta})$,$\Delta G(\theta) = G^*(\theta) - G(\theta)$。

定义

$$\boldsymbol{\varphi} = M^{-1}(\theta) \times \left[\Delta M(\theta)\ddot{\theta} + \Delta C(\theta,\dot{\theta})\dot{\theta} + \Delta G(\theta) - f\right]$$

φ 泛指由于简化模型和理想模型中的参数有误差,以及实际中存在的外界干扰力和关节库仑摩擦力等而引起的不确定项。暂不考虑外界干扰力和关节库仑摩擦力等,简化模型中引入大小腿长度参数变化,可减小简化模型和理想模型之间的参数误差,从而降低 φ 对控制的影响。

7.6.3 倒立摆的最优控制器设计

针对倒立摆模型,采用线性二次型性能指标(linear quadratic regulator,LQR),设计最优控制器(optimal controller)。

$$J = \int_{-\infty}^{\infty} (X^T Q X + U^T R U)\,\mathrm{d}t \tag{7.129}$$

根据极大值原理,设计最优控制律为

$$U^* = -KX \tag{7.130}$$

式中,K 为最优反馈矩阵,

$$K = R^{-1}B^T P \tag{7.131}$$

式中,P 为代数黎卡提方程解(algebraic Riccati equations,ARE),满足

$$A^T P + PA - PBR^{-1}B^T P + Q = 0 \tag{7.132}$$

可用 MATLAB 很方便地由 A、B、Q、R 求到 P、K,调节 Q、R 矩阵,便可得到不同 K 矩阵和系统性能指标。

最优控制系统框图如图 7.50 所示。

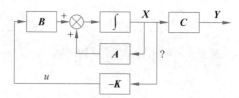

图 7.50 最优控制系统框图

因为可以检测到的是系统的输出,而不是系统的状态。所以式(7.130)不能直接用于控制使用,需要设计观测器。首先将系统状态方程离散化为

$$\begin{cases} \boldsymbol{X}(k+1) = \boldsymbol{F}\boldsymbol{X}(k) + \boldsymbol{G}u(k) \\ \boldsymbol{Y}(k) = \boldsymbol{C}\boldsymbol{X}(k) \end{cases} \tag{7.133}$$

最优控制器设计(LQR)目标为

$$\min \left\{ \boldsymbol{J} = \sum_{k=1}^{\infty} \left[\boldsymbol{X}^{\mathrm{T}}(k)\boldsymbol{Q}\boldsymbol{X}(k) + \boldsymbol{u}^{\mathrm{T}}(k)\boldsymbol{R}u(k) \right] \right\} \tag{7.134}$$

根据极大值原理,求解代数黎卡提方程

$$u^*(k) = -\boldsymbol{R}^{-1}\boldsymbol{P}\boldsymbol{X}(k) \tag{7.135}$$

观测器框图如图7.51所示。

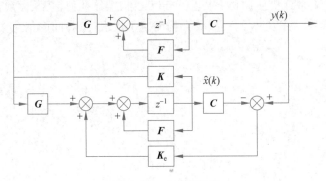

图 7.51 观测器框图

观测器方程为

$$\hat{x}(k+1) = \boldsymbol{F}\hat{x}(k) + \boldsymbol{G}u(k) + \boldsymbol{K}_{\mathrm{e}}[y(k) - \boldsymbol{C}\hat{x}(k)] \tag{7.136}$$

式中,$\boldsymbol{F}$、$\boldsymbol{G}$为离散化后的系统状态方程参数矩阵。

实际工程中,一般选择观测器极点的最大时间常数是控制系统最小时间常数的1/4~1/10。可以考虑采用卡尔曼滤波实现状态最优估计(optimal state observer),采用微分电路或微分运算,得到系统的全部状态变量。

为了获得倒立摆良好的控制特性,最好加入非线性补偿器(nonlinear compensator,NLC)。具有最优观测器与非线性补偿器的倒立摆控制系统框图如图7.52所示。

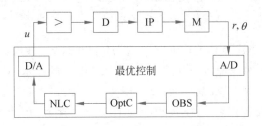

图 7.52 具有最优观测器与非线性补偿器的倒立摆控制系统框图

图7.52中,D表示直流电动机(DC motor);IP表示倒立摆(inversed pendulum);M表示测量(measurement);A/D表示模数转换(analog-digital converter);OBS表示观测器(observer);OptC表示优化控制器(optimal control);NLC表示非线性补偿器;D/A表示

数模转换(digital-analog converter);＞表示功率放大(power amplifier)。

7.7　运动控制系统的虚拟样机控制联合仿真

ADAMS 三维实体建模能力不强,控制仿真只能进行简单的 PID 控制或开关控制。针对复杂运动体的控制问题,可采用联合仿真方法,采用 Pro/E 建立虚拟样机详细的机构几何模型。通过 Mechpro 接口将 Pro/E 几何模型导入 ADAMS 中,形成运动学、动力学仿真模型。利用 ADAMS 的测量(measure)功能建立虚拟感知模型,用于测量各个关节角度及关键点坐标。在 ADAMS 中给虚拟样机关节添加虚拟驱动力或力矩,用 MATLAB Simulink 建立虚拟样机复杂控制算法模型,并通过 Control 接口实现 Simulink 和 ADAMS 的协同控制仿真。虚拟样机协同仿真模型可分为机构本体几何模型、运动学动力学模型(含感知模型和驱动模型)及智能控制模型等异构的三个层次,三者间的信息交互关系以及协作流程如图 7.53 所示。

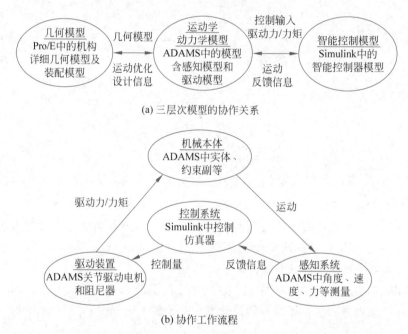

(a) 三层次模型的协作关系

(b) 协作工作流程

图 7.53　虚拟样机协同仿真模型间的信息交互关系以及协作流程

针对封闭链结构,应采用 Pro/E 中的运动副(connection)装配方法。例如,将 4-bar 仿生膝关节三维实体几何模型通过 ADAMS 的模型协作接口导入 ADAMS 环境中,形成 bin 格式的虚拟样机模型。将 4-bar 仿生膝关节用于人形机器人,建立机器人腿虚拟样机模型,如图 7.54 所示。人形机器人样机模型如图 7.55 所示,单机械手臂模型如图 7.56 所示。

通过 ADAMS 软件建立的仿人机器人上肢体虚拟样机模型如图 7.57 所示。

利用 Pro/E 建立的移动小车三维模型示例如图 7.58 所示。

图 7.54　机器人腿虚拟样机模型　　　　图 7.55　人形机器人样机模型

图 7.56　单机械手臂模型

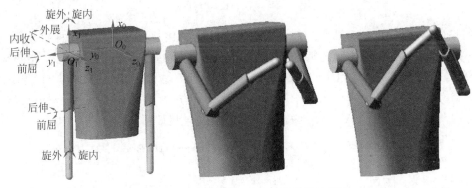

图 7.57　仿人机器人上肢体虚拟样机模型

图 7.58　移动小车三维模型(轮式＋履带＋摇臂式移动机构)

ADAMS 软件采用 6 个笛卡儿广义坐标对一个刚体的位形进行描述。通过其质心的 3 个直角坐标 x、y、z 来确定位置,利用 3 个欧拉角 ψ、ϕ、θ 来确定方位,x、y、z、ψ、ϕ、θ 称为笛卡儿广义坐标。

ADAMS 软件会根据用户建立的模型,自动为该模型建立相应 Lagrange 方程。对每个刚体列出 6 个广义坐标的 Lagrange 方程及相应的约束方程

$$\begin{cases} \dfrac{\mathrm{d}}{\mathrm{d}t}\left(\dfrac{\partial T}{\partial \dot{\boldsymbol{q}}_j}\right) - \left(\dfrac{\partial T}{\partial \boldsymbol{q}_j}\right) + \displaystyle\sum_{i=1}^{n} \dfrac{\partial \Phi_i}{\partial q_j} \boldsymbol{\lambda}_i = \boldsymbol{F}_j & (j=1,2,\cdots,6) \\ \Phi_i = 0 & (i=1,2,\cdots,m) \end{cases} \quad (7.137)$$

式中,T 为系统动能;$\boldsymbol{F}_j$ 为广义坐标方向上的力;$\boldsymbol{q}_j$ 为系统广义坐标列阵;$\dot{\boldsymbol{q}}_j$ 为系统广义速度列阵;Φ_i 为系统的约束代数方程;$\boldsymbol{\lambda}_i$ 为 $m \times 1$ 拉格朗日乘子列阵。

ADAMS 采用修正的 Newton-Raphson 迭代算法来求解式(7.137),其求解过程如图 7.59 所示。

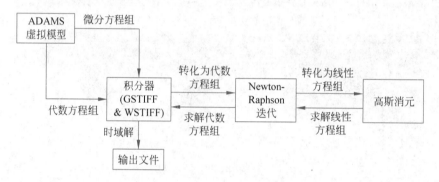

图 7.59　ADAMS 求解过程

ADAMS 与 MATLAB 联合控制是指在 ADAMS 中建立机器人的虚拟样机模型,然后通过 ADAMS/Controls 输出描述机器人方程的相关参数。通过 MATLAB 中读入 ADAMS 输出的参数,并为机器人建立相应的控制方案。在具体计算过程中,ADAMS 与 MATLAB 进行数据交换,由 ADAMS 的 Solver 求解机器人动力学方程,再由 MATLAB 求解机器人的控制方程。ADAMS 与 MATLAB 联合仿真数据交换过程如图 7.60 所示。

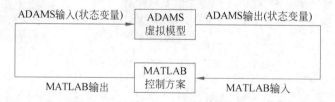

图 7.60　ADAMS 与 MATLAB 联合仿真数据交换过程

在联合仿真过程中,通过 ADAMS 来建立机器人模型所需要添加的外部载荷以及约束,通过 MATLAB/Simulink 的控制输出来驱动机器人模型,进一步将 ADAMS 中机器人模型的相关角位移、角速度等输出反馈给控制模型,实现交互式仿真。ADAMS 中还可建立接触(contact)约束来模拟运动体和地面的冲击,即建立地面环境模型。

ADAMS 与 MATLAB 之间的数据交换是通过状态变量实现的。ADAMS 自动建立虚拟样机坐标系统和坐标变换关系。采用 ADAMS 中的 Spline 数据单元可将复杂运动输入到虚拟样机关节中。利用测量功能可仿真得到运动过程中虚拟样机中各点笛卡儿坐标和关节角度等。

用 ADAMS 和 Simulink 联合进行 7.6.1 节中的迭代学习控制协同仿真过程如下。

（1）建立控制对象的输入和输出变量。将虚拟感知即 ADAMS 中测量信息作为虚拟样机的输出。驱动元件的控制信息作为虚拟样机的输入。通过确定控制对象的输入和输出变量可以在 ADAMS 和 Simulink 之间形成一个信息流闭合回路。

（2）利用 ADAMS 中的 Control 接口功能，将控制对象打包成能够被控制仿真软件 Simulink 调用的通用模块 Plant。

（3）使用控制仿真软件 Simulink 建立迭代学习控制系统模型，控制对象是第（2）步打包生成的对象模块 Plant。

（4）联合仿真可以使用动画交互方式或批处理方式进行虚拟样机和控制系统的联合仿真。

不同仿真工具之间的协作仿真需要计算机对协作工作环境的支持。用 Simulink 和 ADAMS 协同仿真原理图如图 7.61 所示。

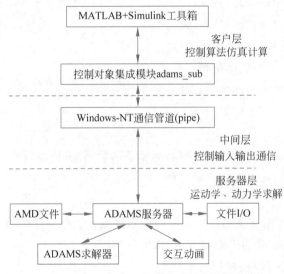

图 7.61　Simulink 和 ADAMS 协同仿真原理图

7.8　小结

本章首先介绍了常用的各种伺服控制策略和算法，以及开闭环概念，详细阐述了 PID 控制、模糊 PID 控制以及各种 PID 与智能控制的混合算法。以 PMSM 电动机的位置环、速度环、电流环三闭环的设计为例，分别建立了传递函数，分析了运动控制器的设计方法；可采用空间矢量脉宽调制、直流母线电压纹波补偿、遇限削弱积分 PI 控制、抗摆动处理、速度斜坡处理等特殊控制策略来提高运动控制性能。基于状态空间，以单个 PMSM 电动机的完整闭环控制系统设计为案例,给出了 PID 和滑模变结构控制算法详细的设计过程,并建立了 Simulink 控制仿真平台。随着控制系统的复杂化,出现了迭代学习控制、力矩反馈控制、优化控制等复杂算法。本章以步行机器人的行走控制、倒立摆的平衡控制等为例对复杂控制算法进行了示例。最后,介绍了虚拟样机和联合仿真技术,为控制算法的验证和控制器参数的设计提供验证平台。

习题

7.1 根据 Nyquist 稳定判据,分析式(7.15)所示控制系统的稳定性,分析 $R_a J_{eff}$ 对极点的影响,从而说明电动机设计中应该增大还是减小 $R_a J_{eff}$。

7.2 PID 控制中 P、I 和 D 项的作用是什么?

7.3 试求解保证式(7.68)成立的非最严格的滑模变结构控制律参数要求。

7.4 为什么速度环滑模变结构控制律中没有 sgn 项?为什么位置环滑模变结构控制律中有 sgn 项?

7.5 电动机的多环控制周期之间存在什么逻辑关系?

7.6 什么是控制系统的频宽?

7.7 什么是调节器的"调幅"和"调宽"?

7.8 被控对象的时间常数如何获得?

7.9 运动控制系统的最高角频率是如何确定的?

7.10 运动控制系统开环频率特性的截止频率如何获取?

7.11 比较只有位置环反馈-不断提高响应速度方法和位置环、速度环、电流环三环控制方法。

7.12 写出反馈环节中常用的滤波器的传递函数,并分析参数选择依据。

7.13 采样周期的选择方法有哪 3 种?

7.14 填空题。

(1)滑模变结构控制与普通控制方法的根本区别在于控制律的结构是_____。

(2)完整的 PMSM 电动机控制包括(从里向外)_____、_____和_____。

(3)PWM 逆变器可以被建模为_____。

(4)信号滤波器通常建模为_____。

(5)PMSM 的电枢回路可以看成是一个包含有_____和_____的一阶惯性环节。

(6)直流电动机按励磁方式可分为_____、_____、_____和_____等 4 种。

(7)PMSM 电动机的速度环通常被校正为典型的_____。

7.15 参考 PMSM 电动机伺服系统框图,电流环可降阶为一阶惯性环节,请写出一阶惯性环节的传递函数表达式 $G(s)$。为保证降阶后控制性能稳定,电流环的外环速度环的截止频率应满足什么条件?

7.16 按照例 7.2 给定的倒立摆参数,增大摆杆的质量为 2 倍、4 倍、6 倍、8 倍、10 倍,计算具体的系统状态空间参数,绘制出极点分布图,并分析系统稳定性,从而说明摆杆质量对平稳控制的影响(建议采用 MATLAB 计算和绘图)。同理,分析连杆质心位置变化对控制稳定性的影响。

7.17　按磁动势等效、功率相等的原则,三相坐标系变换到两相静止坐标系的变换矩阵为

$$C_{3/2} = \sqrt{\frac{2}{3}} \begin{bmatrix} 1 & -\dfrac{1}{2} & -\dfrac{1}{2} \\ 0 & \dfrac{\sqrt{3}}{2} & -\dfrac{\sqrt{3}}{2} \end{bmatrix}$$

现有三相正弦对称电流 $i_A = I_m\cos(\omega t)$,$i_B = I_m\cos\left(\omega t - \dfrac{2\pi}{3}\right)$,$i_C = I_m\cos\left(\omega t + \dfrac{2\pi}{3}\right)$,求变换后两相静止坐标系中的电流 $i_{s\alpha}$ 和 $i_{s\beta}$,分析两相电流的基本特征与三相电流的关系。

7.18　两相静止坐标系到两相旋转坐标系的变换阵为

$$C_{2s/2r} = \begin{bmatrix} \cos\varphi & \sin\varphi \\ -\sin\varphi & \cos\varphi \end{bmatrix}$$

将题 7.17 中的两相静止坐标系中的电流 $i_{s\alpha}$ 和 $i_{s\beta}$ 变换到两相旋转坐标系中的电流 i_{sd} 和 i_{sq},坐标系旋转速度 $\dfrac{d\varphi}{dt} = \omega_1$。分析当 $\omega_1 = \omega$ 时,i_{sd} 和 i_{sq} 的基本特征,电流矢量幅值 $i_s = \sqrt{i_{sd}^2 + i_{sq}^2}$ 与三相电流幅值 I_m 的关系,其中 ω 是三相电源角频率。

7.19　利用 MATLAB/Simulink,建立例 7.7 中 PMSM 电动机速度 PI 控制仿真模块,仿真分析电动机转子转动惯量增加为 2、4、6、8、10 倍和增加黏性摩擦(参数自定)情况下的控制效果(绘制三维图)。

7.20　利用 MATLAB/Simulink,建立例 7.8 中 PMSM 电动机速度滑模变结构控制仿真模块,仿真分析电动机转子转动惯量增加为 2、4、6、8、10 倍和增加黏性摩擦(参数自定)情况下的控制效果(绘制三维图)。

第 8 章
CHAPTER 8
运动控制器的硬件和软件

素质目标

(1) 培养学生具有关心国内外硬件和软件技术发展的素质。

(2) 培养学生具有嵌入式系统设计的能力。

(3) 培养学生具有系统集成和调试的能力。

(4) 培养学生严谨的科研精神。

8.1 运动控制器类型

早期的运动控制器功能简单,没有处理器,仅通过硬件电路来实现计算。控制器的性能相对固定,灵活性很差,修改和变更很复杂。随着微处理和电子信息技术的发展,运动控制系统控制器开始采用微处理,并通过软件灵活地实现对不同信号的采集、分析和处理计算。运动控制器主要可分为控制器硬件和软件两大部分。

8.1.1 单片机

单片微型计算机简称单片机,是最早用于运动控制器的微处理器,也是典型的微控制器(microcontroller unit,MCU),如图 8.1 所示。单片机采用超大规模集成电路技术,把具有

图 8.1 典型单片机示例

数据处理能力的中央处理器(CPU)、随机存储器(RAM)、只读存储器(ROM)、多种 I/O 口和中断系统、定时器/计时器等功能集成到一块硅片上,构成集成电路芯片。功能强大的单片机还包括显示驱动电路、脉宽调制电路、模拟多路转换器、A/D 转换器等电路。单片机是世界上数量最多的微处理器。早期的单片机是 4 位或 8 位的,例如 Intel 公司的 8031。此后 MCS51 系列单片机得到了快速发展。随着工业控制领域要求的提高,开始出现了 16 位单片机。20 世纪 90 年代后, 32 位单片机成为市场主流,主频也得到不断提高。

8.1.2 PLC

可编程逻辑控制器(programmable logic controller,PLC)采用可编程的存储器,用于其

内部存储程序,执行逻辑运算、顺序控制、定时、计数与算术操作等面向用户的指令。典型的 PLC 如图 8.2 所示。

利用 PLC 进行运动控制系统设计包含以下步骤。

(1) 分析控制系统的控制要求,确定动作顺序,绘制出顺序功能图。

(2) 根据运动控制要求,确定 I/O 点数和类型(数字量、模拟量等),估算内存容量需求,选择适当类型的 PLC。

(3) 进行外围电路设计,绘制电气控制系统原理图和接线图。

(4) 根据控制系统要求将顺序功能图转换为梯形图。下载程序到 PLC 主单元中。

(5) 对程序进行模拟测试。由外接信号源加入测试信号,用手动开关模拟输入信号,用指示灯模拟负载,通过指示灯的亮暗情况分析程序运行的情况,并及时修改和调整程序。

图 8.2 典型的 PLC 示例

(6) 将 PLC 与现场设备连接,对 PLC 控制器进行现场测试。当试运行一定时间且系统运行正常后,可将程序固化在具有长久记忆功能的存储器中。

8.1.3 ARM

计算机根据指令集的不同主要分为以下几种类型。

(1) 复杂指令集计算机(complex instruction set computer,CISC)。在 CISC 的各种指令中,大约有 20% 的指令会被反复使用,占整个程序代码的 80%。而余下的 80% 的指令却不经常使用,在程序设计中只占 20%。

(2) 精简指令集计算机(reduced instruction set computer,RISC)。RISC 优先选取使用频率最高的简单指令,避免复杂指令;将指令长度固定,指令格式和寻址方式种类减少;以控制逻辑为主,不用或少用微码控制等。

RISC 体系的特点如下。

(1) 采用固定长度的指令格式。

(2) 使用单周期指令,便于流水线操作执行。

图 8.3 典型的 ARM 处理器示例

(3) 大量使用寄存器,数据处理指令只对寄存器进行操作,只有加载/存储指令可以访问存储器,指令的执行效率优于 CISC。

ARM(advanced RISC machines)处理器采用 RISC 指令集,本身是 32 位设计,但也配备 16 位指令集。ARM 处理器的特点具体包括:体积小、低功耗、低成本、高性能;能很好地兼容 8 位/16 位器件;大量使用寄存器,指令执行速度更快;大多数数据操作都在寄存器中完成;寻址方式灵活简单,执行效率高;指令长度固定。典型的 ARM 处理器如图 8.3 所示。ARM 微处理器支持两种指令集:ARM 指令集和 Thumb 指令集。其中,ARM 指令为 32 位长度,Thumb 指令为 16 位长度。Thumb 指令集为 ARM 指令集的功能子集,但与等价的 ARM 代码相比较,可节省 30%~40%的存储空间,同时具备 32 位代码的所有优点。

8.1.4 DSP

DSP(digital signal processor)微处理器以数字信号来处理大量信息,其工作原理是接收模拟信号,转换为 0 或 1 的数字信号,再对数字信号进行处理,并在其他系统芯片中把数字数据解译回模拟数据或实际环境格式。世界上第一片 DSP 芯片是 1978 年 AMI 公司推出的 S2811。1979 年,美国 Intel 公司推出了 2920。1980 年日本 NEC 公司推出的 PD7720 是第一片具有硬件乘法器的商用 DSP 芯片。美国德州仪器公司(TI 公司)在 1982 年成功推出其第一代 DSP 芯片 TMS32010 及其系列产品,如图 8.4 所示。日本的日立(Hitachi)公司,1982 年推出了采用 CMOS 工艺的浮点 DSP。第一片高性能的浮点 DSP 芯片是 AT&T 公司于 1984 年推出的 DSP32。飞思卡尔(Freescale)公司 1986 年推出了定点处理器 MC56001。

图 8.4 典型的 DSP 示例

TI 公司系列 DSP 主要有 TMS320C2000 系列,该系列产品主要用于数字控制系统;TMS320C5000 系列,该系列主要用于低功耗、便携式的无线终端产品;TMS320C6000 系列,该系列产品主要用于高性能复杂的通信系统或者其他一些高端应用,如图像处理等。作为交流伺服控制系统的核心,通常选用 TMS320C2000 系列芯片,采用 5.0V 供电,最高运算速度达 40MIPS。

DSP 微处理器(芯片)具有如下主要特点。

(1) 在一个指令周期内就可完成一次乘法和一次加法。

(2) 程序和数据存储空间分开,可实现同时访问指令和数据。

(3) 片内具有快速 RAM,通常可通过独立的数据总线快速访问。

(4) 具有低开销或无开销循环及跳转的硬件支持。

(5) 快速中断处理和硬件 I/O 支持。

(6) 具有可在单周期内操作的多个硬件地址产生器。

(7) 可以并行执行多个操作。

(8) 支持流水线操作,使取指、译码和执行等操作可重叠执行。

DSP 不仅可编程,而且实时运行速度可达每秒数千万条复杂指令程序,远远超过通用微处理器。

通用处理器(general purpose processors,GPP)采用冯·诺依曼结构。冯·诺依曼结构(von Neumann architecture)中,程序和数据共用一个公共存储空间和单一的地址与数据总线,如图 8.5 所示。

GPP 可通过采取多种方法提高计算速度,例如提高时钟频率、高速总线、多级 Cache、协处理器等。

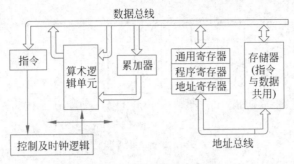

(a) 采用冯·诺依曼结构的处理器

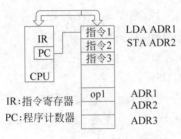

(b) 从存储器取指令的过程

(c) 指令流的定时关系

图 8.5 处理器体系结构

DSP 芯片采用哈佛结构(harvard architecture)或改进的哈佛结构,如图 8.6 所示。

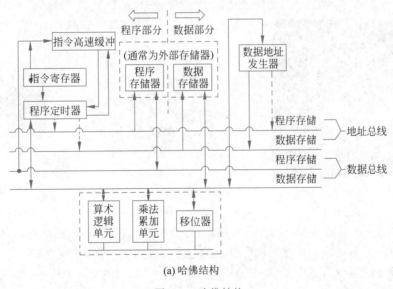

(a) 哈佛结构

图 8.6 哈佛结构

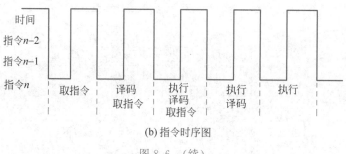

(b) 指令时序图

图 8.6　(续)

哈佛结构最大的特点是独立的数据存储空间和程序存储空间,独立的数据总线和程序总线,允许 CPU 同时执行取指令和取数据操作,从而提高了系统运算速度。硬件乘法器和乘加指令 MAC 适合深度运算,例如快速傅里叶变换(fast Fourier transform,FFT)。因此,高性能、多轴联动驱动器多采用 DSP 开发。

流水线操作就是将一条指令的执行分解成多个阶段,在多条指令同时执行过程中,每个指令的执行阶段可以相互重叠进行。指令重叠数称为流水线深度。

8.1.5　专用控制器

数字控制(numerical control,NC)指用离散的数字信息控制机械等装置的运行,只能由操作者自己编程。计算机数字控制(computer numerical control,CNC)是一种装有程序的控制系统,能够逻辑地处理具有控制编码或其他符号指令规定的程序,并将其译码,执行控制任务。CNC 多用于数控机床,如图 8.7 所示。

8.1.6　工控机

工控机(industrial personal computer,IPC)是一种增强型个人计算机,可作为一个工业控制器在工业环境中可靠运行,如图 8.8 所示。IPC 包括计算机和过程输入、输出通道两部

图 8.7　典型 CNC 示例

图 8.8　工控机及触控平板电脑示例

分,具有计算机 CPU、硬盘、内存、外设及接口,并有实时的操作系统、控制网络和协议、计算能力、友好的人机界面等。工业触控平板电脑也是工控机的一种,其特点如下。

(1) 前面板大多采用铝镁合金压铸成型,达到 NEMA IP65 防护等级,坚固结实,持久耐用,而且重量比较轻。

(2) 主机、液晶显示器、触摸屏合为一体,稳定性比较好,体积较小,安装维护非常简便。

（3）采用触控屏，工作方式更方便、快捷和人性化。

（4）采用无风扇设计，利用大面积鳍状铝块散热，功耗和噪声低。

随着个人计算机（personal computer，PC）性能的提高，出现了由 PC＋运动控制卡组成的复杂系统运动控制器（见图8.9）。运动控制卡通常采用专业运动控制芯片或高速 DSP 作为运动控制核心。PC 负责人机交互和实时监控，运动控制卡完成底层运动控制的所有工作。PC＋运动控制卡组成的控制器易于实现标准化和柔性，具有开放性，方便构建复杂的运动控制硬件平台，并且可充分发挥 PC 的高级运算功能。

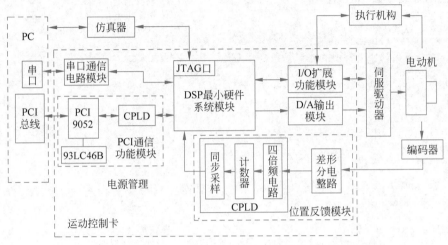

图 8.9　PC＋运动控制卡组成的复杂系统运动控制器功能图

8.1.7　通用程序设计语言

程序是控制器可识别的指令的集合。高级语言屏蔽了机器的细节，提高了语言的抽象层次，程序中可以采用具有一定含义的数据命名和容易理解的执行语句。这使得在书写程序时可以联系到程序所描述的具体事物，程序易于被理解。C 语言由若干函数组成，含有丰富的数据类型，以及对内容的操作指令，是一门语法严谨的结构化程序设计语言。C 语言具有较好的通用性和跨平台性，大量被用于运动的底层驱动控制算法的编程，如大多数的运动驱动板卡。C 语言是面向过程的程序设计语言。

例 8.1　举例说明 C 语言开发的运动控制程序。

以下为控制风扇转动调节温度程序选段。

```
/******************************** 头文件系统 **************************** /
# include < reg52.h >
…
/******************************** 功能参数 **************************** /
# define  time_data    (256~100)           //定时器预设值,8MHz——定时 0.15ms
# define  PWM_T    100                      //定义 PWM 的 pulse 周期为 15ms
uint  N = 400,M = 10;                        //电磁阀关,400 个 PWM 的时间为 6s
float idata Kp = 2,Ki = 1,Kd = 1;           //PID 的 Kp、Ki、Kd
# define  PWM   P1_0                        //风扇驱动
# define  PWM2  P1_2                        //风扇驱动
float dT = 0,dT1 = 0,dT2 = 0,dT3 = 0;       //pid 计算参数初值
```

```
float U,u1,u2;                                 //计算输入电压值
float Uout = 12;                               //计算输出电压值
uint PWM_t = 50;                               //初始占空比为 0.5,电压为 6V
uint PWM_count;
...
// ************************* 位定义 *****************************
sbit P2_0 = P2^0;
sbit P2_1 = P2^1;
...
// ************************* 程序声明 *****************************
void da5620(uchar port1);                      //DA 转换程序
void Voltage_out();                            //计算输出电压值
void on_off_time();                            //显示电磁阀的开关时间
// ********* AD-TLC1543 位定义 *****************
sbit P1_4 = P1^4;                              //I/OCLOCK
sbit P1_5 = P1^5;                              //ADDRESS
sbit P1_6 = P1^6;                              //DATA OUT
sbit P1_7 = P1^7;                              //CS
#define CLOCK P1_4
#define D_IN  P1_5
#define D_OUT P1_6
#define _CS   P1_7
...
// ************************* 增量 pid 计算 ***************************** /
void compensate_T()
 {
 dT3 = (T - settemp);                          //计算偏差
 dT = (Kp + Ki + Kd) * dT3 - (2 * Kd + Kp) * dT2 + Kd * dT1;   //计算输出增量
 dT1 = dT2;                                    //更新 e(k - 2)
 dT2 = dT3;                                    //更新 e(k - 1)
 }
  void calculate_PWM
  {
  compensate_T();
  PWM_t += dT;                                 //输出新的占空比
  if(PWM_t > PWM_T)PWM_t = PWM_T;
  if(PWM_t <= 330/Uout) PWM_t = 330/Uout;
  }
// ************************* 定时器的中断程序 ***************************** /
void IntTimer0()interrupt 1                    //pwm 波生成函数,T_0 中断处理函数
{
    timer_count++;                             //记数中断次数
    if(timer_count >= PWM_T)                   //判断是否一个周期
    {timer_count = 0;                          //中断记数复位
     PWM_count++;                              //周期记数
        if(PWM_count == N)    P2_1 = 1;        //电磁阀关闭
        if(PWM_count == N + M)
        {    P2_1 = 0;
            PWM_count = 0;}                     //电磁阀打开
        calculate_PWM();
    }
    if(timer_count < = PWM_t)                  //pwm 波输出
    {PWM = 0;PWM2 = 0;}
    else
    {PWM = 1;PWM2 = 1;}
}
...
```

C++ 是面向对象的程序设计语言，可更直接地描述客观世界中存在的事物（对象）以及它们之间的关系，是适合复杂运动控制系统开发的高级语言。C++ 将客观事物看作具有属性和行为的对象，通过抽象找出同一类对象的共同属性和行为，形成类。通过类的继承与多态实现代码重用，使程序能够比较直接地反映问题域，软件开发人员能够利用人类认识事物所采用的一般思维方法来进行软件开发。

例 8.2　举例说明 C++ 语言开发的运动控制程序。

以下是自主足球机器人利用视觉找球，并利用 PID 控制车轮运动程序选段。

```
//Finding.h ***********************************************
class CFinding : public IBehavior            //定义找球类基于行为类
{
public:
    void AfterUpdateVideoSample(BYTE * pBuffer, long lWidth, long lHeight, double dbTime, UINT
nState);
    CFinding();
    virtual ~CFinding();
    CListBox * m_BehShow;
    CVision m_CV;
    YUVParam m_para;                         //内部参数, YUV 参数
    CString m_strShow;
};
//Finding.cpp ***********************************************
…
struct SSPID vPID1, wPID1;
void CFinding::AfterUpdateVideoSample(BYTE * pBuffer, long lWidth, long lHeight, double dbTime,
UINT nState)
{
    struct SSPID * v_PID = &vPID1;
    struct SSPID * w_PID = &wPID1;
    if(StartFlag == false)                   //初次起动, 设置参数
    {   v_PID -> si_Ref = 35;                 //位置 PID, 位移设定值
        v_PID -> si_FeedBack = 0;             //位置 PID, 位移反馈值, 当前位置
        StartFlag = true;
    }
    TempSpeedV = SSPIDCalc(v_PID);           //计算 PID 控制, 得到 PWM 的占空比
    TempSpeedV = 0 - TempSpeedV;
    TempSpeedW = SSPIDCalc(w_PID);
    m_pCmD -> SetBothMotorsSpeed((TempSpeedV + TempSpeedW)/3,(TempSpeedV - TempSpeedW)/3);
    m_strShow.Format("( % d, % d): % d: % d, % d", m_para.Vx, m_para.Vy, m_para.Vsum, TempSpeedV,
TempSpeedW);
    m_BehShow -> AddString(m_strShow);
    m_BehShow -> SetCurSel(m_BehShow -> GetCount() - 1);
}
// ******* VoyPID.h *********************************** /
# ifndef _PID_H
# define _PID_H
typedef struct DDPID                         //定义算法核心数据
{   signed int ui_Ref;                       //设定值
```

```
        signed int ui_FeedBack;              //反馈值
        signed int Ka;                       //K_a = K_p
        signed int Kb;                       //K_b = K_p * (T / T_i)
        signed int Kc;
        signed long U_MAX;                   //输出上限,使控制信号扩大,以使过渡平顺
        signed long U_MIN;                   //输出下限
        signed int PLUS_DEADLINE;            //偏差死限的上限
        signed int MINUS_DEADLINE;           //偏差死限的下限
        signed int ui_PreError;              //前一次,误差,ui_Ref - FeedBack
        signed int ui_PreDerror;             //前一次,误差之差,d_error - PreDerror;
        signed long ul_PreU;
}DDPID;

typedef struct SSPID                         //定义数法核心数据
{    signed long si_Ref;                     //位置PID,位移设定值
     signed long si_FeedBack;                //位置PID,位移反馈值,当前位置
     signed long si_PreError;                //位置PID,前一次,位移误差,ui_Ref - FeedBack
     signed long si_PreIntegral;             //位置PID,前一次,位移积分项,ui_PreIntegral + ui
     signed int si_Kp;                       //位置PID,比例系数
     signed int si_Ki;                       //位置PID,积分系数
     signed int si_Kd;                       //位置PID,微分系数
     signed long SS_MAX;                     //输出上限,使控制信号扩大,以使过渡平顺
     signed long SS_MIN;                     //输出下限
     signed long SS_Imax;                    //积分饱和上限
     signed long SS_Imin;                    //积分饱和下限
     signed int PLUS_DEADLINE;               //偏差死限的上限
     signed int MINUS_DEADLINE;              //偏差死限的下限
     signed int si_Accel;                    //位置PID,加速度
     signed int si_Speed;                    //位置PID,最大速度
     signed long ul_PreU;                    //电动机控制输出值
}SSPID;


extern signed int PIDCalc(DDPID * pp);
extern signed int SSPIDCalc(SSPID * pp);

#endif
//VoyPID.cpp********************************* /
# include "stdafx.h"
# include "VoyPID.h "
/*************************d_PID算数有关************************** /
signed int DDPIDCalc(DDPID * pp)                            //三环比例控制
{    signed int Error,d_error,dd_error;
     Error = (signed int)(pp -> ui_Ref - pp -> ui_FeedBack);//偏差计数
     d_error = Error - pp -> ui_PreError;
     dd_error = d_error - pp -> ui_PreDerror;
     pp -> ui_PreError = Error;                            //存储当前偏差
     pp -> ui_PreDerror = d_error;

     if((Error < pp -> PLUS_DEADLINE) && (Error > pp -> MINUS_DEADLINE));
                                                           //设置调节死区
     else
```

```
        pp -> ul_PreU += ((pp -> Ka * d_error + pp -> Kb * Error) + (pp -> Kc * dd_error));
    if(pp -> ul_PreU >= pp -> U_MAX)                    //防止调节最高溢出
        pp -> ul_PreU = pp -> U_MAX;
    else if(pp -> ul_PreU <= pp -> U_MIN)               //防止调节最低溢出
        pp -> ul_PreU = pp -> U_MIN;
    return ((pp -> ul_PreU) >> 10);                     //返回预调节占空比
}
signed int SSPIDCalc(SSPID * pp)                        //PID 控制
{
    signed long   error, d_error;
    error = pp -> si_Ref - pp -> si_FeedBack;           //偏差
    if((error < pp -> PLUS_DEADLINE) && (error > pp -> MINUS_DEADLINE))
                                                        //设置调节死区
    {
        pp -> ul_PreU = 0;
    }
    else                                                //执行位置 PID 调节
    {
        d_error = error - pp -> si_PreError;            //计算微分项偏差
        pp -> si_PreIntegral += error;                  //存储当前积分偏差
        pp -> si_PreError = error;                      //存储当前偏差

        if(pp -> si_PreIntegral >  pp -> SS_Imax) ·
    //积分修正,设定积分上下限,并于正负换向时清零
        pp -> si_PreIntegral =   pp -> SS_Imax;
    else if(pp -> si_PreIntegral <  pp -> SS_Imin)
        pp -> si_PreIntegral =   pp -> SS_Imin;
    else if(pp -> si_PreIntegral > 0 && error < 0)
        pp -> si_PreIntegral = 0;
    else if(pp -> si_PreIntegral < 0 && error > 0)
        pp -> si_PreIntegral = 0;

        pp -> ul_PreU = pp -> si_Kp * error + pp -> si_Ki * pp -> si_PreIntegral + pp -> si_Kd * d_
error;                                                  //位置 PID 算法
    if(pp -> ul_PreU >= pp -> SS_MAX)                   //防止调节溢出
        pp -> ul_PreU = pp -> SS_MAX;
    else if(pp -> ul_PreU <= pp -> SS_MIN)
         pp -> ul_PreU = pp -> SS_MIN;
    }
    return (pp -> ul_PreU  >> 10);                      //返回预调节占空比
}
```

此外,早期的运动控制器(如单片机)常用汇编语言。汇编语言将机器指令映射为一些可以被人读懂的助记符,如 ADD、SUB 等,此时编程语言与人类自然语言间的差距缩小,因为它的抽象层次太低,程序员需要考虑大量的机器细节。汇编语言也常被用于单片机底层程序的开发。

例 8.3 举例说明汇编语言开发的运动控制程序。

以下为汇编语言 PID 子程序选段。

```
PID     PROC NEAR
KPP     DW      1060H       ;比例系数
KII     DW      0010H       ;积分系数
KDD     DW      0020H       ;微分系数
MOV     AX,SPEC
SUB     AX,YK               ;求偏差 EK
MOV     R0,AX
MOV     R1,AX
SUB     AX,EK_1
MOV     R2,AX
SUB     AX,AEK_1            ;求 BEK
MOV     BEK,AX
        …
JZ      DD1
        …
DD1:MOV    AX,BEK
    MOV CX,KDD
    MUL CX
    PUSH    AX
    …
```

8.1.8 专用程序设计数控编程

数控机床是一种以数字量作为指令信息形式,通过数字逻辑电路或计算机控制的机床。1952 年研制成功世界上第一台有信息存储和处理功能的新型机床。而后经历了第 1 代电子管数控系统、第 2 代晶体管数控系统、第 3 代集成电路数控系统、第 4 代小型计算机数控系统和第 5 代微型机数控系统 5 个发展阶段。数据机床通常有专用的编程软件。典型的数控机床编程流程如图 8.10 所示。

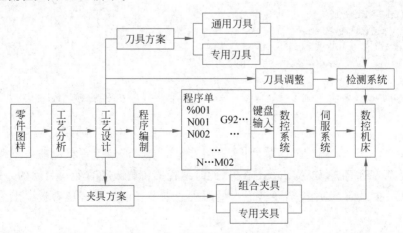

图 8.10 典型的数控机床编程流程

8.2　基于微处理器的直流伺服电动机驱动器案例

LMD18200 是专用于直流电动机驱动的 H 桥组件,其外形结构有两种,如图 8.11 所示,常用的 LMD18200 芯片有 11 个引脚,采用 TO-220 封装,如图 8.11(a)所示。

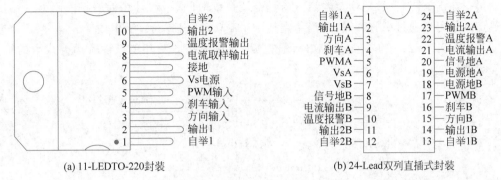

(a) 11-LEDTO-220封装　　　(b) 24-Lead双列直插式封装

图 8.11　直流电动机驱动芯片

LMD18200 芯片具有如下功能。

(1) 峰值输出电流高达 6A,连续输出电流达 3A,工作电压高达 55V。

(2) 可接受 TTL/CMOS 兼容电平的输入。

(3) 可通过输入的 PWM 信号实现 PWM 控制。

(4) 可外部控制电动机转向。

(5) 具有温度报警、过热和短路保护功能。

(6) 内部设置防止桥路中功率开关管直通电路。

(7) 可实现直流电动机的双极性和单极性控制。

(8) 具有良好的抗干扰性。

LMD18200 的原理图如图 8.12 所示。

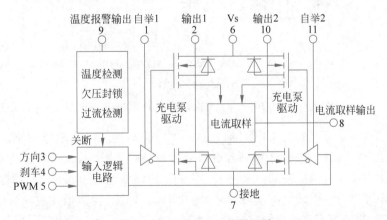

图 8.12　LMD18200 的原理图

LMD18200 内部集成了 4 个 DMOS 管,组成一个标准的 H 桥驱动电路。通过自举电路为上桥路的两个开关管提供栅极控制电压。充电泵电路由一个 300kHz 的振荡器控制,使自举电容可充至 14V 左右,典型上升时间是 $20\mu s$,适用于 1kHz 左右的工作频率。可在引脚 1、11 外接电容形成第二个充电泵电路,外接电容越大,向开关管栅极输入的电容充电速度越快,电压上升时间越短,工作频率越高。引脚 2、10 接直流电动机电枢,正转时电流方向从引脚 2 到引脚 10;反转时电流方向从引脚 10 到引脚 2。电流检测输出引脚 8 可以接一个对地电阻,通过电阻来输出过流。内部保护电路设置的过流阈值为 10A,当超过该值时会自动封锁输出,并周期性地恢复输出。若过电流持续时间较长,过热保护将关闭整个输出。过热信号还可以通过引脚 9 输出,当结温达到 145℃ 时,引脚 9 有输出信号。

基于 LMD18200 的单极性可逆驱动的典型应用电路图及其单极性驱动方式下的输出的理想波形如图 8.13 所示。

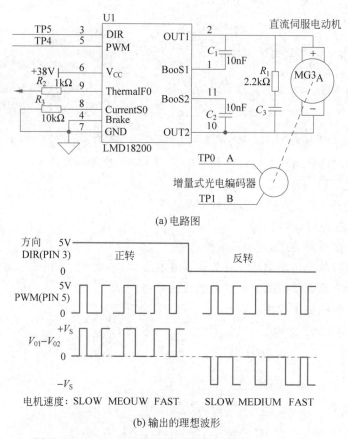

(a) 电路图

(b) 输出的理想波形

图 8.13　LMD18200 典型应用电路图及输出的理想波形

通常采用 Motorola 68332 CPU 与 LMD18200 接口,组成一个单极性驱动直流电动机的闭环控制电路。在此电路中,PWM 控制信号通过引脚 5 输入,而转向信号是通过引脚 3 输入的。根据 PWM 控制信号的占空比来决定直流电动机的转速和转向。电路中可采用增量型光电编码器来反馈电动机的实际位置,输出 A、B 两相,检测电动机转速和位置,形成闭环位置反馈,从而达到精确控制直流伺服电动机的目的。由于采用了专门的电动机控制芯片 LMD18200,从而减少了整个电路的元件,也减轻了单片机负担,工作更可靠,适合在仪器仪表控制中使用。

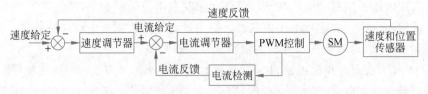

8.3　基于 DSP 的全数字直流伺服电动机控制系统案例

基于 DSP 芯片强大的高速运算能力、强大的 I/O 控制功能和丰富的外设,可以使用 DSP 方便地实现直流伺服电动机的全数字控制。图 8.14 是直流伺服电动机全数字双闭环控制系统框图。控制模块例如速度 PI 调节、电流 PI 调节、PWM 控制等算法均可通过软件实现。

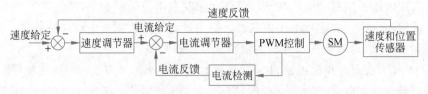

图 8.14　直流伺服电动机全数字双闭环控制系统框图

图 8.15 是根据图 8.14 的控制原理设计的采用 TMS320LF2407ADSP 实现的直流伺服控制系统结构图。该系统中采用了 H 电路,通过 DSP 的 PWM 输出引脚 PWM1~PWM4 输出的控制信号进行控制。用霍尔电流传感器检测电流变化,并通过 ADCIN00 引脚输入给 DSP,经过 A/D 转换产生电流反馈信号。采用增量式光电编码器检测电动机的速度变化,经过 QEP1、QEP2 引脚输出给 DSP,获得速度反馈信号。该系统也可以用于实现电动机的位置控制。

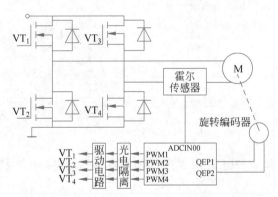

图 8.15　基于 DSP 控制的直流伺服电动机系统

电动机电流的检测方法通常如下。

1. 电阻采样

电阻采样适合被测电流较小的情况,在待测电流的支路上串入电阻值较小的电阻,通过测量电阻上的压降就可以计算电流大小。若要在保证电流检测线性度的同时又实现强、弱电的隔离,需要采用用于传输模拟量的线性光电耦合器件。电流测量精度与电阻值精确度有很大关系。

2. 采用电流互感器

电流互感器只能用于交流电流的检测,检测过程中需要对互感器获得的电流信号进行整流,以得到单极性的直流电压,再通过 A/D 转换读入微处理器。由于整流电压本身具有脉动性,因此读入微处理器时的采样方式将会影响测量结果的精确度。

3. 采用磁场平衡式霍尔电流检测器

采用磁场平衡式霍尔电流检测模块可以达到很好的测量精度和线性度,而且霍尔电流传感器响应快,隔离也彻底。

电压的检测方式通常如下。

(1) 分压电阻采样。分压电阻采样可以用于直流母线电压的检测,但需采用光电耦合电路进行强、弱电隔离。

(2) 采用电压互感器。电压互感器只能用于交流电压的检测。

(3) 采用磁场平衡式霍尔电压传感器。应用磁场平衡式霍尔电压传感器进行直流母线电压的测量和隔离,可以获得很好的测量精度和动态响应。

采用 DSP 实现直流伺服电动机速度控制的软件由 3 部分组成:初始化程序、主程序和中断服务子程序。主程序进行电动机的转向判断,用来改变比较方式寄存器 ACTRA 的设置。在每个 PWM 周期中都进行一次电流采样和电流 PI 调节,因此电流采样周期与 PWM 周期相同,从而实现实时控制。采用定时器一周期中断标志来起动 A/D 转换,转换结束后申请 ADC 中断,图 8.16 为 ADC 中断处理子程序流程图,全部控制功能都通过中断处理子程序来完成。

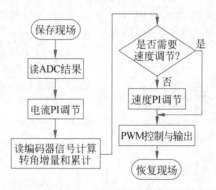

图 8.16　ADC 中断处理子程序流程图

程序中的速度 PI 调节和电流 PI 调节的各个参数可以根据用户特殊应用要求在初始化程序中进行修改。

8.4　数控机床运动控制系统

数控机床与普通机床相比,主传动电动机已不再采用普通的交流异步电动机或传统的直流调速电动机,逐步采用新型的交流调速电动机和直流调速电动机。其特点为转速高、功率大,能使数控机床进行大功率切削和高速切削,实现高效率加工。

1. 调速范围宽

调速范围是指最高进给速度和最低进给速度之比。由于加工所用刀具、被加工零件材质以及零件加工要求的变化范围很广,因此,为了保证在所有的加工情况下都能得到最佳的切削条件和加工质量,要求进给速度能在很大的范围内变化,即有很大的调速范围。数控机床的主传动系统要求有较大的调速范围,一般 $R_0 > 100$,以保证加工时能选用合理的切削用量,从而获得最佳的生产率、加工精度和表面质量。目前,在脉冲当量或最小单位为 $1\mu m$ 的情况下,进给速度能在 $0\sim240m/min$ 的范围内连续可调。而一般数控机床的进给速度只能在 $0\sim24m/min$ 的范围之内,即调速范围为 $1\sim240\,000$。在调速范围内,要求速度均匀、稳定、低速时无爬行,并且在零速时伺服电动机处于电磁锁住状态,以保证定位精度不变。

2. 精度高

数控机床是按预定的程序自动进行加工的,用手动操作来调整和补偿各种因素对加工精度的影响,故要求数控机床的实际位移和指令位移之差要小,即位置精度高。现代数控机床的位移精度一般为 $0.01\sim0.001mm$,甚至可高达 $0.0001mm$,以保证加工质量的一致性,保证复杂曲线和曲面零件的加工精度。例如,当进给速度在 $5\sim15m/min$、最大加速度达 $1.5m/s^2$ 时,定位通常精度为 $\pm0.05\sim\pm0.015mm$。进行轮廓加工时,在 $2\sim5m/min$ 的进给范围内,精度为 $0.02\sim0.05mm$。

3. 响应快

要求伺服系统跟踪指令信号的响应要快,即灵敏度要高,达到最大稳定速度的时间要短,这种过渡过程一般都在 $200ms$ 甚至几十毫秒以内,即过渡过程的前沿要陡、斜率要大。响应的快慢反映了系统跟踪精度的高低,会影响轮廓加工精度的高低和加工表面质量的好坏。数控机床的变速是按照控制指令自动进行的,因此变速机构必须适应自动控制的要求。由于直流和交流主轴电动机的调速系统日趋完善,不仅能够方便地实现宽范围的无级变速,而且减少了中间传递环节,使得变速控制的可靠性得到了提高。

4. 低速大扭矩

数控机床的进给系统常在相对较低的速度下进行切削,故要求伺服系统能够输出大的转矩。例如,普通加工直径为 $0.4m$ 的数控车床,纵向和横向的驱动力矩都在 $10N\cdot m$ 以上。为此,数控机床的进给传动链应尽量短,传动摩擦系数尽量小,并减少间隙,提高刚度,减少惯量,提高效率。

8.4.1 数控机床的结构

数控机床加工的特点为具有高度柔性,加工精度高,尺寸一致性好,生产效率高,劳动强度低。数控机床通常由床身、立柱、主轴箱、工作台、刀架系统及电气总成等部件组成,如图 8.17 所示。

数控机床加工工件时,主要由主运动(由刀具或工件完成)和进给运动(由刀具和工件做相对运动)实现工件表面的成型运动(直线运动、圆周运动、螺旋运动,或曲线轨迹运动)。

数控机床的柔性是指柔性制造,及复合加工概念,是指将工件一次装夹后,机床便能按照数控加工程序,自动进行同一类工艺方法或不同类工艺方法的多工序加工,以完成一个复杂形状零件的主要乃至全部车、铣、钻、镗、磨、攻丝、铰孔和扩孔等多种加工工序。数控机床适用于批量小而又多次生产的零件、几何形状复杂的零件、在加工过程中必须进行多种加工的零件、切削余量大的零件、必须严格控制公差的零件、工艺设计会变化的零件、加工过程中如果发生错误将会造成严重浪费的贵重零件等加工领域。

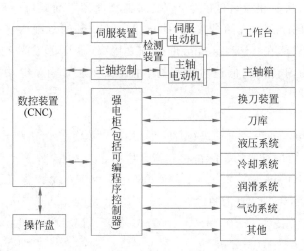

图 8.17　数控机床组成

8.4.2　数控机床的分类

1. 按工艺特征分类

一般数控机床即数控化的通用机床,例如数控车床、数控铣床、数控滚齿机、数控线切割机床等。加工中心是指配有刀库和自动换刀装置的数控机床,工件一次装夹能完成多道工序。多坐标数控机床,一般在 5 轴以上,机床结构复杂,可用于加工特殊形状复杂零件。

2. 按数控装置功能分类

(1) 点位控制数控机床。机床移动部件获得点位控制,移动中不加工,例如数控坐标镗床、钻床、冲床。

(2) 点位直线控制数控机床。在点位控制基础上增加直线控制,移动中可以加工,例如简易数控车床,如图 8.18 所示。

(3) 轮廓控制数控机床。实现连续轨迹控制,即同时控制加工过程每个点的速度和位置。

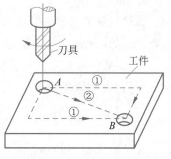

图 8.18　简易数控车床

8.4.3　数控机床的工作原理

目前数控机床多数采用微型计算机作为控制器,基本工作原理如图 8.19 所示,控制工作流程如图 8.20 所示。

CNC 控制器的基本任务有以下两项。

(1) 根据加工程序,控制数控设备按照给定的运动轨迹运动。

(2) 执行辅助功能指令。例如起动设备主轴、更换工具等。

目前 CNC 控制器硬件配置和结构主要有单处理机、单处理机＋专用硬件和多处理机 3 种结构。单处理机结构如图 8.21 所示。

单处理机＋专用硬件结构是把计算简单但要求运算速度高的插补器和位置控制器做成专用的硬件(专用芯片),使 CPU 有更多的时间去处理其他任务,其结构如图 8.22 所示。

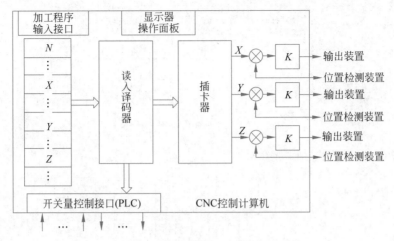

图 8.19 CNC 控制器基本工作原理

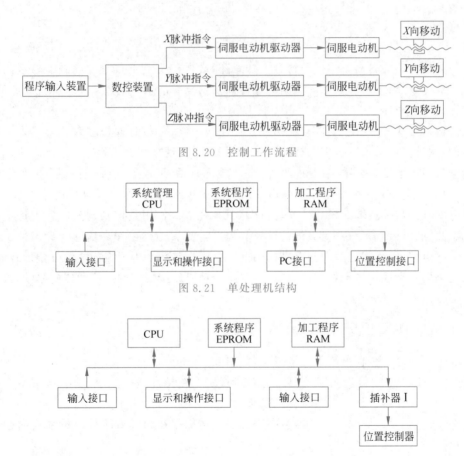

图 8.20 控制工作流程

图 8.21 单处理机结构

图 8.22 单处理机＋专用硬件的控制器结构

目前高性能的 CNC 数控系统均为多处理机控制器结构，如图 8.23 所示。

CNC 控制器的系统程序包括系统管理程序、显示程序、加工程序的读入和编辑程序、插补和位置控制程序、译码和输入计算程序、PC 控制程序和故障诊断程序等。

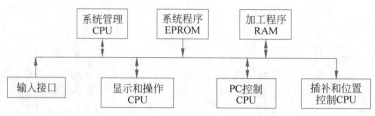

图 8.23　多处理机控制器结构

数控机床加工零件的过程如图 8.24 所示。

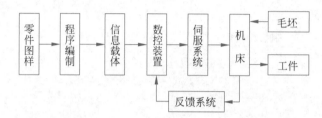

图 8.24　数控机床加工零件的过程

为使数控加工的自动工作循环符合人的意图,必须在人-机之间建立联系。联系的媒介称为信息载体,记录了根据零件图编制的零件加工的全部信息。信息载体也称控制介质,是各种储存代码的载体。

信息输入方式通常有手动和自动两种。自动输入时,将信息通过输入装置读入数控装置,也可利用计算机与数控机床的接口直接进行通信,实现零件加工程序的输入。手动输入时常用键盘,即由人工按键,输入加工信息。输入计算机的指令(已被国际标准化组织(international organization for standardization,ISO)标准化的)称为 ISO 代码。

信息处理是数控装置的核心任务,由计算机来完成。作用是识别输入信息中每个程序段的加工数据和操作命令,并对其进行换算和插补计算。即根据程序信息计算出加工运动轨迹上中间点的坐标,将这些中间点坐标用前一中间点到后一中间点的位移分量形式输出,经接口电路向各坐标轴执行部件送出控制信号,控制机床按规定的速度和方向移动,以完成零件的加工。

8.4.4　数控机床的坐标系

标准坐标系是一个直角笛卡儿坐标系,如图 8.25 所示。

z 坐标的运动是由传递切削动力的主轴所规定。在标准坐标系中,始终与主轴平行的坐标被规定为 z 坐标。切入工件的方向定义为负向。

x 坐标是水平的,平行于工件的装夹表面。x 坐标是在刀具或工件定位平面内运动的主要坐标。当从刀具向主轴看时,$+x$ 运动方向指向右方。

$+y$ 运动方向根据 x 和 z 坐标的运动方向,按右手垂直坐标系来确定,如图 8.26 所示。

根据右手直角笛卡儿坐标系,可规定机床的直角坐标 x、y、z,如图 8.27 和图 8.28 所示。

机床坐标系原点也称机械零点,是由起动机床时自动回到的机械原点而定的,也就是机床 3 个坐标轴依次走到机床正方向的一个极限位置,这个极限位置就是机床坐标系的原点。

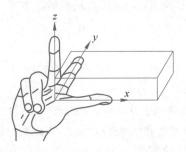

图 8.25　右手直角笛卡儿坐标系

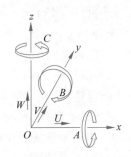

图 8.26　判定正方向 $+A$、$+B$、$+C$ 的右手螺旋法

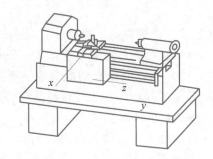

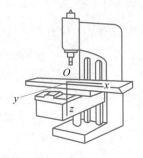

图 8.27　普通数控机床的坐标系

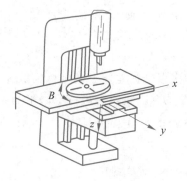

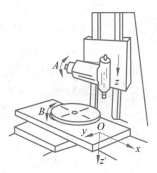

图 8.28　多坐标数控机床的坐标系

8.4.5　数控插补概述

数控机床加工时,需要在加工精度的范围内按照一定规律配置数量有限方向的线段,使形成的折线与要求曲线之间的误差在允许的精度之内,配置这些折线的工作就称为插补。所谓插补,实质上是进行起点和终点之间数据点的"密化",即插补出起点至终点之间各点的坐标值。一般计算机数控系统均具有直线和圆弧插补功能。数控技术的插补功能是由插补器来实现的。

待加工曲线方程 $y=f(x)$ 本身就代表坐标量之间的制约,函数关系表示 x 与 y 一一对应,对于曲线上的某一点的邻域,其坐标增量关系也是确定的,即给 x_1 一个增量 Δx 存在一个 Δy 使 $y_1+\Delta y=f(x_1+\Delta x)$,即 Δx 与 Δy 之间有一种制约,那就是由 Δx 找到一个 Δy

使 $f(x_1+\Delta x)$ 等于或接近于 $y_1+\Delta y$,插补就是寻找 Δx 与 Δy 之间制约的方法。普遍应用的插补算法可分为两类。

1. 脉冲增量插补

脉冲增量插补即行程标量插补。产生单个行程增量,以一个个脉冲方式输入给伺服系统。

2. 数据采样插补

数据采样插补即时间标量插补。插补程序每调用一次,算出坐标轴在一个周期中的增长段(不是脉冲),得到坐标轴相应的指令位置,与通过位置采样所获得坐标轴的现时实际位置(数字量)相比较,求得跟随误差。位置伺服软件将根据当前的跟随误差算出适当的坐标轴进给速度指令,输出给驱动装置。

8.4.6　逐点比较插补方法

逐点比较插补法的基本原理是:每给 x 或 y 坐标方向一个脉冲后,使加工点沿相应方向产生一个脉冲当量的位移。然后对新的加工点所在的位置与要求加工的曲线进行比较,根据其偏离情况决定下一步该移动的方向,以缩小偏离距离,使实际加工出的曲线与要求的加工曲线的误差为最小,其过程如图 8.29 所示。

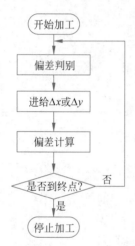

图 8.29　逐步比较法的 4 个工作节拍

偏差判别用于判别加工点对规定曲线的偏离位置走向;进给用于控制某个坐标进给缩小偏差;偏差计算用于计算得到偏差;终点判断用于判断是否到达加工终点,若没有达到,则再回到第一个工作节拍。以上 4 个节拍如此不断地重复上述循环过程,就能完成所需的曲线轨迹。

1. 直线插补

将直线的起点和终点坐标差较大的坐标轴取为基本坐标进行位置检测,直线的斜率为 k。假设为第一象限平面直线,起点取在原点 $(0,0)$,终点为 (x_e,y_e)。在直线上任意一点 (x,y),可建立插补计算公式为

$$\frac{x}{y}=k,\quad x=ky,\quad \Delta x=k\Delta y \tag{8.1}$$

$$\begin{cases} x_i=\sum^i \Delta x=\sum^i k=ki \\ y_i=\sum^i \Delta y=\sum^i 1=i \end{cases} \tag{8.2}$$

$$\begin{cases} x_{i+1}=\sum^{i+1} \Delta x=k(i+1)=x_i+k \\ y_{i+1}=\sum^{i+1} \Delta y=i+1 \end{cases} \tag{8.3}$$

直线插补算法示意图如图 8.30 所示。

偏差计算公式为

$$F_i=x_e y_i - x_i y_e$$

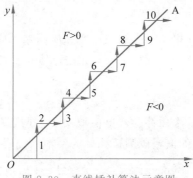

图 8.30　直线插补算法示意图

由 F 的值可以判断出 P 点与直线 OE 的相对位置,即

- $F_i \geqslant 0$,表明 P 点在 OE 直线上或上方;
- $F_i < 0$,表明 P 点在 OE 直线的下方。

当 $F_i \geqslant 0$ 时,沿 x 轴正方向走一步,逼近直线 OE;当 $F_i < 0$ 时,沿 y 轴正方向走一步,逼近直线 OE。

关于终点判别法,主要有以下两种。

(1) 第一种方法。设置 x、y 两个减法计数器,在 x 坐标(或 y 坐标)进给一步时,计数器减 1,直到这两个计数器中的数都减到零时,便到达终点。

(2) 第二种方法。用一个终点计数器,寄存 x 和 y 两个坐标,从起点到达终点的总步数 $\sum = |x_e| + |y_e|$,x、y 坐标每进给一步,$\sum$ 减去 1,直到 $\sum$ 为零时,便到达终点。

例 8.4　对直线段 OE 进行插补运算,E 点坐标为 $(5,3)$,写出控制装置内插补运算步骤。

初始化:$x_e = 5$,$y_e = 3$,差值过程如表 8.1 和图 8.31 所示。

表 8.1　差值过程所用参数

序　　号	判别 F	进　　给
1	0	Δx
2	$-3 < 0$	Δy
3	$2 > 0$	Δx
4	$-1 < 0$	Δy
5	$4 > 0$	Δx
6	$1 > 0$	Δx
7	$-2 < 0$	Δy
8	$3 > 0$	Δx

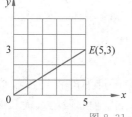
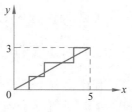

图 8.31　差值过程示意图

2. 圆弧插补

圆弧插补与直线插补原理相同。当加工点在 AB 圆弧上或圆弧外侧时($F>0$),控制工作台沿 $-x$ 方向进给一步;当 $F<0$ 时,沿 $+y$ 方向进给一步,循环直到走到终点为止,过程如图 8.32 所示。

3. 数据采样法中的二阶递归法

二阶递归法主要思想是本次插补的输出值取决于前两点的值。换句话说,知道了前两点的值,就可以计算出第三点的值。以圆弧插补为例加以说明,过程如图 8.33 所示。图中, P_0 为圆弧起点, P_n 为终点。δ 为步距角,$\delta = \dfrac{V \cdot \Delta T}{R}$,$V$ 为编程的进给速度,ΔT 为插补周期,R 为弧半径。

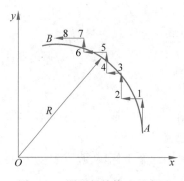
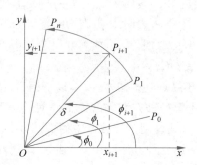

图 8.32 圆弧插补算法示意图   图 8.33 二阶递归法圆弧插补示意图

根据三角公式计算可得

$$\begin{cases} x_{i+2} = -2y_{i+1}\sin\delta + x_i \\ y_{i+2} = 2x_{i+1}\sin\delta + y_i \end{cases} \tag{8.4}$$

由于初始点 x_0、y_0 是已知的,因此只要能计算出 x_1、y_1,那么以后所有的各点都能计算出来了。x_1、y_1 可由下式推出

$$\begin{cases} x_1 = x_0\cos\delta - y_0\sin\delta \\ y_1 = y_0\cos\delta + x_0\sin\delta \end{cases} \tag{8.5}$$

由此可知

$$\begin{cases} x_{i+1} = x_i\cos\delta - y_i\sin\delta \\ y_{i+1} = y_i\cos\delta + x_i\sin\delta \end{cases} \tag{8.6}$$

从以上插补公式中可见,每次插补只需进行一次乘法和一次加法,计算速度会很快。

8.4.7 数控机床 NC 编程

一个零件加工 NC 程序由若干以段号大小次序排列的程序段组成,程序段由顺序号 Nxx(xx 代表序号)开始,最大可有 6 位有效字数;NC 程序段的最大长度为 128 字符。

NC 程序用到的基本符号如表 8.2 所示。

表 8.2　基本的 NC 符号

符　号	意　　义	符　　号	意　　义
％	程序号	N	程序段号,0000～9999 或字符
G	准备功能	S	主轴转速
T	刀具功能	M	辅助功能
F	进给速度	X、Y、Z	绝对坐标值 0～9999.99
U、V、W	相对坐标值 0～9999.99	I、J、K	圆心相对坐标值 0～9999.99
&.	注释符为不执行字符(注释内容)		

输入规则为：每行结束不用加";"，有无空行和空格是无所谓的，不区分大小写。

NC 编程的关键是 G 代码指令，如表 8.3 所示。G 代码有两种、模态和非模态代码。模态 G 代码具有续效性；非模态 G 代码仅在被指定的程序段内有效。

表 8.3　G 代码

G 代码	初 始 设 定	组　　别	功　　能
G00		1	定位(快速进给)
G01	●	1	线性插补(程序给定速度)
G02		1	指定圆心的圆弧插补 CW(顺时针方向)
G03		1	指定圆心的圆弧插补 CCW(逆时针方向)
G04			暂停时间
G07		1	切线圆弧插补
G08	●	7	提前读取 OFF(台前功能)
G09		7	提前读取 ON(台前功能)
G10			动态堆栈清 0
G11			动态堆栈等候
G12		1	指定半径的圆弧插补 CW(顺时针方向)
G13		1	指定半径的圆弧插补 CCW(逆时针方向)
G14		3	极坐标编程(绝对值)
G15		3	极坐标编程(增量值)
G16			重新定义零点
G17	●	12	选择 x-y 平面
G18		12	选择 z-x 平面
G19		12	选择 y-z 平面
G20		12	选择程序设定平面
G24			加工区域限制
G25			加工区域限制
G26		9	加工区域限制 OFF
G27		9	加工区域限制 ON
G33		1	恒间距螺纹切削
G34		1	变间距螺纹切削
G38		10	镜像功能 ON

续表

G 代码	初始设定	组 别	功 能
G39	●	10	镜像功能 OFF
G40	●	4	刀具半径补偿
G41		4	刀具半径补偿左偏置
G42		4	刀具半径补偿右偏置
G43		4	带调整功能的刀具半径补偿左偏置
G44		4	带调整功能的刀具半径补偿右偏置
G50			比例缩放
G51			工件旋转(角度)
G52			工件旋转(半径)
G53		11	工件坐标系选择 OFF
G54～G59		11	工件坐标系选择
G63		8	进给倍率 ON
G66		8	进给倍率 OFF
G70		2	英寸制
G71	●	2	米制
G72		6	精确停止插补 ON
G73		6	精确停止插补 OFF
G74			程序回原点
G78			两维路径的切线设置 ON
G79			两维路径的切线设置 OFF
G81			点孔循环
G82			镗阶梯孔循环
G83			深孔加工循环
G84			攻丝循环
G85			镗削循环
G86			BORE OUT
G87			带停止 REAMING(G85)
G88			带主轴停止 BORE OUT
G89			带中继停止 BORE OUT
G90	●	3	绝对值编程
G91		3	增量值编程
G92			设定坐标系
G94	●	5	每分钟进给速度(mm/min)
G95		5	每转进给速度(mm/r)
G96		15	恒线速切割
G97	●	15	恒转速切割
G270			车削循环停止
G271			车削循环径向切削
G272			车削循环轴向切削
G274			端面深孔加工循环
G275			外圆、内圆切槽循环
G276			螺纹车削循环

NC 编程中需注意以下事项。

(1) 变量赋值、变量运算和轴移动指令不能编写在同一行中；变量赋值、变量运算、程序控制语句行的顺序号前面必须有字符"∗"。例如 ∗N100 P1＝200,P2＝300。

(2) 程序段跳步。借助于斜杠"/",CNC 可以实现跳步功能。例如/N20 G1 X2000 Y300,表示跳步功能被选定时不执行此段程序。

(3) 循环执行程序,由与 M02 或 M30 绑定在一起的 L 指令实现。例如 N …M30 L5,此命令表示整个主程序将被重复 5 次,即总共被执行 6 次。

(4) 调用子程序,由 Q 指令后跟 NC 程序段号来调用,而且子程序可以调用子程序,但主程序最多可调用 4 层子程序。子程序调用方法和过程如图 8.34 和图 8.35 所示。

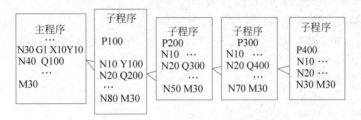

图 8.34 子程序调用方法

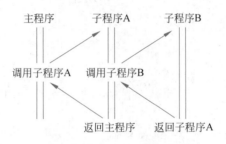

图 8.35 子程序调用过程

NC 编程中常用的 G 指令如下。

(1) G00 快进点定位指令,指令格式: G00X …Y …。G00 一般在刀具不进行切削时对刀具进行定位操作。

例 8.5 利用 G00 指令快速移动至(50,80,100),然后到(50,80,20)。

```
N10 G90(绝对值编程)
N20 G00 X50 Y80 Z100
N30 Z20(默认 G00,说明 G00 是模态指令)
```

(2) G01 切削进给速度直线插补,指令格式: G01 X …Y …F …。

例 8.6 利用 G01 指令以速度 200mm/min 直线插补到(80,80,80)。

```
N10 G90
N20 G01 X80 Y80 Z80 F200
```

（3）G02/G03 指定圆心的圆弧插补。

```
G02/G03 X ...Y ...I ...J ...      (G17 激活,用于选择平面)
G02/G03 Z ...X ...K ...I ...      (G18 激活)
G02/G03 Y ...Z ...  J ...K ...    (G19 激活)
```

G02 代表顺时针方向插补,G03 代表逆时针方向插补,X、Y、Z 为终点坐标,I、J、K 指定圆心坐标(相对值)。

（4）G12/G13 指定半径的圆弧插补。

```
G12/G13 X ...Y ...K ...
```

G12 代表顺时针圆弧插补,K 值代表半径大小。

G13 代表逆时针圆弧插补。

注意：G02/G03 圆弧插补的圆心由圆心与起点的相对坐标关系决定,G12/G13 圆弧插补的圆心由圆弧的半径决定。

（5）螺旋线插补功能。

例 **8.7**   螺旋线插补实现图 8.36 所示加工。

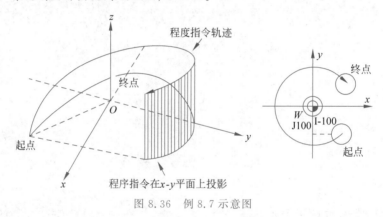

图 8.36   例 8.7 示意图

```
G91 G17 G02 X0 Y200 Z100 I−100 J100
```

为便于掌握 NC 编程,下面给出综合性的编程案例。

例 **8.8**   数控加工程序如下,绘制加工图。

```
N10 G0 X0 Y0 G90
N20 G1 X20 F500
N30 Y20
N40 X70
N50 Y0
N60 X100
N70 Y40
N80 X70 Y70
N90 X0
```

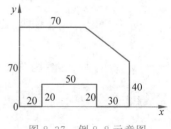

图 8.37   例 8.8 示意图

上述加工过程如图 8.37 所示。

例 8.9　数控加工程序如下,绘制加工图。

N10 G1 X0 Y0 C0 F3000

N20 G78 X30 Y30

N30 G1 X60 Y40

N40 G3 Y80 J20

N50 G1 X0

N60 G78 X40 C45

N70 G03 Y40 J20

N80 G1 X20

N90 G78 Y0

N100 G1 X60 Y30 M30

上述加工过程如图 8.38 所示。

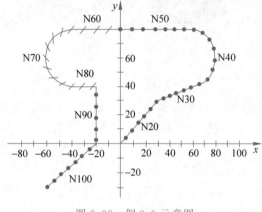

图 8.38　例 8.9 示意图

数控加工指令执行过程如图 8.39 所示。

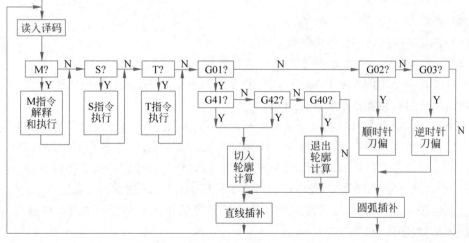

图 8.39　数控加工指令执行过程

设备工作台由插补器通过位置控制环控制产生运动。插补到终点后,表示本程序段已经执行完毕,返回读入译码程序入口,读入下一个程序段并执行。

8.5　工业机器人控制器案例

8.5.1　Staubli 工业机器人编程软件

Staubli 工业机器人系统组成如图 8.40 所示。

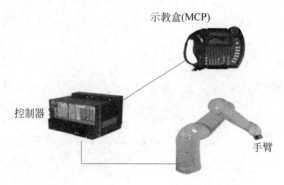

图 8.40　Staubli 工业机器人系统组成

　　Staubli 机器人编程语言简洁,通常采用 VAL 语言。VAL3 应用程序是一个自包含的软件包,设计用于控制机械手和与控制器相关联的输入输出。

　　应用程序执行时,程序还包括以下内容。

　　(1) 一组任务。并行执行的程序。

　　(2) VAL3 应用程序。包括 start( )和 stop( )程序,一个 world 坐标系(frame 类型)以及一个 flange 工具(tool 类型)。

　　(3) VAL3 应用程序被创建时还包含了与所选机械臂型号有关的指令和数据。

　　(4) 程序是按顺序执行的一系列 VAL3 指令。

　　一个程序由下列部分构成。

　　(1) 指令。要执行的 VAL3 指令。

　　(2) 一组局部变量。程序内部数据。

　　(3) 一组参数。程序调用时给程序提供的数据。

　　有可能在一个应用程序中多处被执行的指令顺序常被定义成组。程序组可节省编程时间,简化程序结构,使其便于编程,维护和提高可读性。

　　一个程序的指令数的限制仅与系统内可用存储空间有关。局部变量和参数的数量只受到此应用程序的执行内存大小的限制。程序可再入,也就是说一个程序可循环自调(call 指令),或是同时被多个任务所调用。每个程序调用有它自身的特定局部变量和参数。

　　start( )程序是 VAL3 应用程序运行时首先调用的程序,不能含有参数。

　　这个程序具有代表性,包含应用程序执行所需要的所有操作:全局变量和输出的初始化,起动应用程序任务,等等。

　　如果其他应用程序任务仍然运行,其他应用程序不在 start( )程序结尾终止。

start()程序可以在应用程序中被 call 指令调用,就像任意一个其他程序一样。

stop()程序是在 VAL3 应用程序停止时被调用的程序,不能含有参数,尤其在此程序中可以找到为正确结束此应用程序所需的所有操作。如依照给定的顺序,重置输出和停止应用程序任务等。像其他程序一样,stop()程序可以在应用程序中被调用(call 指令),但是,stop()语句的调用不会引起应用程序的停止。

工业机器人坐标系如图 8.41 所示。

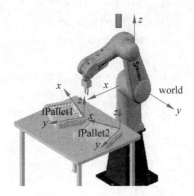

图 8.41　工业机器人坐标系

例 8.10　参数传递示例。

要求编写应用程序,添加用户坐标系和码盘功能,取放一组 5×4 的工件,传递参数。

传入:料盘 x、y 方向产品个数,料盘 x、y 方向间隔大小。

传出:完成的总个数。

使用工具:SRS、机器人、尖头、夹爪、料盘、工件等。

使用 compose 指令,用尖头精确示教坐标系。

工作示意图如图 8.42 所示。

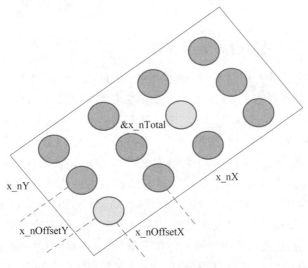

图 8.42　例 8.10 示意图

编制程序代码如下：

```
Input/Output Control
Define one "gripper"in flange data
Set the Dio name is : bOut0
Set Otime:0.05s
Set Ctime:0.05s
open (gripper)                //等效于 io:bOut0 = true
close(gripper)               //等效于 io:bOut0 = false
Define   one sensor input : io:bIn0, check gripper full open signal
open (gripper)
watch(io:bIn0 == true,2)    //当 io:bIn0 == true 时,函数将返回一个值 1,否则等到 2s 后还
                             //没有 true 时,将返回一个值 0
if io:bIn0 != true           //gripper not full open
…
begin
  cls()
    while true
while watch(io:bIn0 == true,2) == false
  popUpMsg("Waiting for part")
    wait(io:bIn0 == true)
endWhile
gotoxy(2,3)
  put("Open the gripper!")
    open(gripper)
delay(3)
cls()
  endWhile
end
```

8.5.2 工业机器人控制器硬件

典型的工业焊接机器人控制系统(以 SIASUNRH06A 焊接机器人的通用机器人控制系统 GRC 为例)的组成如图 8.43 所示。主计算机采用工业级 486DX4-100 嵌入式计算机,具有可靠性高、运算速度快等特点。可实现机器人和多个变位机的协调运动,改善了圆弧的插补精度,内嵌 PLC 功能,简化机器人应用工程的设计。编程示教盒是机器人控制器中人机交互的主要部件,它通过串行口与主计算机相连。显示屏采用 320×240 列点阵的 LCD 图形显示器,可显示 12 行×20 列个汉字。示教编程盒的外壳采用注塑件,以减轻重量,方便操作。机器人控制柜采用密封式立式结构,防尘防潮。GRC 具有丰富的联网功能,例如串口和现场总线 CAN 接口等,可实现对机器人弧焊生产线的监控和管理。GRC 提供上位机离线编程模块,可进行机器人程序的上传和下载,以及机器人程序的仿真运行。

控制器内部包括电缆过渡口、控制柜电源线、接地线、本体码盘、RS-232 串行口、OTC 焊机线等。柜上还安装了外置变压器,380V 输入,205V 输出,如图 8.44 所示。

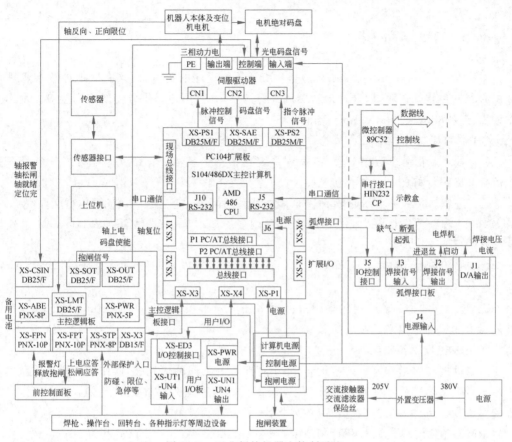

图 8.43 工业焊接机器人控制系统

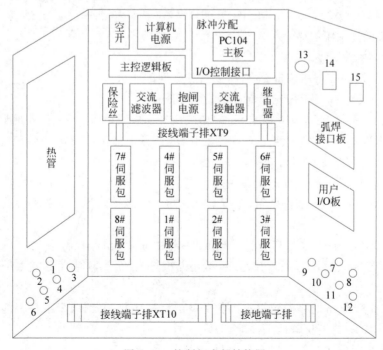

图 8.44 控制柜内部结构图

8.6 操作系统

操作系统(operation system,OS)是一组计算机程序的集合,用来有效地控制和管理计算机的硬件和软件资源,即合理地对资源进行调度,并为用户提供方便的应用接口。常用操作系统有 Windows、UNIX、Linux、macOS。

OS 中的基本术语如下。

(1)任务。指一个程序分段,被操作系统当作一个基本工作单元来调度。任务是在系统运行前已设计好的。例如关机。

(2)进程。指任务在作业环境中的一次运行过程,是动态过程。例如可执行文件 *.exe。

(3)线程。比进程更小的能独立运行和调度的基本单位,即线程。Windows 中就使用了线程的概念。

(4)多用户和多任务。允许多个用户通过各自的终端使用同一台主机,共享同一个操作系统及各种系统资源。

iRMX 是美国 Intel 公司的集中式实时多任务操作系统(intel real-time execute),在高性能要求的运动控制系统中应用较多。

1. iRMX 操作系统结构

内部同时有多道程序(任务)运行,每道程序各有不同的优先级,操作系统按事件触发使程序运行。多个事件发生时,系统按优先级高低确定哪道程序在此时此刻占有 CPU,以保证优先级高的事件的实时信息及时被采集。

iRMX 子系统包括内核程序 iRMK(intel real-time kernel)、核心程序(nucleus)、基本 I/O 子系统(basic I/O subsystem,BIOS)、扩展 I/O 子系统(extended I/O subsystem,EIOS)、人机接口子系统(human interface,HI)等,如图 8.45 所示。

2. iRMX 操作系统的核

核的主要功能如下。

(1)目标管理。控制系统资源访问,实现任务间的通信。

(2)任务调度。按基于优先级抢占方式调度任务。

(3)中断管理。按基于中断优先级原理,响应外部中断请求,实现中断处理。

任务是 iRMX 操作系统中唯一可活动的目标,即目标的某些特征是动态变化的。任务一旦建立,就处于以下五种状态之一。

(1)运行态(running)即任务正在执行。

(2)就绪态(ready)即条件就绪,等待 CPU 执行,就绪态队列中优先级最高的任务将首先获得 CPU。

(3)睡眠态(sleep)任务暂停执行,"睡眠"一定时间后再继续执行。

(4)挂起态(suspend)任务被挂起,暂不允许执行,直至有其他任务或某种信息到达为其解挂。

(5)睡眠挂起态(asleep-suspended)任务睡眠后被挂起,要到两个条件都能满足即睡眠时间到,被其他任务或消息解挂后,才能运行。

任务状态之间的转换关系如图 8.46 所示。

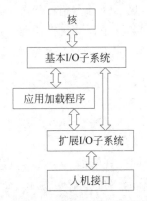

图 8.45　iRMX 子系统结构示意图

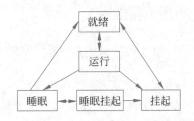

图 8.46　任务状态之间的转换关系

实时多任务操作系统(iRMX)将任务划分为两类：前台任务与后台任务。前台任务是必须及时完成的任务；后台任务则可以暂缓执行。这样的方法实现了计算机控制的本质要求，即"确定性时间访问"。

3. iRMX 操作系统的中断

中断及中断处理是实时操作系统的关键。iRMX 进行中断处理的过程如图 8.47 所示。

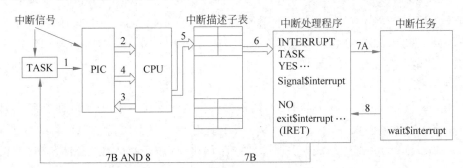

图 8.47　iRMX 进行中断处理的过程

图中，各数字标号代表的含义如下。

1——PIC 可编程中断控制器(programmable interrupt controller)接收到一个中断；

2——PIC 通知 CPU；

3——CPU 向 PIC 回复一个应答信号；

4——PIC 向 CPU 发送中断号；

5——CPU 从中断描述符表(IDT)中获得相应中断级的中断处理程序；

6——将控制权发送给中断处理程序；

7A——如果系统中有中断任务则激活并执行中断任务；

7B——如果没有中断任务则将控制返回到被中断的任务；

8——执行完中断任务后返回，将控制交于被中断任务，中断任务的优先级由核心程序根据对应的中断级指定，但比一般任务优先级高。

4. 其他操作系统

MS-DOS 属单用户的操作系统，不具备并发功能。Windows 是多任务操作系统，采用协同式多任务和抢先式多任务处理模式。Windows 中调度的任务有两种状态:运行状态和等待状态。Windows 操作系统不能实现"确定性时间访问"这个计算机控制的本质要求。

对于要求较为苛刻的被控对象,上位计算机应选用集中式实时多任务操作系统。

8.7 现场总线

8.7.1 现场总线的发展现状

现场总线是应用在生产现场的,在测量、控制设备之间实现双向、串行、多点通信的数字通信系统。现场总线把通用或专用的微处理器,嵌入传统的测量控制仪表,使之具有数字计算和数字通信能力。采用一定的媒介作为通信总线,按照公开、规范的通信协议,在位于现场的多个设备之间以及现场设备与远程监控计算机之间,实现数据传输和信息交换,形成适应实际需要的自动化控制系统。

目前已开发出 40 多种现场总线,最具影响力的有 5 种,分别是 FF、Profibus、HART、CAN 和 LonWorks。

1. FF

基金会现场总线(foundation fieldbus,FF)主要分为 H_1 和 H_2 两种。H_1 为用于过程控制的低速总线,速率为 31.25kbps,传输距离为 200m、400m、1200m 和 1900m;H_2 的传输速率可为 1Mbps 和 2.5Mbps 两种,其通信距离分别为 750m 和 500m。物理传输介质可用双绞线、同轴电缆和光纤。

2. Profibus

Profibus(process fieldbus)是由以西门子公司为主的十几家德国公司、研究所共同推出的。Profibus 的网络协议以 ISO/OSI 参考模型为基础。对 OSI 第 3~6 层进行了简化。Profibus 协议主要由 4 部分组成:物理层和链路层协议、应用层协议(FMS)、DP 协议、PA 协议。

3. HART

HART(highway addressable remote transducer,可寻址远程传感器数据通路)由美国 Rosemount 公司 1989 年推出,主要应用于智能变送器。

4. CAN

CAN(controller area network,控制局域网络)最早由德国 BOSCH 公司推出,用于汽车内部测量与执行部件之间的数据通信。CAN 结构模型取 ISO/OSI 模型的第 1、2、7 层协议,即物理层、数据链路层和应用层。通信速率最高可达 1Mbps,通信距离最远可达 10km。物理传输介质支持双绞线,最多可挂接设备 110 个。Motorola、Intel、Philips 均生产独立的 CAN 芯片和带有 CAN 接口的 80C51 芯片。

5. LonWorks

LonWorks(local operating network,局部操作网)由美国 Echelon 公司于 1991 年推出,主要应用于楼宇自动化、工业自动化和电力行业等。LonWorks 采用 ISO/OSI 模型的全部 7 层协议,其最大传输速率为 1.5Mbps,传输距离为 2700m,传输介质可以是双绞线、光缆、射频、红外线和电力线等。

8.7.2　CAN 总线简介

CAN 总线是由德国 Bosch 公司提出的串行通信网络。CAN 协议的最大特点是废除了传统的站地址编码,而代之以对通信数据块进行编码。CAN 控制器只能在空闲状态期间发送过程,总线上的所有控制器同步。

CAN 总线中的报文的传输由 4 种不同类型的帧表示和控制,如图 8.48 所示。

(1) 数据帧携带数据由发送器到接收器。

(2) 远程帧通过总线单元发送,以请求发送具有相同标识符的数据帧。

(3) 出错帧由检测出总线错误的任何单元发送。

(4) 超载帧用于提供当前和后续数据帧的附加延时。

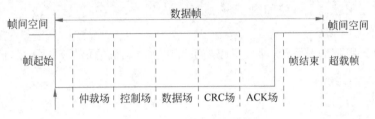

图 8.48　数据帧组成结构

CAN 总线的通信电路由两根导线组成,分别为 CAN-H 和 CAN-L,这两根导线也就是 CAN 网络中的总线。

差分表示总线的逻辑数值,如图 8.49 所示。

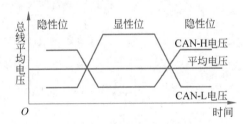

图 8.49　CAN 总线工作电平

CAN 总线中的总线数值为两种互补逻辑数值之一:“隐性”或者“显性”。“显性”为逻辑 0,“隐性”为逻辑 1。

CAN 总线上的数据按照位进行串行传输,其传输速率可高达 1Mbps,在速率为 5kbps 时传输距离可为 10km,在速率为 1Mbps 时传输距离为 40m。挂接在同一条总线上的所有节点都必须采用相同的传输速率。CAN 可靠性是指对传输过程产生的数据错误的识别能力,可用于描述传送数据被破坏和这种破坏不能被探测出来的概率。

CAN 总线通信波特率和距离之间的关系如表 8.4 所示。

表 8.4　CAN 总线通信波特率和距离之间的关系

总线波特率/kbps	…	20	50	125	250	1024
通信距离/m	10 000	3300	1300	530	270	40

波特率与比特率的关系为：比特率＝波特率×单个调制状态对应的位数。

CAN 现场总线的技术要求与特点为：利用数字通信代替 4～20mA 模拟信号；一条总线上可以接入多台现场设备；实现真正的可互操作；在现场设备上实现基本的控制功能；采用高速工业以太网作为 100Mbps 网络干线。

8.7.3　基于 CAN 总线的分布式跟随运动控制系统

随动运动控制系统利用一台交流伺服驱动器与另一台交流伺服驱动器的连接，将其中一个交流伺服驱动器的位置或者速度信号发送给另外一个的交流伺服驱动器，从而控制另一个交流伺服驱动器。

1. 速度跟随伺服系统

典型的速度跟随伺服系统如图 8.50 所示。

2. 位置跟随伺服系统

典型的位置跟随伺服系统(即位置跟随系统中主电动机的信号)如图 8.51 所示。

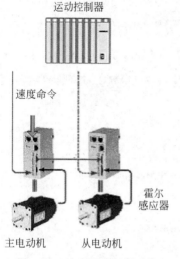

图 8.50　速度跟随伺服系统

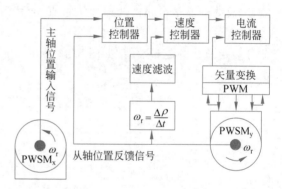

图 8.51　位置跟随系统中主电动机的信号流程图

3. 增益内模控制算法

利用 CAN 总线的运动控制系统需要对数据传送速度匹配问题进行分析。若 CAN 总线的数据传送速度为 $f=100\mathrm{kbps}$，每帧数据中有 64 位有效数据，大约为每帧总数据位的一半，实际有效数据传送速度约为 50kbps。

假设伺服系统的插补周期为 T，则每个插补周期中 CAN 总线上允许的最大数据流量 W 为

$$W=0.5fT$$

一般伺服系统的插补周期约为 8ms，因此 $W=4f$。

因通信故障，有时会产生失控问题。CAN 总线上需挂接许多控制点，若遇上控制信号，在 CAN 总线上传输过程中发生"碰撞"和"仲裁"，则信息通信周期会远远大于预定的通信周期(通常是 0.8s)。

为避免通信延时对控制的影响，控制系统可采用预测控制，即先预测后控制，使控制量

$u(k)$具有预见性,模型算法控制系统原理简图如图 8.52 所示。

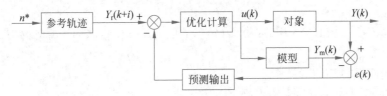

图 8.52 模型算法控制系统原理简图

8.8 小结

运动控制器用于实现运动控制算法,主要包含硬件和软件两部分。微处理器包含单片机、PLC、ARM、DSP、专用控制器和 IPC、PC 等。本章以基于微处理器的直流伺服电动机系统、基于 DSP 的全数字直流伺服电动机控制系统为例,分析了控制系统的硬件组成。数控机床是典型的运动控制系统。本章分析了数控系统的组成和工作原理,并给出了数控编程的基本方法,举例说明了编程工作。插补算法是数控机床实现复杂、连续轨迹运动和加工的关键,主要有直线、圆弧和二阶递归插补等。本章以 Staubli 工业机器人的编程为例,给出了VAL 编程案例。以新松工业机器人为例,详细分析了控制器的结构和控制柜的组成。为了便于复杂、大范围、远程运动控制系统设计,介绍了现场总线技术。

习题

8.1 图示控制系统响应中的上升时间。

8.2 控制理论中,对系统分析可以从哪 3 个域进行分析?

8.3 基于相邻点之间的坐标关系,推导式(8.4)中的 x_{i+2}、y_{i+2} 表达式。

$$x_{i+1} = x_i \cos\delta - y_i \sin\delta$$
$$y_{i+1} = y_i \cos\delta + x_i \sin\delta$$

8.4 CAN 总线中为什么要用差分信号?

8.5 iRMX 操作系统中,一个任务执行有多少种可能?

8.6 直线插补中如何得到 F?圆弧插补中 F 如何计算?

8.7 分析图 8.33 中,通过几何关系分析和坐标变换,获得 P_0 点和 P_1 点之间的表达式。

8.8 Windows 是不是实时操作系统?为什么?

8.9 简述 DSP 处理器的 5 个特点。

8.10 什么是机床坐标系?什么是工件坐标系?两者之间有何联系?

8.11 数控插补概念是什么?为什么数控机床要进行插补运算?常用的插补算法有哪些?

8.12 画出下面 NC 代码的坐标图示。

```
...
N12  G00  X40  Y30
N13  G03  X0  Y50 R50
```

(指定圆心的圆弧插补 CCW)

...

8.13 第一象限内直线 OE,起点 $O(0,0)$,终点 $E(3,5)$,试用逐点比较法进行插补运算并绘制插补轨迹。

8.14 填空题。

(1) CAN 协议的一个最大特点是废除了传统的_____,而代之以_____。

(2) 数控机床插补算法按增量方式分为_____和_____。

(3) CNC 控制器硬件按微处理器的配置和结构可分为_____、_____、_____。

(4) G 代码按照代码在程序中的有效性分为_____和_____。

(5) 软件操作系统中将任务分解成_____,又可进一步分解成_____。

(6) 实时多任务操作系统(iRMX)将任务分解为_____和_____。

(7) 实时操作系统的关键是_____。

8.15 查阅资料,分析我国月球探测车"玉兔"号运动控制系统原理,并画出控制系统原理框图。

参 考 文 献

[1] 徐心和,郝丽娜,丛德宏. 机器人原理与应用[M]. 沈阳：东北大学出版社,2005.

[2] 舒志兵. 交流伺服运动控制系统[M]. 北京：清华大学出版社,2006.

[3] 段星光,黄强,李京涛. 多运动模式的小型地面移动机器人设计与实现[J]. 中国机械工程,2007, 18(1)：8-12.

[4] Qin F F, Zhao H, Zhen S C, et al. Adaptive robust control for lower limb rehabilitation robot with uncertainty based on Udwadia-Kalaba approach[J]. Advanced Robotics,2020,34(15):1012-1022.

[5] 赵韩,甄圣超,孙浩. 机电系统动力学控制理论——U-K 动力学理论的拓展与应用[M]. 北京：高等 教育出版社,2020.

[6] 杨基厚. 机构运动学与动力学[M]. 北京：机械工业出版社,1987.

[7] Wang B R,Wang Y C,Huang J Q, et al. Computed torque control and force analysis for mechanical leg with variable rotation axis powered by servo pneumatic muscle[J]. ISA Transactions,2023, 14: 385-401.

[8] 谭湘强,钟映春,杨宜民. IPMC 人工肌肉的特性及其应用[J]. 高技术通信,2002(1)：50-52.

[9] 周唯逸. 形状记忆合金编织网气动肌肉特性与柔顺控制[D]. 杭州：中国计量学院,2010.

[10] 卢德兼. 多星座全球导航卫星系统完整性分析[J]. 计算机工程,2010,36(11)：238-240.

[11] 刘昌盛. 基于电子罗盘的环境监测船航向控制方法设计[D]. 杭州：中国计量学院,2010.

[12] 王灵艺. 基于 GPS 的环境监测船定点行为控制方法设计[D]. 杭州：中国计量学院,2010.

[13] 王斌锐,金英连,许宏,等. 机器人仿生膝关节的计算力矩加比例微分反馈控制[J]. 机械工程学报, 2008,44(1)：179-183.

[14] 王斌锐,金英连,徐心和. 仿生膝关节虚拟样机与协同仿真方法研究[J]. 系统仿真学报,2006, 18(6)：1554-1557.

[15] 王斌锐,谢华龙,丛德宏,等. 行走机器人控制策略与开闭环学习控制[J]. 东北大学学报（自然科学 版）,2005,26(8)：722-725.

[16] 金英连,王斌锐,程峰,等. 碰撞下 PMSM 电机驱动机器人关节速度滑模控制[J]. 制造业自动化, 2010,23(6)：54-58.

[17] 汪贵平,马建,闫茂德. 永磁直流电动机驱动汽车的数学模型[J]. 中国公路学报,2011,24(1)： 122-126.

[18] 邵贝贝. 单片机嵌入式应用的在线开发方法[M]. 北京：清华大学出版社,2004.

[19] 孙同景. Freescale 9S12 十六位单片机原理及嵌入式开发技术[M]. 北京：机械工业出版社,2008.

[20] 童诗白,华成英. 模拟电子技术基础[M]. 北京：高等教育出版社,2000.

[21] 黄伟伟,韦江利,路宏年. 基于运动控制卡的超声检测控制系统设计[J]. 机电产品开发与创新, 2008,21(5)：140-142.

[22] 于靖军,裴旭,毕树生,等. 柔性铰链机构设计方法的研究进展[J]. 机械工程学报,2010,46(13)： 2-13.

[23] 王伟. 环境监测船湖面内导航设计及差动电机控制[D]. 杭州：中国计量学院,2010.

[24] 吴德烽,李爱国,马孜,等. 三维表面扫描机器人系统本体标定新方法[J]. 机械工程学报,2011, 47(17)：9-14.

[25] Wang L N，Li X，Xu M J，et al. Study on optimization model control method of light and temperature coordination of greenhouse crops with benefit priority[J]. Computers and Electronics in Agriculture，2023，210：107892.

[26] 方水光. 两连杆机械臂碰撞动力学建模及阻抗控制[D]. 杭州：中国计量学院，2013.

[27] 金英连，王斌锐，吴善强，等. 形状记忆合金丝编织网气动肌肉机构及其阻抗控制[J]. 控制与决策，2011，26(10)：1577-1580.

[28] 梁炳龙，庞学慧. 直角坐标与非直角坐标测量机的特点及发展[J]. 机械管理开发，2008，23(6)：24-27.

[29] 王斌锐，方水光，金英连. 综合关节和杆件柔性的机械臂刚柔耦合建模及仿真[J]. 农业机械学报，2012，43(2)：211-215，225.

[30] Wang B R，Jin Y L，Cheng M，et al. Model Simulation and Position Control Experiments of Pneumatic Muscle with Shape Memory Alloy Braided Sleeve[J]. International Journal of Robotics and Automation，2013，28(1)：81-89.

[31] Wang B R，Chen J Y，Cui X H. Model-free optimal robust tracking control for the joint actuated by pneumatic artificial muscles with saturated air pressure input[J]. Control Engineering Practice，2024，143：105805.

[32] 王斌锐，张斌，沈国阳，等. 级联气动肌肉仿人肘关节及其模糊控制[J]. 机器人，2017，39(4)：474-480.

[33] 王斌锐，王涛，郭振武，等. 气动肌肉四足机器人建模与滑膜控制[J]. 机器人，2017，39(5)：620-626.

[34] 王斌锐，王涛，李正刚，等. 多路径段平滑过渡的自适应前瞻位姿插补算法[J]. 控制与决策，2019，34(6)：1211-1218.

[35] 王斌锐，靳明涛，沈国阳，等. 气动肌肉肘关节的滑模内环导纳控制设计[J]. 兵工学报，2018，39(6)：1233-1238.

[36] 郭振武，王斌锐，骆浩华，等. 基于无源观测和控制的爬壁机器人触力柔顺控制[J]. 太阳能学报，2017，38(2)：503-508.

[37] Wang B R，Li X，Xu M J，et al. Research on improved partial format MFAC greenhouse temperature control method based on low energy consumption optimization[J]. Computers and Electronics in Agriculture，2024，220：108845.

[38] 王涛，沈晓斌，陈立，等. 基于圆弧转接和跨段前瞻的机器人拾放操作轨迹规划[J]. 计算机集成制造系统，2019，25(10)：2648-2654.

[39] 孙冠群，蔡慧，牛志钧，等. 无刷直流电动机转矩脉动抑制[J]. 电机与控制学报，2014，18(18)：51-58.